연산의 힘

단원별로 부족한 연산을 드릴을 통하여 연습해 보세요.

Contents

학습 Point 이상과 이하

[1~4] 알맞은 수에 모두 ○표 하시오.

1 　2 이상 5 이하인 수 　→　 3　　1.8　　9　　5　　4.1　　2.56

2 　7 이하인 수 　→　 9　　0.43　　6.7　　11.4　　7

3 　8 이상 15 이하인 수 　→　 4.9　　11　　7.5　　9.24　　15　　20　　6

4 　14 이상인 수 　→　 13.9　　26　　12.8　　15　　19　　20.7

[5~9] 수의 범위에 맞게 수직선에 나타내시오.

5 　22 이하인 수 　→　 15 16 17 18 19 20 21 22 23 24 25

6 　8 이상 14 이하인 수 　→　 7 8 9 10 11 12 13 14 15 16 17

7 　7 이하인 수 　→　 2 3 4 5 6 7 8 9 10 11 12

8 　15 이상 19 이하인 수 　→　 12 13 14 15 16 17 18 19 20 21 22

9 　4 이상인 수 　→　 1 2 3 4 5 6 7 8 9 10 11

#개념의힘
#기본유형의힘

수학의 힘
α 실력

**Chunjae
Makes
Chunjae**

▼

기획총괄	박금옥
편집개발	윤경옥, 박초아, 조은영, 김연정, 김수정, 임희정
디자인총괄	김희정
표지디자인	윤순미, 심지영
내지디자인	박희춘
제작	황성진, 조규영

발행일	2023년 4월 1일 3판 2023년 4월 1일 1쇄
발행인	(주)천재교육
주소	서울시 금천구 가산로9길 54
신고번호	제2001-000018호
고객센터	1577-0902
교재 구입 문의	1522-5566

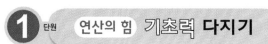
학습 Point 초과와 미만

[1~4] 알맞은 수에 모두 ○표 하시오.

1 3 초과 9 미만인 수 → 2 5.5 4 2.75 3 9.4 8

2 12 미만인 수 → 12 9.4 20 5.4 11.9

3 10 초과 19 미만인 수 → 15 12.4 7 10 22 15.2

4 5 초과인 수 → 6 4.6 15 2 1.94 5.1

[5~9] 수의 범위에 맞게 수직선에 나타내시오.

5 17 초과 20 미만인 수 → 15 16 17 18 19 20 21 22 23 24 25

6 14 미만인 수 → 7 8 9 10 11 12 13 14 15 16 17

7 3 초과 11 미만인 수 → 1 2 3 4 5 6 7 8 9 10 11

8 15 초과인 수 → 10 11 12 13 14 15 16 17 18 19 20

9 26 초과 33 미만인 수 → 24 25 26 27 28 29 30 31 32 33 34

학습 Point　올림, 버림

[1~4] 알맞은 수에 모두 ○표 하시오.

1　올림하여 십의 자리까지 나타내면 130이 되는 수

| 119 | 135 | 128 | 114 | 130 | 121 |

2　올림하여 백의 자리까지 나타내면 2600이 되는 수

| 2601 | 2550 | 2469 | 2508 | 2595 | 2496 |

3　버림하여 십의 자리까지 나타내면 130이 되는 수

| 131 | 129 | 140 | 135 | 133 | 125 |

4　버림하여 백의 자리까지 나타내면 2600이 되는 수

| 2591 | 2699 | 2500 | 2604 | 2780 | 2600 |

학습 Point　반올림

[5~10] 수를 반올림하여 주어진 자리까지 나타내시오.

5　5684 (백의 자리까지)
　➡ (　　　　　　　)

6　895 (십의 자리까지)
　➡ (　　　　　　　)

7　18463 (천의 자리까지)
　➡ (　　　　　　　)

8　99127 (만의 자리까지)
　➡ (　　　　　　　)

9　7164 (십의 자리까지)
　➡ (　　　　　　　)

10　23812 (백의 자리까지)
　➡ (　　　　　　　)

2 단원 연산의 힘 기초력 다지기

▶ 빠른 정답 1쪽

학습 Point ((진분수) × (자연수), (대분수) × (자연수))

[1~6] □ 안에 알맞은 수를 써넣으시오.

1 $\dfrac{3}{10} \times 5 = \dfrac{3 \times \overset{1}{\cancel{5}}}{\underset{\square}{\cancel{10}}} = \dfrac{\square}{\square} = \square$

2 $\dfrac{5}{6} \times 8 = \dfrac{5 \times \overset{\square}{\cancel{8}}}{\underset{\square}{\cancel{6}}} = \dfrac{\square}{\square} = \square$

3 $\dfrac{4}{5} \times 9 = \dfrac{\square \times \square}{5} = \dfrac{\square}{\square} = \square$

4 $5\dfrac{1}{2} \times 4 = \dfrac{\square}{2} \times 4 = \dfrac{\square \times \overset{}{\cancel{4}}}{\underset{1}{\cancel{2}}} = \square$

5 $1\dfrac{2}{5} \times 3 = \dfrac{\square}{5} \times \square = \dfrac{\square \times \square}{5} = \dfrac{\square}{\square} = \square$

6 $2\dfrac{1}{4} \times 6 = \left(2 + \dfrac{\square}{\square}\right) \times 6 = (2 \times 6) + \left(\dfrac{\square}{\square} \times 6\right) = \square + \dfrac{3}{\square} = \square$

[7~14] 계산을 하시오.

7 $\dfrac{3}{7} \times 4$

8 $2\dfrac{3}{4} \times 6$

9 $5\dfrac{1}{2} \times 10$

10 $\dfrac{2}{3} \times 10$

11 $\dfrac{3}{8} \times 12$

12 $4\dfrac{2}{5} \times 4$

13 $\dfrac{9}{10} \times 22$

14 $9\dfrac{4}{5} \times 5$

학습 Point (자연수)×(진분수), (자연수)×(대분수)

[1~5] ☐ 안에 알맞은 수를 써넣으시오.

1 $8 \times \dfrac{3}{4} = \dfrac{8 \times 3}{\cancel{4}} = \dfrac{\boxed{}}{\boxed{}} = \boxed{}$

2 $10 \times \dfrac{5}{6} = \dfrac{10 \times 5}{\cancel{6}} = \dfrac{\boxed{}}{\boxed{}} = \boxed{}$

3 $14 \times \dfrac{3}{8} = \dfrac{14 \times 3}{\cancel{8}} = \dfrac{\boxed{}}{\boxed{}} = \boxed{}$

4 $3 \times 1\dfrac{2}{7} = \boxed{} \times \dfrac{\boxed{}}{7} = \dfrac{\boxed{} \times \boxed{}}{7} = \dfrac{\boxed{}}{7} = \boxed{}$

5 $5 \times 4\dfrac{3}{10} = (5 \times 4) + \left(5 \times \dfrac{\boxed{}}{\boxed{}}\right) = \boxed{} + \dfrac{5 \times \boxed{}}{\boxed{}} = \boxed{}$

[6~13] 계산을 하시오.

6 $3 \times \dfrac{2}{5}$

7 $2 \times 1\dfrac{1}{4}$

8 $14 \times 1\dfrac{2}{7}$

9 $11 \times \dfrac{5}{22}$

10 $8 \times \dfrac{5}{12}$

11 $6 \times 1\dfrac{3}{4}$

12 $18 \times 2\dfrac{1}{12}$

13 $9 \times \dfrac{4}{27}$

2 단원 **연산의 힘** 기초력 다지기

학습 Point (단위분수) × (단위분수), (진분수) × (단위분수)

[1~6] □ 안에 알맞은 수를 써넣으시오.

1 $\dfrac{1}{5} \times \dfrac{1}{6} = \dfrac{1 \times 1}{\square \times \square} = \boxed{}$

2 $\dfrac{1}{2} \times \dfrac{1}{7} = \dfrac{1 \times 1}{\square \times \square} = \boxed{}$

3 $\dfrac{2}{3} \times \dfrac{1}{4} = \dfrac{\overset{1}{\cancel{2}} \times \square}{\square \times \cancel{4}} = \boxed{}$

4 $\dfrac{5}{7} \times \dfrac{1}{15} = \dfrac{\overset{1}{\cancel{5}} \times 1}{\square \times \cancel{15}} = \boxed{}$

5 $\dfrac{1}{9} \times \dfrac{1}{2} = \dfrac{1 \times 1}{\square \times \square} = \boxed{}$

6 $\dfrac{3}{11} \times \dfrac{1}{9} = \dfrac{\overset{1}{\cancel{3}} \times 1}{\square \times \cancel{9}} = \boxed{}$

[7~16] 계산을 하시오.

7 $\dfrac{1}{8} \times \dfrac{1}{9}$

8 $\dfrac{2}{3} \times \dfrac{1}{5}$

9 $\dfrac{2}{7} \times \dfrac{1}{4}$

10 $\dfrac{1}{10} \times \dfrac{1}{3}$

11 $\dfrac{1}{11} \times \dfrac{1}{5}$

12 $\dfrac{4}{7} \times \dfrac{1}{12}$

13 $\dfrac{7}{20} \times \dfrac{1}{14}$

14 $\dfrac{1}{9} \times \dfrac{1}{13}$

15 $\dfrac{1}{2} \times \dfrac{1}{19}$

16 $\dfrac{5}{8} \times \dfrac{1}{15}$

2 단원 연산의 힘 **기초력 다지기**

학습 **Point** (진분수)×(진분수), 세 분수의 곱셈

[1~6] □ 안에 알맞은 수를 써넣으시오.

1 $\dfrac{4}{15} \times \dfrac{9}{16} = \dfrac{\overset{1}{\cancel{4}} \times \cancel{9}^{\square}}{\cancel{15} \times \cancel{16}_{4}} = \boxed{}$

$\underset{\square}{}$

2 $\dfrac{9}{10} \times \dfrac{5}{6} = \dfrac{\cancel{9}^{\square} \times \cancel{5}^{1}}{\cancel{10} \times \cancel{6}} = \boxed{}$

$\underset{\square \quad \square}{}$

3 $\dfrac{11}{12} \times \dfrac{2}{3} = \dfrac{\square \times \cancel{2}^{1}}{\cancel{12} \times \square} = \boxed{}$

$\underset{\square}{}$

4 $\dfrac{4}{9} \times \dfrac{3}{20} = \dfrac{\cancel{4}^{1} \times \cancel{3}^{1}}{\cancel{9} \times \cancel{20}} = \boxed{}$

$\underset{\square \quad \square}{}$

5 $\dfrac{5}{6} \times \dfrac{1}{15} \times \dfrac{2}{3} = \dfrac{\square}{\underset{9}{\cancel{18}}} \times \dfrac{\cancel{2}^{1}}{3} = \boxed{}$

6 $\dfrac{1}{7} \times \dfrac{3}{4} \times \dfrac{7}{10} = \dfrac{\square}{\underset{4}{\cancel{28}}} \times \dfrac{\cancel{7}^{1}}{10} = \boxed{}$

[7~14] 계산을 하시오.

7 $\dfrac{5}{12} \times \dfrac{7}{10}$

8 $\dfrac{11}{24} \times \dfrac{8}{9}$

9 $\dfrac{2}{5} \times \dfrac{5}{13}$

10 $\dfrac{5}{21} \times \dfrac{24}{25}$

11 $\dfrac{10}{19} \times \dfrac{1}{5}$

12 $\dfrac{3}{8} \times \dfrac{4}{27} \times \dfrac{1}{4}$

13 $\dfrac{3}{10} \times \dfrac{5}{11} \times \dfrac{2}{3}$

14 $\dfrac{1}{2} \times \dfrac{3}{16} \times \dfrac{8}{15}$

학습 Point 대분수의 곱셈

[1~6] □ 안에 알맞은 수를 써넣으시오.

1 $2\dfrac{2}{5} \times 1\dfrac{1}{6} = \dfrac{\boxed{}}{\boxed{}}^{12} \times \dfrac{\boxed{}}{\underset{1}{6}} = \dfrac{\boxed{}}{\boxed{}} = \boxed{}$

2 $1\dfrac{2}{3} \times 1\dfrac{3}{5} = \dfrac{\boxed{}}{\boxed{}} \times \dfrac{\boxed{}}{\boxed{}} = \dfrac{\boxed{}}{\boxed{}} = \boxed{}$

3 $6\dfrac{1}{2} \times 1\dfrac{9}{13} = \dfrac{13}{\underset{1}{2}} \times \dfrac{\overset{\boxed{}}{22}}{\underset{1}{13}} = \boxed{}$

4 $2\dfrac{1}{10} \times 3\dfrac{1}{3} = \dfrac{\boxed{}}{\underset{1}{10}} \times \dfrac{\overset{1}{10}}{\boxed{}} = \boxed{}$

5 $5\dfrac{1}{4} \times 2\dfrac{4}{7} = \dfrac{21}{\underset{\boxed{}}{4}} \times \dfrac{\overset{3}{18}}{\underset{1}{7}} = \dfrac{\boxed{}}{\boxed{}} = \boxed{}$

6 $5\dfrac{1}{7} \times 10\dfrac{1}{2} = \dfrac{\overset{\boxed{}}{36}}{\underset{1}{7}} \times \dfrac{\overset{\boxed{}}{21}}{\underset{1}{2}} = \boxed{}$

[7~14] 계산을 하시오.

7 $5\dfrac{1}{9} \times 2\dfrac{7}{10}$

8 $3\dfrac{3}{10} \times 1\dfrac{7}{11}$

9 $1\dfrac{5}{7} \times 2\dfrac{5}{12}$

10 $1\dfrac{1}{8} \times 2\dfrac{5}{6}$

11 $2\dfrac{11}{12} \times 6\dfrac{2}{7}$

12 $4\dfrac{1}{4} \times 6\dfrac{2}{3}$

13 $2\dfrac{4}{7} \times 5\dfrac{1}{6}$

14 $1\dfrac{13}{15} \times 3\dfrac{3}{14}$

4 단원 연산의 힘 **기초력 다지기**

학습 Point (소수)×(자연수)

[1~2] □ 안에 알맞은 수를 써넣으시오.

1 $3.56 \times 5 = 3.56 + 3.56 + 3.56 + 3.56 + 3.56 = \boxed{}$

2 $0.31 \times 4 = 0.31 + 0.31 + 0.31 + 0.31 = \boxed{}$

[3~6] 소수를 분수로 고쳐서 계산할 때 □ 안에 알맞은 수를 써넣으시오.

3 $0.4 \times 5 = \dfrac{\boxed{}}{10} \times 5 = \dfrac{\boxed{} \times 5}{10} = \dfrac{\boxed{}}{10} = \boxed{}$

4 $0.7 \times 3 = \dfrac{\boxed{}}{10} \times 3 = \dfrac{\boxed{} \times 3}{10} = \dfrac{\boxed{}}{10} = \boxed{}$

5 $9.5 \times 4 = \dfrac{\boxed{}}{10} \times 4 = \dfrac{\boxed{} \times 4}{10} = \dfrac{\boxed{}}{10} = \boxed{}$

6 $2.15 \times 8 = \dfrac{\boxed{}}{100} \times 8 = \dfrac{\boxed{} \times 8}{100} = \dfrac{\boxed{}}{100} = \boxed{}$

[7~12] 계산을 하시오.

7 0.7×5

8 2.5×8

9 1.46×4

10 0.12×2

11 5.8×7

12 6.4×3

학습 Point (자연수) × (소수)

[1~4] 소수를 분수로 고쳐서 계산할 때 □ 안에 알맞은 수를 써넣으시오.

1 $10 \times 2.7 = 10 \times \dfrac{\boxed{}}{10} = \dfrac{10 \times \boxed{}}{10} = \dfrac{\boxed{}}{10} = \boxed{}$

2 $6 \times 4.25 = 6 \times \dfrac{\boxed{}}{100} = \dfrac{6 \times \boxed{}}{100} = \dfrac{\boxed{}}{100} = \boxed{}$

3 $9 \times 0.8 = 9 \times \dfrac{\boxed{}}{10} = \dfrac{9 \times \boxed{}}{10} = \dfrac{\boxed{}}{10} = \boxed{}$

4 $12 \times 0.48 = 12 \times \dfrac{\boxed{}}{100} = \dfrac{12 \times \boxed{}}{100} = \dfrac{\boxed{}}{100} = \boxed{}$

[5~8] □ 안에 알맞은 수를 써넣으시오.

5 $8 \times 65 = \boxed{}$
$\quad\searrow \frac{1}{100}$배 $\quad\searrow \frac{1}{100}$배
$8 \times 0.65 = \boxed{}$

6 $20 \times 45 = \boxed{}$
$\quad\searrow \frac{1}{10}$배 $\quad\searrow \frac{1}{10}$배
$20 \times 4.5 = \boxed{}$

7 $6 \times 41 = \boxed{}$
$\quad\searrow \frac{1}{100}$배 $\quad\searrow \frac{1}{100}$배
$6 \times 0.41 = \boxed{}$

8 $11 \times 62 = \boxed{}$
$\quad\searrow \frac{1}{10}$배 $\quad\searrow \frac{1}{10}$배
$11 \times 6.2 = \boxed{}$

[9~14] 계산을 하시오.

9 8×0.74

10 5×8.8

11 13×2.5

12 9×0.22

13 6×7.1

14 11×0.3

학습 **Point** (소수) × (소수)

[1~4] 자연수의 곱셈을 이용하여 계산할 때 □ 안에 알맞은 수를 써넣으시오.

1　　$7 \times 16 = \boxed{}$

$\Big\rangle \frac{1}{10}$배　$\Big\rangle \frac{1}{100}$배　$\Big\rangle \frac{1}{1000}$배

　　$0.7 \times 0.16 = \boxed{}$

2　　$18 \times 12 = \boxed{}$

$\Big\rangle \frac{1}{100}$배　$\Big\rangle \frac{1}{10}$배　$\Big\rangle \frac{1}{1000}$배

　　$0.18 \times 1.2 = \boxed{}$

3　　$25 \times 121 = \boxed{}$

$\Big\rangle \frac{1}{10}$배　$\Big\rangle \frac{1}{100}$배　$\Big\rangle \frac{1}{1000}$배

　　$2.5 \times 1.21 = \boxed{}$

4　　$5 \times 26 = \boxed{}$

$\Big\rangle \frac{1}{100}$배　$\Big\rangle \frac{1}{10}$배　$\Big\rangle \frac{1}{1000}$배

　　$0.05 \times 2.6 = \boxed{}$

[5~7] 소수를 분수로 고쳐서 계산할 때 □ 안에 알맞은 수를 써넣으시오.

5　$0.43 \times 0.7 = \dfrac{\boxed{}}{100} \times \dfrac{\boxed{}}{10} = \dfrac{\boxed{}}{1000} = \boxed{}$

6　$2.8 \times 3.1 = \dfrac{\boxed{}}{10} \times \dfrac{\boxed{}}{10} = \dfrac{\boxed{}}{100} = \boxed{}$

7　$1.4 \times 3.21 = \dfrac{\boxed{}}{10} \times \dfrac{\boxed{}}{100} = \dfrac{\boxed{}}{1000} = \boxed{}$

[8~13] 계산을 하시오.

8　0.54×0.7

9　1.5×2.4

10　8.1×7.5

11　0.13×0.9

12　4.55×0.6

13　0.4×1.96

4 _{단원} 연산의 힘 기초력 다지기

학습 Point 곱의 소수점의 위치

[1~6] 곱의 소수점의 위치를 생각하여 □ 안에 알맞은 수를 써넣으시오.

1 $12.12 \times 10 = \boxed{}$

$12.12 \times 100 = \boxed{}$

$12.12 \times 1000 = \boxed{}$

2 $0.68 \times 10 = \boxed{}$

$0.68 \times 100 = \boxed{}$

$0.68 \times 1000 = \boxed{}$

3 $3.141 \times 10 = \boxed{}$

$3.141 \times 100 = \boxed{}$

$3.141 \times 1000 = \boxed{}$

4 $54 \times 0.1 = \boxed{}$

$54 \times 0.01 = \boxed{}$

$54 \times 0.001 = \boxed{}$

5 $750 \times 0.1 = \boxed{}$

$750 \times 0.01 = \boxed{}$

$750 \times 0.001 = \boxed{}$

6 $374 \times 0.1 = \boxed{}$

$374 \times 0.01 = \boxed{}$

$374 \times 0.001 = \boxed{}$

[7~12] □ 안에 알맞은 수를 써넣으시오.

7 $81 \times 2 = \boxed{}$

⟩0.1배 ⟩0.1배 ⟩0.01배

$8.1 \times 0.2 = \boxed{}$

8 $62 \times 6 = \boxed{}$

⟩0.1배 ⟩0.01배 ⟩0.001배

$6.2 \times 0.06 = \boxed{}$

9 $4 \times 22 = \boxed{}$

⟩0.01배 ⟩0.1배 ⟩0.001배

$0.04 \times 2.2 = \boxed{}$

10 $129 \times 5 = \boxed{}$

⟩0.1배 ⟩0.1배 ⟩0.01배

$12.9 \times 0.5 = \boxed{}$

11 $13 \times 20 = \boxed{}$

⟩0.1배 ⟩0.01배 ⟩0.001배

$1.3 \times 0.2 = \boxed{}$

12 $105 \times 6 = \boxed{}$

⟩0.01배 ⟩0.1배 ⟩0.001배

$1.05 \times 0.6 = \boxed{}$

학습 Point 평균 구하기

[1~4] 주어진 표를 보고 평균을 구하려고 합니다. □ 안에 알맞은 수를 써넣으시오.

1 유빈이네 모둠의 키

이름	유빈	하나	동준	진규
키(cm)	162	158	183	177

(평균 키)

$= (\boxed{} + \boxed{} + \boxed{} + \boxed{}) \div 4$

$= \boxed{} \div 4 = \boxed{}$ (cm)

2 선아네 모둠의 몸무게

이름	선아	가은	준하
몸무게(kg)	44	38	41

(평균 몸무게) $= (\boxed{} + \boxed{} + \boxed{}) \div 3$

$= \boxed{} \div 3 = \boxed{}$ (kg)

3 요일별 오후 1시의 온도

요일	수	목	금
온도(℃)	18	21	15

(오후 1시의 평균 온도)

$= (\boxed{} + \boxed{} + \boxed{}) \div 3$

$= \boxed{} \div 3 = \boxed{}$ (℃)

4 마을별 인구 수

마을	가	나	다	라
인구 수(명)	220	203	254	175

(평균 인구 수)

$= (\boxed{} + \boxed{} + \boxed{} + \boxed{}) \div 4$

$= \boxed{} \div 4 = \boxed{}$ (명)

[5~10] 주어진 수의 평균을 구하시오.

5

28	39	22	35

(   )

6

22	18	19	20	21

(   )

7

90	88	81	75	96

(   )

8

12	11	24	28	15

(   )

9

307	348	327	290

(   )

10

101	149	94	152

(   )

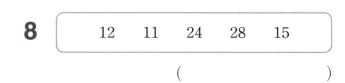

6 단원 연산의 힘 기초력 다지기

학습 Point 평균을 이용하여 모르는 항목의 수 구하기

[1~8] 평균을 이용하여 빈칸에 알맞은 수를 구하시오.

1 평균: 16

1회	2회	3회	4회	5회
19	11		14	16

( )

2 평균: 92

1회	2회	3회	4회	5회	6회
100		90	88	85	96

( )

3 평균: 40

1회	2회	3회	4회	5회
42	39	33	41	

( )

4 평균: 20

1회	2회	3회	4회	5회	6회
	15	19	24	20	13

( )

5 평균: 36

1회	2회	3회	4회	5회	6회
34	39		30	43	29

( )

6 평균: 51

1회	2회	3회	4회	5회
55	48	51	57	

( )

7 평균: 12

1회	2회	3회	4회	5회	6회
7		9	15	18	10

( )

8 평균: 55

1회	2회	3회	4회	5회
52	56	60		49

( )

학습 Point 일이 일어날 가능성을 수로 표현하기

[1~4] 일이 일어날 가능성이 '불가능하다'이면 0, '반반이다'이면 $\frac{1}{2}$, '확실하다'이면 1로 표현합니다. 가능성을 수직선에 ↓로 나타내시오.

1 500원짜리 동전을 던지면 숫자 면이 나올 것입니다.

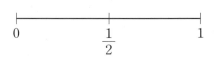

2 병아리는 커서 닭이 될 것입니다.

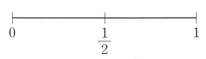

3 어떤 수에 0을 곱하면 1이 될 것입니다.

4 타조는 알을 낳을 것입니다.

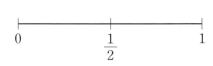

[5~10] 일이 일어날 가능성을 0부터 1까지의 수로 표현하시오.

5 휴지는 불에 탈 것입니다.

( )

6 산에서 상어를 발견할 것입니다.

( )

7 ○× 문제를 풀 때 ×라고 답하면 정답일 것입니다.

( )

8 우리 반 교실은 학교 운동장보다 넓을 것입니다.

( )

9 서울의 12월 평균 기온은 40 ℃보다 높을 것입니다.

( )

10 367명의 학생들 중 서로 생일이 같은 사람이 있을 것입니다.

( )

5·2

α 실력

이 책의 구성과 활용 방법

수학의 힘 개념의 힘

교과서 개념 정리 ➡ 개념 확인 문제 ➡ 개념 다지기 문제

주제별 입체적인 개념 정리로 교과서의 내용을 한눈에 이해하고 개념 확인하기, 개념 다지기의 문제로 익힙니다.

1 STEP 기본 유형의 힘

주제별 다양한 문제를 풀어 보며 기본 유형을 확실하게 다집니다.

2 STEP 응용 유형의 힘

단원별로 꼭 알아야 하는 응용 유형을 3~4번 반복하여 풀어 보며 완벽하게 마스터 합니다.

3 STEP 서술형의 힘

〈문제 해결력 서술형〉을 단계별로 차근차근 풀어 본 후, 〈바로 쓰는 서술형〉의 풀이 과정을 직접 쓰다 보면 스스로 풀이 과정을 쓰는 힘이 키워집니다.

수학의 힘 단원평가

학교에서 수시로 보는 단원평가에서 자주 출제되는 기출문제를 풀어 보면서 단원평가에 대비합니다.

메타인지를 강화하는 수학 일기 코너 수록!

쓰는 것이 힘이다! 수학일기 · 1단원

월	일	요일	이름

☆ 1단원에서 배운 내용을 친구들에게 설명하듯이 써 봐요. ●------------

수의 범위를 말할 때에는 이상, 이하, 초과, 미만을 사용해서 말하면 돼.

어떤 수와 같거나 큰 수를 어떤 수 이상인 수라고 하고, 어떤 수와 같거나 작은 수를

또, 어떤 수보다 큰 수를 어떤 수 초과인 수라고 하고, 어떤 수보다 작은 수를 어떤 수

어림하는 방법에는 올림, 버림, 반올림이 있어.

올림은 구하려는 자리 아래 수를 올려서 나타내는 방법이고, 버림은 구하려는 자리

이야.

반올림은 구하려는 자리 바로 아래 자리의 숫자가 0, 1, 2, 3, 4이면 버리고, 5, 6, 7, 8, 9이면 올리는 방법이야.

> 자신이 알고 있는 것을 설명하고 글로 쓸 수 있는 것이 진짜 자신의 지식입니다. 배운 내용을 설명하듯이 써 보면 내가 아는 것과 모르는 것을 정확히 알 수 있습니다.

☆ 1단원에서 배운 내용이 실생활에서 어떻게 쓰이고 있는지 찾아 써 봐요. ●------------

일기 예보를 통해 날씨 정보를 알려 줄 때 초미세 먼지 농도가 보통일 때 16 마이크로

라고 표현할 수 있다.

놀이공원의 어떤 놀이 기구는 8세 이상 12세 미만인 사람만 탈 수 있다.

자판기에서 800원짜리 음료수를 사기 위해 음료수값을 올림하여 1000원짜리 지폐로

사장에서 과일을 살 때 가격에서 십 원 미만의 금액은 버림하여 계산할 수 있다.

영화를 관람한 관객 수를 말할 때 반올림하여 몇 천명이라고 말할 수 있다.

> 배운 수학 개념을 타 교과나 실생활과 연결하여 수학의 필요성과 활용성을 이해하고 수학에 대한 흥미와 자신감을 기를 수 있습니다.

칭찬 & 격려해 주세요. ●------------

수의 범위와 어림하기에 대한 내용이 어려웠을텐데 잘 해주어서 대견해~♡
수의 범위를 나타내거나 어림을 해야 하는 경우는 실생활에서도 자주 활용되고,
또 앞으로 배우는 내용들의 기초가 되니까 잘 모르는 부분이 있다면 꼭 알고
넘어가야 해~ 앞으로도 힘내자!

→ QR코드를 찍으면
예시 답안을 볼 수

> 학생들이 글로 표현한 것에 대한 칭찬과 격려를 통해 학습에 대한 의욕을 북돋아 줍니다.

수학의 힘 α

이 책의 차례

수의 범위와 어림하기

개념 카툰 1 이상과 이하

폐하, 바닷가에 키가 103걸음이나 되는 인간이 나타났다고 합니다.

100걸음 이상을 거인이라고 하기로 했지?

네, 103걸음이므로 100과 같거나 큰 수 맞습니다.

허허, 가까이서 봐야겠군.

우와~ 진짜 크다~

위험하오니 50걸음 이상 떨어져 계십시오.

50걸음 이상이면 50걸음도 되는 거지?

네, 50걸음도 포함됩니다.

개념 카툰 2 초과와 미만

단단히 묶어 놓았느냐?

네~ 132개의 못으로 묶어 두었습니다.

132개면 130개를 초과한 수만큼 묶어 두었으니 안전하겠지?

이제 50걸음 미만으로 가셔도 될 것 같습니다.

그래? 50걸음보다 작은 수만큼 가까이 가도 되는 거로군.

여기가 어디지?

왕 살려~

이번에 배우는 내용

✓ 이상과 이하
✓ 초과와 미만
✓ 이상, 이하, 초과, 미만의 활용
✓ 올림, 버림, 반올림
✓ 올림, 버림, 반올림의 활용

개념 카툰 ③ 올림과 버림

개념 카툰 ④ 반올림

개념 1 이상과 이하를 알아볼까요 / 초과와 미만을 알아볼까요

1. 이상과 이하

(1) ■ **이상**인 수: ■와 같거나 큰 수

예 80 이상인 수: 80, 80.5, 81, 82.3 등과
같이 80과 같거나 큰 수

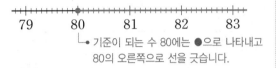

└→ 기준이 되는 수 80에는 ●으로 나타내고
80의 오른쪽으로 선을 긋습니다.

(2) ■ **이하**인 수: ■와 같거나 작은 수

예 65 이하인 수: 65, 64.5, 63, 62.8 등과
같이 65와 같거나 작은 수

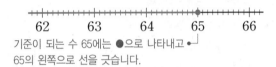

기준이 되는 수 65에는 ●으로 나타내고 └→
65의 왼쪽으로 선을 긋습니다.

> 이상인 수와 이하인 수에는 기준이
> 되는 수가 포함돼.

2. 초과와 미만

(1) ■ **초과**인 수: ■보다 큰 수

예 46 초과인 수: 46.1, 47, 47.4, 49 등과
같이 46보다 큰 수

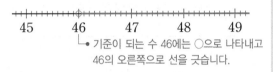

└→ 기준이 되는 수 46에는 ○으로 나타내고
46의 오른쪽으로 선을 긋습니다.

(2) ■ **미만**인 수: ■보다 작은 수

예 93 미만인 수: 92.7, 92, 91, 90.5 등과
같이 93보다 작은 수

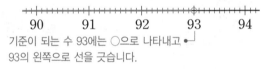

기준이 되는 수 93에는 ○으로 나타내고 └→
93의 왼쪽으로 선을 긋습니다.

> 초과인 수와 미만인 수에는 기준이
> 되는 수가 포함되지 않아.

개념 확인하기

1 □ 안에 알맞은 수를 써넣으시오.

> 42, 43.6, 44 등과 같이 42와 같거나
> 큰 수를 □ 이상인 수라고 합니다.

2 수의 범위를 나타내는 알맞은 말을 |보기|에서 찾아 □ 안에 알맞게 써넣으시오.

|보기|

이상, 이하, 초과, 미만

(1) 5보다 큰 수: 5 □인 수

(2) 5와 같거나 작은 수: 5 □인 수

3 16 초과인 수에 모두 ○표 하시오.

| 10 | 19 | 17 | 9 | 16 | 38 |

4 90 미만인 수를 수직선에 바르게 나타낸 것의 기호를 쓰시오.

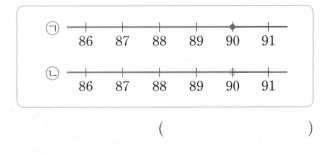

(   )

개념 다지기

[1~3] 키에 따라 탈 수 있는 놀이 기구의 이름과 기준을 나타낸 표입니다. 물음에 답하시오.

키에 따라 탈 수 있는 놀이 기구

놀이 기구	기준
청룡열차	키 135 cm 이하: 탈 수 없음.
꼬마 비행기	키 120 cm 초과 130 cm 이하 : 탈 수 있음.
다람쥐통	키 100 cm 이상 140 cm 미만 : 탈 수 있음.

1 청룡열차를 탈 수 있는 학생의 이름을 모두 쓰시오.

학생들의 키

이름	키(cm)	이름	키(cm)
현주	140	진우	125
수정	135	영광	145

(   )

2 키가 125 cm인 진우가 탈 수 있는 놀이 기구를 모두 찾아 쓰시오.

(   )

3 꼬마 비행기를 탈 수 있는 키의 범위를 수직선에 바르게 나타낸 것의 기호를 쓰시오.

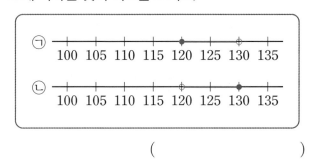

(   )

4 수직선에 나타낸 수의 범위에 속하지 <u>않는</u> 수는 어느 것입니까? ······················ (   )

① 42   ② 43.3

③ 44   ④ 45

⑤ 45.2

5 수직선에 나타내시오.

(1)   9 초과 12 이하인 수

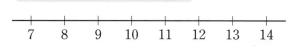

(2)   25 이상 29 미만인 수

6 수의 범위에 포함되는 자연수는 모두 몇 개입니까?

13 초과 20 미만인 수

(   )

유형 1 이상과 이하

□ 안에 알맞은 수를 써넣으시오.

> 1부터 9까지의 자연수 중에서 7 이상인
> 수는 □, □, □입니다.

유형 코칭

· 3 이상인 수: 3과 같거나 큰 수

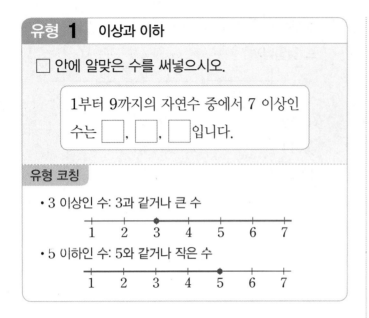

· 5 이하인 수: 5와 같거나 작은 수

1 14 이하인 수를 바르게 설명한 친구의 이름을 쓰시오.

> 14 이하인 수는 14와
> 같거나 큰 수야.

준서

> 14 이하인 수는 14와
> 같거나 작은 수야.

지아

( )

2 18 이상인 수에 모두 ○표 하시오.

| 15 | 18 | 17 | 20.4 | 25 | 13.6 |

3 32 이하인 수에 모두 ○표 하시오.

| 10.7 | 46 | 37.5 | 41 | 32 | 29 |

4 26 이하인 수가 <u>아닌</u> 것을 모두 고르시오.
·· ( )

① 11.7   ② 26   ③ 31.2
④ 29   ⑤ 22.8

5 선화네 반 학생들의 몸무게를 조사하여 나타낸 표입니다. 몸무게가 49 kg 이상인 학생의 몸무게를 모두 쓰시오.

선화네 반 학생들의 몸무게

이름	몸무게(kg)	이름	몸무게(kg)
선화	51.3	현석	49.8
성윤	48.5	종찬	47.2

( )

6 수직선에 나타내시오.

(1) 13 이상인 수

```
 ├──┼──┼──┼──┼──┼──┼──┤
 9  10  11  12  13  14  15  16
```

(2) 22 이하인 수

```
 ├──┼──┼──┼──┼──┼──┼──┤
 19  20  21  22  23  24  25  26
```

7 수직선에 나타낸 수의 범위를 쓰시오.

(1)
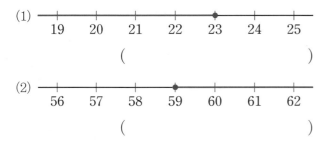
19 20 21 22 23 24 25
(　　　　　　　　)

(2)
56 57 58 59 60 61 62
(　　　　　　　　)

창의·융합

8 대화를 읽고 다음 연극을 볼 수 있는 나이에 모두 ○표 하시오.

 준서 : 연극 티켓이 몇 장 생겼는데 19세 이상 관람 가능하대!

 다영 : 19세 이상? 우리는 볼 수 없네……

준서 : 응~ 그래서 엄마, 아빠께 드렸어.

| 25세 | 11세 | 19세 | 9세 | 36세 |

융합형

9 경호네 반 학생들의 키를 조사하여 나타낸 표입니다. 경호가 말한 놀이 기구를 탈 수 있는 학생의 이름을 모두 쓰시오.

 경호 : 키가 124 cm 이하인 사람만 탈 수 있는 놀이 기구가 있어.

경호네 반 학생들의 키

이름	키(cm)	이름	키(cm)
경호	124.9	윤빈	122
지훈	123.5	수경	125.5
종수	125	해수	124

(　　　　　　　　)

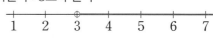

유형 **2**　초과와 미만

30 미만인 수에 모두 ○표 하시오.

| 28.4 | 30 | 21.9 | 38 | 41.5 | 29 |

유형 코칭

· 3 초과인 수: 3보다 큰 수

1 2 3 4 5 6 7

· 5 미만인 수: 5보다 작은 수

1 2 3 4 5 6 7

10 진우네 반 학생들이 방학 동안 한 봉사 활동 시간을 조사하여 나타낸 표입니다. 물음에 답하시오.

봉사 활동 시간

이름	시간(시간)	이름	시간(시간)
진우	33	윤재	43
지민	40	현수	30
수진	38	정아	42

(1) 봉사 활동 시간이 40시간보다 많은 학생의 이름을 모두 쓰시오.

(　　　　　　　　)

(2) 봉사 활동 시간이 40시간 초과인 학생은 모두 몇 명입니까?

(　　　　　　　　)

11 30 초과인 수에 ○표, 20 미만인 수에 △표 하시오.

| 19 | 24 | 38 | 20 | 8 | 43 |

12 □ 안에 알맞은 수를 써넣으시오.

> 1부터 20까지의 자연수 중에서 17 초과인
> 수는 □, □, □입니다.

13 21 미만인 수는 모두 몇 개입니까?

> 35　20.9　21　25.1　34.7　18

(　　　　　　)

14 하영이네 반 학생들의 공 던지기 기록을 조사하여 나타낸 표입니다. 공 던지기 기록이 20 m 미만인 학생의 이름을 모두 쓰시오.

공 던지기 기록

이름	기록(m)	이름	기록(m)
하영	20	재민	25.7
은영	16.4	석진	25
태주	29	성희	13

(　　　　　　)

15 수직선에 나타내시오.

(1) 17 초과인 수

15　16　17　18　19　20　21

(2) 31 미만인 수

28　29　30　31　32　33　34

16 41 초과인 수를 수직선에 바르게 나타낸 것은 어느 것입니까? ·············· (　　　　)

① 37　38　39　40　41　42　43　44

② 37　38　39　40　41　42　43　44

③ 37　38　39　40　41　42　43　44

④ 37　38　39　40　41　42　43　44

⑤ 37　38　39　40　41　42　43　44

17 수직선을 보고 수의 범위를 나타내는 알맞은 말을 □ 안에 써넣으시오.

33　34　35　36　37　38　39

36 □ 인 수

융합형
18 다음을 보고 지하 주차장을 이용할 수 <u>없는</u> 자동차를 찾아 기호를 쓰시오.

 높이가 2.2 m 초과인 자동차는 지하 주차장을 이용할 수 없어!

자동차	높이(m)	자동차	높이(m)
㉠	2	㉢	2.2
㉡	2.1	㉣	2.4

(　　　　　　)

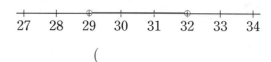
유형 3 수의 범위를 활용하여 문제 해결하기

□ 안에 알맞은 수를 써넣으시오.

10 이상 14 미만인 자연수는 □, □, □, □ 입니다.

유형 코칭

• 이상인 수와 이하인 수에는 기준이 되는 수가 포함됩니다.
• 초과인 수와 미만인 수에는 기준이 되는 수가 포함되지 않습니다.

19 25 이상 34 미만인 수가 <u>아닌</u> 것은 어느 것입니까?
⋯⋯⋯⋯⋯⋯⋯⋯⋯⋯⋯⋯⋯⋯⋯⋯ (　　)

① 25　　　② 30.8　　　③ 29
④ 34　　　⑤ 32.6

20 35 초과 40 이하인 수는 모두 몇 개입니까?

| 30.9 | 35 | 42 | 36 | 44.5 |
| 28 | 45.6 | 40 | 32.7 | 38 |

(　　　　　　)

21 수직선에 나타내시오.

26 이상 30 이하인 수

```
├───┼───┼───┼───┼───┼───┼───┤
25   26   27   28   29   30   31   32
```

22 수직선에 나타낸 수의 범위를 쓰시오.

```
├───┼───⊕───┼───┼───⊕───┼───┤
27   28   29   30   31   32   33   34
```

(　　　　　　　　　　)

23 53을 포함하는 수의 범위를 모두 찾아 기호를 쓰시오.

ㄱ 53 이상 55 이하인 수
ㄴ 53 초과 56 이하인 수
ㄷ 52 초과 55 미만인 수
ㄹ 50 이상 53 미만인 수

(　　　　　　　　　　)

창의·융합

24 우리나라 여러 도시의 어느 날 오후 3시 기온을 조사하여 나타낸 표입니다. 기온이 24 ℃ 초과 26 ℃ 미만인 도시를 쓰시오.

도시별 오후 3시 기온

도시	기온(℃)	도시	기온(℃)
서울	21	부산	26.4
대구	24	포항	23
광주	20.5	대전	26
울산	25	인천	20.8

(　　　　　　　　　　)

1
단원
수의 범위와 어림하기

개념 3 ️ 올림을 알아볼까요 / 버림을 알아볼까요

1. 올림

- 수첩 43권을 10권씩 묶음으로 산다면 최소 몇 권을 사야 하는지 알아보기

 ➡ 50권

 낱권을 살 수 없으므로 부족하지 않게 사려면 50권을 사야 해.

- **올림**: 구하려는 자리 아래 수를 올려서 나타내는 방법

㉾ 456을 올림하여 나타내기
- 십의 자리까지 나타내기:

456 ➡ 460
└─ 십의 자리 아래 수인 6을 10으로 봅니다.

- 백의 자리까지 나타내기:

456 ➡ 500
└─ 백의 자리 아래 수인 56을 100으로 봅니다.

2. 버림

- 야구공 28개를 10개씩 상자에 담는다면 상자에 담을 수 있는 야구공은 최대 몇 개인지 알아보기

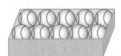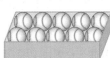 ➡ 20개

남은 야구공 8개는 상자에 담을 수 없어.

- **버림**: 구하려는 자리 아래 수를 버려서 나타내는 방법

㉾ 293을 버림하여 나타내기
- 십의 자리까지 나타내기:

293 ➡ 290
└─ 십의 자리 아래 수인 3을 0으로 봅니다.

- 백의 자리까지 나타내기:

293 ➡ 200
└─ 백의 자리 아래 수인 93을 0으로 봅니다.

개념 확인하기

[1~2] 5학년 학생 215명에게 기념품을 하나씩 선물로 나누어 줄 때 기념품을 100개씩 묶음으로 산다면 최소 몇 개를 사야 하는지 알아보려고 합니다. 물음에 답하시오.

1 기념품을 100개씩 묶음으로 산다면 최소 몇 개를 사야 하는지 사야 하는 수만큼 ○로 묶으시오.

2 기념품을 100개씩 묶음으로 산다면 최소 몇 개를 사야 합니까?

( )

[3~4] 12430원을 100원짜리 동전으로 바꾼다면 최대 얼마까지 바꿀 수 있는지 알아보려고 합니다. 물음에 답하시오.

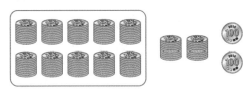

3 100원짜리 동전으로 최대 몇 개까지 바꿀 수 있습니까?

( )

4 100원짜리 동전으로 바꾼다면 최대 얼마까지 바꿀 수 있습니까?

( )

개념 다지기

1 알맞은 수에 ○표 하시오.

> 371을 올림하여 십의 자리까지 나타내면
> (370 , 380)입니다.

2 □ 안에 알맞은 수를 써넣으시오.

> 9426을 버림하여 백의 자리까지 나타내기
> 위하여 백의 자리 아래 수인 26을 □으로
> 보고 □으로 나타낼 수 있습니다.

3 올림하여 주어진 자리까지 나타내시오.

(1) 십의 자리

554 ➡ (   )

(2) 백의 자리

608 ➡ (   )

4 버림하여 천의 자리까지 나타내시오.

(1) 3189 ➡ (   )

(2) 5476 ➡ (   )

5 |보기|와 같이 소수를 올림하여 소수 둘째 자리까지 나타내시오.

> |보기|
> 1.856 ➡ 1.86

(1) 4.681 ➡ (   )

(2) 2.503 ➡ (   )

6 올림하여 십의 자리까지 나타내면 290이 되는 수를 찾아 쓰시오.

> 283   294   277

(   )

7 준서의 휴대 전화 비밀번호 네 자리 수를 구하시오.

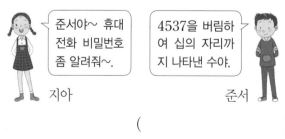

준서야~ 휴대 전화 비밀번호 좀 알려줘~.

지아

4537을 버림하여 십의 자리까지 나타낸 수야.

준서

(   )

개념 4 반올림을 알아볼까요 / 올림, 버림, 반올림을 활용하여 문제를 해결해 볼까요

1. 반올림

• 163을 수직선에 나타내고 어림하기

→ 163은 160과 170 중에서 160에 더 가까우므로 약 160입니다.

→ 163은 100과 200 중에서 200에 더 가까우므로 약 200입니다.

• **반올림**: 구하려는 자리 바로 아래 자리의 숫자가 0, 1, 2, 3, 4이면 버리고, 5, 6, 7, 8, 9 이면 올리는 방법

예 319를 반올림하여 나타내기
• 십의 자리까지 나타내기: 319 → 320
  일의 자리 숫자가 9이므로 올립니다. ←┘
• 백의 자리까지 나타내기: 319 → 300
  십의 자리 숫자가 1이므로 버립니다. ←┘

2. 올림, 버림, 반올림의 활용

주어진 문제 상황을 보고, 올림, 버림, 반올림 중 어떤 방법으로 어림해야 하는지 알아봅니다.

예
> 한 대에 100상자씩 실을 수 있는 트럭에 사과 316상자를 실으려고 할 때 최소 필요한 트럭의 수 구하기

① 올림을 활용합니다.
② 100상자씩 3대의 트럭에 싣고 남은 16상자의 사과도 트럭에 실어야 하므로 트럭은 최소 4대가 필요합니다.

> 사과 2567개를 한 상자에 100개씩 포장할 때 포장할 수 있는 상자는 최대 몇 상자인지 구하기

① 버림을 활용합니다.
② 100개씩 최대 25상자를 포장하고 67개는 포장할 수 없습니다.

개념 확인하기

1 수직선을 보고 2428을 어림하려고 합니다. □ 안에 알맞은 수를 써넣으시오.

(1)

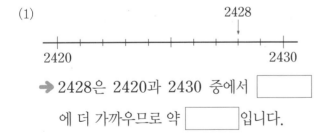

→ 2428은 2420과 2430 중에서 [ ]
에 더 가까우므로 약 [ ] 입니다.

(2)

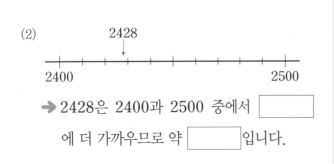

→ 2428은 2400과 2500 중에서 [ ]
에 더 가까우므로 약 [ ] 입니다.

2 6186을 반올림하여 주어진 자리까지 나타내시오.

(1)  십의 자리 → ( )

(2) 천의 자리 → ( )

3 354개의 토마토를 한 상자에 100개씩 담아 팔려고 할 때 팔 수 있는 상자는 최대 몇 상자인지 알아보려고 합니다. □ 안에 알맞은 수를 써넣으시오.

(1) 토마토를 100개씩 담은 상자는 최대 [ ] 상자입니다.

(2) 팔 수 있는 상자는 최대 [ ] 상자입니다.

개념 다지기

1 희수네 마을의 인구는 2586명입니다. 희수네 마을의 인구는 약 몇십 명인지 알아보려고 합니다. 물음에 답하시오.

(1) 희수네 마을의 인구수를 수직선에 ↓로 나타내시오.

(2) 희수네 마을의 인구는 약 몇십 명이라고 할 수 있습니까?

(   )

2 반올림하여 백의 자리까지 나타내시오.

(1) 1378 ➡ (   )

(2) 2435 ➡ (   )

3 | 보기 | 와 같이 소수를 반올림하여 소수 둘째 자리까지 나타내시오.

┌ 보기 ┐
5.036 ➡ 5.04

(1) 4.963 ➡ (   )

(2) 8.715 ➡ (   )

4 반올림하여 천의 자리까지 나타내면 4000이 되는 수에 ○표 하시오.

| 3176 | 3642 | 3408 |

(   )   (   )   (   )

5 반올림의 방법으로 어림해야 하는 사람은 누구입니까?

┌─────────────────────────────┐
준후: 43.5 kg인 몸무게를 1 kg 단위로 가까운 쪽의 눈금을 읽으면 몇 kg일까?

진서: 책을 10권 읽을 때마다 독서 붙임딱지 1장을 받는다면, 37권을 읽으면 붙임딱지는 모두 몇 장 받을 수 있지?
└─────────────────────────────┘

(   )

6 보트 한 대에 10명씩 탈 수 있다고 합니다. 학생 83명이 모두 보트에 타려면 보트는 최소 몇 대가 필요합니까?

(   )

7 튀김 가루 467 kg을 한 봉지에 10 kg씩 담아 팔려고 합니다. 팔 수 있는 튀김 가루는 최대 몇 kg입니까?

(   )

유형 4 올림

알맞은 수에 ○표 하시오.

> 534를 올림하여 십의 자리까지 나타내면
> (530 , 540)입니다.

유형 코칭

올림: 구하려는 자리 아래 수를 올려서 나타내는 방법

예 462를 올림하여 십의 자리까지 나타내기

462 ➡ 470

올립니다.

1 35620을 올림하여 주어진 자리까지 나타내시오.

십의 자리	백의 자리	천의 자리

2 올림하여 소수 둘째 자리까지 나타내시오.

> 2.765

( )

3 올림하여 백의 자리까지 나타내면 500이 되는 수에 모두 ○표 하시오.

> 399   400   403   478

4 어림한 후, 어림한 수의 크기를 비교하여 더 큰 수의 기호를 쓰시오.

> ㉠ 252를 올림하여 십의 자리까지 나타낸 수
> ㉡ 215를 올림하여 백의 자리까지 나타낸 수

( )

5 □ 안에 알맞은 수를 써넣으시오.

> 올림하여 십의 자리까지 나타냈을 때 180이
> 되는 자연수는 □□□ 부터 □□□ 까지의
> 자연수입니다.

융합형

6 세라의 사물함 자물쇠의 비밀번호를 올림하여 백의 자리까지 나타내면 2500입니다. 세라의 사물함 자물쇠의 비밀번호를 구하시오.

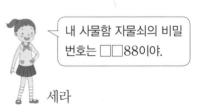

내 사물함 자물쇠의 비밀 번호는 □□88이야.

세라

( )

유형 5	버림

버림하여 십의 자리까지 나타내시오.

174

(   )

유형 코칭

버림: 구하려는 자리 아래 수를 버려서 나타내는 방법
　예) 316을 버림하여 십의 자리까지 나타내기
　　　316 ➡ 310
　　　　└→ 버립니다.

7 5304를 버림하여 주어진 자리까지 나타내시오.

십의 자리	
백의 자리	
천의 자리	

8 버림하여 소수 첫째 자리까지 나타내시오.

8.243 ➡ (   )

9 버림하여 백의 자리까지 바르게 나타낸 것의 기호를 쓰시오.

㉠ 2561 ➡ 2600
㉡ 8073 ➡ 8000
㉢ 14900 ➡ 14000

(   )

10 버림하여 천의 자리까지 나타내면 8000이 되는 수를 모두 고르시오. ·············(　　　)

① 8735　　② 7960　　③ 8000
④ 9000　　⑤ 9536

11 버림하여 백의 자리까지 나타내면 57700이 되는 자연수 중에서 가장 큰 수를 쓰시오.

(   )

융합형

12 경호가 처음에 생각한 자연수는 무엇인지 구하시오.

네가 생각한 자연수에 8을 곱해서 나온 수를 버림하여 십의 자리까지 나타내 봐. 얼마야?

70이야.

다영　　　　　　　　　　　　　경호

(   )

유형 6 반올림

반올림하여 십의 자리까지 나타내시오.

536

(   )

유형 코칭

반올림: 구하려는 자리 바로 아래 자리의 숫자가 0, 1, 2, 3, 4이면 버리고, 5, 6, 7, 8, 9이면 올리는 방법

⑩ 반올림하여 십의 자리까지 나타내기

417 ➡ 420   634 ➡ 630
   ↑   ↳ 4이므로
7이므로 올립니다.   버립니다.

---

13 51028을 반올림하여 주어진 자리까지 나타내시오.

십의 자리	
백의 자리	
천의 자리	

---

14 반올림하여 소수 둘째 자리까지 나타내시오.

7.643

(   )

---

15 지우개의 길이는 몇 cm인지 반올림하여 일의 자리까지 나타내시오.

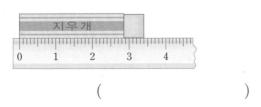

(   )

융합형

16 경주 타워의 높이를 반올림하여 백의 자리까지 바르게 나타낸 친구의 이름을 쓰시오.

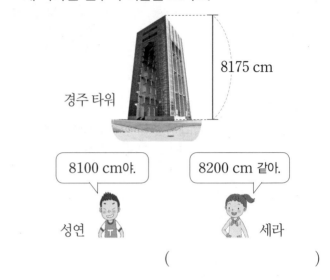

경주 타워   8175 cm

8100 cm야.   8200 cm 같아.

성연   세라

(   )

---

17 ☐ 안에 알맞은 수를 써넣으시오.

반올림하여 십의 자리까지 나타내면 140이 되는 자연수는 [   ]부터 [   ]까지의 자연수입니다.

---

18 ☐ 안에 들어갈 수 있는 일의 자리 수를 모두 구하시오.

878☐

이 수를 반올림하여 십의 자리까지 나타내면 8790이에요.

(   )

유형 7 올림, 버림, 반올림을 활용하여 문제 해결하기

관광객 156명이 마차에 타려고 줄을 서 있습니다. 마차 한 대에 탈 수 있는 정원이 10명일 때 마차는 최소 몇 대 필요합니까?

(   )

유형 코칭

주어진 문제 상황을 보고, 올림, 버림, 반올림 중 어떤 방법으로 어림해야 하는지 알아봅니다.

19 지영이네 과수원에서 수확한 자두 973개를 한 상자에 100개씩 넣어 포장하려고 합니다. 포장할 수 있는 자두는 최대 몇 개인지 알아보려고 합니다. 물음에 답하시오.

(1) 올림, 버림, 반올림 중 어떤 방법으로 어림해야 합니까?

(   )

(2) 포장할 수 있는 자두는 최대 몇 개입니까?

(   )

20 2019년 1월 전주시의 인구는 651640명입니다. 전주시의 인구는 몇만 명인지 반올림하여 만의 자리까지 나타내시오.

(   )

융합형

21 범주네 학교의 교내 신문 기사입니다. 밑줄 친 금액을 10000원짜리 지폐로 바꾸면 최대 얼마까지 바꿀 수 있습니까?

> Chunjae 2014년 0월 00일
>
> ### 사랑의 이웃 돕기 모금 결과
>
> 우리 학교에서 지난 한 달 동안 사랑의 이웃 돕기 모금 행사를 진행한 결과 1357400원이 모금되었다. 모금된 금액은 학생회를 통해 학교 근처의 복지관에 기부할 예정이다.

(   )

22 올림의 방법으로 어림해야 하는 사람은 누구입니까?

> 유주: 귤 219개를 100개씩 상자에 담아 포장할 때, 포장할 수 있는 귤은 모두 몇 개일까?
>
> 정은: 2300원짜리 책을 한 권 살 때, 1000원짜리 지폐로만 책값을 낸다면 얼마를 내야 할까?

(   )

융합형

23 두 가지 물건을 사는 데 필요한 금액을 어림했습니다. 두 친구가 어림한 방법은 각각 무엇인지 쓰고, 누구의 어림 방법이 물건을 사는 데 더 적절한지 쓰시오.

15900원

13400원

나는 16000, 14000으로 어림했어. 30000원이면 물건을 살 수 있을 거야.

나는 16000, 13000으로 어림했어. 29000으로 물건을 사 봐야지.

수호   지아

이름	수호	지아
어림 방법		

(   )

2 STEP 응용 유형의 힘

응용 유형 1 | 수를 포함하는 수의 범위 찾기

수의 범위를 수직선에 나타내어 보면 주어진 수가 수의 범위에 포함되는지 쉽게 알 수 있습니다.

1 17을 포함하는 수의 범위를 모두 찾아 기호를 쓰시오.

> ㉠ 17 이상인 수
> ㉡ 18 이하인 수
> ㉢ 17 초과인 수

( )

2 48을 포함하는 수의 범위를 모두 찾아 기호를 쓰시오.

> ㉠ 48 미만인 수
> ㉡ 47 이상인 수
> ㉢ 47 초과인 수

( )

3 25를 포함하는 수의 범위를 모두 찾아 기호를 쓰시오.

> ㉠ 23 이상 25 이하인 수
> ㉡ 25 초과 27 이하인 수
> ㉢ 23 이상 26 미만인 수

( )

응용 유형 2 | 수의 범위에 포함되는 자연수의 개수 구하기

이상과 이하는 기준이 되는 수가 포함되고, 초과와 미만은 기준이 되는 수가 포함되지 않습니다.

4 16 초과 22 이하인 자연수는 모두 몇 개입니까?

( )

5 80 이상 91 미만인 자연수는 모두 몇 개입니까?

( )

6 수의 범위에 포함되는 자연수가 더 많은 것의 기호를 쓰시오.

> ㉠ 38 이상 43 이하
> ㉡ 27 초과 33 미만

( )

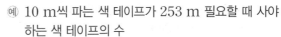

응용 유형 3 버림을 활용하여 문제 해결하기

⟐ 사과가 245개일 때 팔 수 있는 상자 수와 남은 사과 수 알아보기

① 한 상자에 10개씩 담아 팔 때

• 245 —버림하여 십의 자리까지→ 240 (팔 수 있는 사과 수)

• 팔 수 있는 상자 수: 24상자, 남은 사과 수: 5개
  └• 10개씩 담은 상자 수

② 한 상자에 100개씩 담아 팔 때

• 245 —버림하여 백의 자리까지→ 200 (팔 수 있는 사과 수)

• 팔 수 있는 상자 수: 2상자, 남은 사과 수: 45개
  └• 100개씩 담은 상자 수

7 사탕이 754개 있습니다. 이 사탕을 한 상자에 100개씩 담아 팔려고 합니다. 팔 수 있는 상자는 최대 몇 상자이고, 남은 사탕은 몇 개인지 각각 구하시오.

팔 수 있는 상자 수 (   )

남은 사탕 수 (   )

8 귤이 312개 있습니다. 이 귤을 한 상자에 10개씩 담아 팔려고 합니다. 팔 수 있는 상자는 최대 몇 상자이고, 남은 귤은 몇 개인지 각각 구하시오.

팔 수 있는 상자 수 (   )

남은 귤 수 (   )

9 감자가 1937개 있습니다. 이 감자를 한 상자에 100개씩 담아 팔려고 합니다. 팔 수 있는 상자는 최대 몇 상자이고, 남은 감자는 몇 개인지 각각 구하시오.

팔 수 있는 상자 수 (   )

남은 감자 수 (   )

응용 유형 4 올림을 활용하여 문제 해결하기

⟐ 10 m씩 파는 색 테이프가 253 m 필요할 때 사야 하는 색 테이프의 수

① 모자라지 않게 사야 하므로 올림의 방법으로 어림합니다.

② 10 m씩 25개를 사면 3 m가 모자라므로 25+1=26(개)를 사야 합니다.

10 사과 상자가 227상자 있습니다. 화물차 한 대에 상자를 10상자씩 실어 나르려고 합니다. 상자를 모두 실어 나르려면 화물차는 최소 몇 대 필요합니까?

(   )

11 소희네 학교에서 어려운 이웃을 돕기 위하여 모은 쌀은 497 kg입니다. 이 쌀을 자루 한 개에 10 kg씩 담아 놓으려고 합니다. 쌀을 모두 담으려면 자루는 최소 몇 개 필요합니까?

(   )

12 천우네 학교 5학년 학생 232명이 한 대에 10명씩 탈 수 있는 승합차를 타고 현장 체험 학습을 가려고 합니다. 학생들이 모두 타려면 승합차는 최소 몇 대 필요합니까?

(   )

---

① 수 카드로 가장 크거나 가장 작은 수를 만듭니다.
② ①에서 만든 수를 어림합니다.

13 수 카드 4장을 한 번씩만 사용하여 가장 큰 네 자리 수를 만들고, 만든 네 자리 수를 반올림하여 백의 자리까지 나타내시오.

| 5 | 2 | 3 | 6 |

(   )

14 수 카드 4장을 한 번씩만 사용하여 가장 작은 네 자리 수를 만들고, 만든 네 자리 수를 올림하여 십의 자리까지 나타내시오.

| 8 | 1 | 4 | 7 |

(   )

15 수 카드 4장을 한 번씩만 사용하여 가장 큰 네 자리 수를 만들고, 만든 네 자리 수를 버림하여 백의 자리까지 나타내시오.

| 9 | 4 | 3 | 5 |

(   )

예 반올림하여 십의 자리까지 나타낸 수가 250이 되는 자연수
① 십의 자리 숫자가 5−1=4이고 일의 자리 숫자가 5, 6, 7, 8, 9인 세 자리 수
➡ 245, 246, 247, 248, 249
② 십의 자리 숫자가 5이고 일의 자리 숫자가 0, 1, 2, 3, 4인 세 자리 수
➡ 250, 251, 252, 253, 254

16 어떤 자연수를 반올림하여 십의 자리까지 나타내었더니 450이 되었습니다. 처음의 수가 될 수 있는 자연수를 모두 쓰시오.

_____

_____

17 어떤 자연수를 반올림하여 십의 자리까지 나타내었더니 360이 되었습니다. 처음의 수가 될 수 있는 자연수를 모두 쓰시오.

_____

_____

18 어떤 자연수를 반올림하여 십의 자리까지 나타내었더니 290이 되었습니다. 처음의 수가 될 수 있는 자연수는 모두 몇 개입니까?

(   )

응용 유형 7 주어진 조건이 속하는 수의 범위를 찾아 문제 해결하기

① 주어진 조건이 속하는 수의 범위 찾아보기
② 찾은 범위의 요금 알아보기
③ 다양한 방법으로 요금 어림하기

19 어느 택배 회사에서 보내는 택배의 무게별 가격을 나타낸 표입니다. 철민이가 서울에서 대구에 사시는 할머니께 8 kg짜리 택배를 보낼 때의 요금을 반올림하여 천의 자리까지 나타내시오.

기본 요금(무게별 가격)

무게(kg)	요금(원)	
	동일지역	타지역
2 이하	4000	5000
2 초과 5 이하	5000	6000
5 초과 10 이하	6500	7500
10 초과 20 이하	8000	9000

(　　　　)

20 KTX 열차의 운임을 나타낸 표입니다. 어른 1명이 서울에서 부산까지 KTX를 이용할 때의 운임을 반올림하여 천의 자리까지 나타내시오.

KTX 열차 운임

출발역	도착역	운임(원)	
		어른	어린이
서울	천안아산	14100	7000
서울	대전	23700	11800
서울	동대구	43500	21700
서울	부산	59800	29900

(　　　　)

응용 유형 8 어떤 수의 범위를 수직선에 나타내기

① 어떤 수의 범위 구하기
② ①에서 구한 범위를 수직선에 나타내기

21 어떤 수를 올림하여 십의 자리까지 나타내었더니 40이 되었습니다. 어떤 수가 될 수 있는 수의 범위를 수직선에 나타내시오.

22 어떤 수를 버림하여 십의 자리까지 나타내었더니 620이 되었습니다. 어떤 수가 될 수 있는 수의 범위를 수직선에 나타내시오.

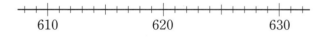

23 어떤 수를 반올림하여 십의 자리까지 나타내었더니 120이 되었습니다. 어떤 수가 될 수 있는 수의 범위를 수직선에 나타내시오.

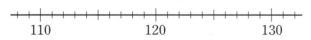

3 STEP 서술형의 힘

문제 해결력 **서술형**

1-1 올림하여 천의 자리까지 나타낸 수와 올림하여 십의 자리까지 나타낸 수의 차를 구하시오.

$$2476$$

(1) 올림하여 천의 자리까지 나타내시오.

( )

(2) 올림하여 십의 자리까지 나타내시오.

( )

(3) 올림하여 천의 자리까지 나타낸 수와 올림하여 십의 자리까지 나타낸 수의 차를 구하시오.

( )

바로 쓰는 **서술형**

1-2 버림하여 천의 자리까지 나타낸 수와 버림하여 십의 자리까지 나타낸 수의 차는 얼마인지 풀이 과정을 쓰고 답을 구하시오. [5점]

$$5819$$

풀이

답 _____

문제 해결력 **서술형**

2-1 무게별 우편 요금을 나타낸 표와 친구들이 쓴 편지의 무게입니다. 보통 우편으로 편지를 보낼 때 요금이 350원인 친구의 이름을 모두 쓰시오.

우편 요금

무게(g)	보통 우편
5 이하	350원
5 초과 25 이하	380원
25 초과 50 이하	400원

경호 지아 성연 은채

5g 7g 4.3g 28g

(1) 보통 우편 요금이 350원인 편지의 무게 범위를 쓰시오.

( )

(2) 요금이 350원인 친구의 이름을 모두 쓰시오.

( )

바로 쓰는 **서술형**

2-2 위 **2-1**의 표를 보고 보통 우편으로 편지를 보낼 때 요금이 400원인 친구의 이름을 모두 쓰려고 합니다. 풀이 과정을 쓰고 답을 구하시오. [5점]

다영 준서 세라 수호

50g 16g 25g 25.5g

풀이

답 _____

문제 해결력 **서술형**

3-1 저금통에 10원짜리 동전이 345개 들어 있습니다. 저금통에 들어 있는 돈을 1000원짜리 지폐로 바꾼다면 최대 얼마까지 바꿀 수 있습니까?

(1) 저금통에 들어 있는 돈은 얼마입니까?

(　　　　　　　)

(2) 지폐로 바꿀 수 있는 돈이 얼마인지 구하려면 어떤 방법으로 어림해야 하는지 ○표 하시오.

(올림 , 버림 , 반올림)

(3) 저금통에 들어 있는 돈을 1000원짜리 지폐로 바꾼다면 최대 얼마까지 바꿀 수 있습니까?

(　　　　　　　)

문제 해결력 **서술형**

4-1 정사각형 모양인 잔디밭의 둘레는 몇 m인지 반올림하여 일의 자리까지 나타내시오.

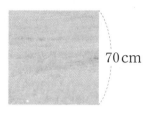
70 cm

(1) 잔디밭의 둘레는 몇 cm입니까?

(　　　　　　　)

(2) 잔디밭의 둘레는 몇 m인지 소수로 나타내시오.

(　　　　　　　)

(3) 잔디밭의 둘레는 몇 m인지 반올림하여 일의 자리까지 나타내시오.

(　　　　　　　)

바로 쓰는 **서술형**

3-2 진수는 100원짜리 동전 287개를 가지고 있습니다. 진수가 가지고 있는 돈을 1000원짜리 지폐로 바꾼다면 최대 얼마까지 바꿀 수 있는지 풀이 과정을 쓰고 답을 구하시오. [5점]

풀이

답 ＿＿＿＿＿＿＿＿＿＿＿＿＿＿＿＿＿＿

바로 쓰는 **서술형**

4-2 직사각형 모양인 꽃밭의 둘레는 몇 m인지 반올림하여 일의 자리까지 나타내려고 합니다. 풀이 과정을 쓰고 답을 구하시오. [5점]

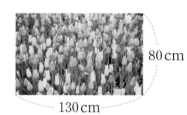
80 cm
130 cm

풀이

답 ＿＿＿＿＿＿＿＿＿＿＿＿＿＿＿＿＿＿

1 □ 안에 알맞은 말을 써넣으시오.

12보다 작은 수를 12 □ 인 수라고 합니다.

[2~3] 수를 보고 물음에 답하시오.

19	25.5	46	34	28
30	43	12	27	31.6

2 30 이상인 수를 모두 찾아 쓰시오.

( )

3 20 초과 28 미만인 수를 모두 찾아 쓰시오.

( )

4 올림하여 십의 자리까지 나타내시오.

509 → ( )

5 8 이상인 수를 수직선에 나타내시오.

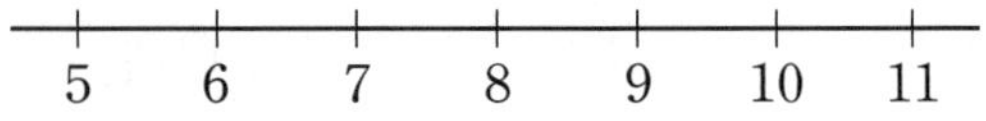

5 6 7 8 9 10 11

6 수직선에 나타낸 수의 범위를 쓰시오.

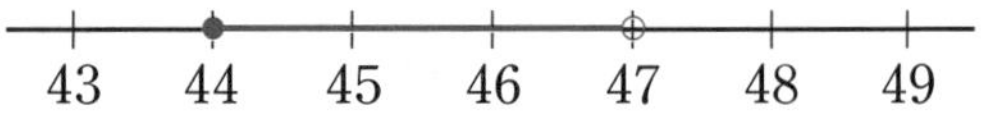

43 44 45 46 47 48 49

( )

7 버림하여 소수 둘째 자리까지 나타내시오.

8.192 → ( )

8 3614를 올림, 버림, 반올림하여 각각 십의 자리까지 나타내시오.

올림	버림	반올림

9 희진이네 모둠 학생들의 몸무게를 조사하여 나타낸 표입니다. 몸무게가 45 kg 이상 48 kg 미만인 학생의 이름을 모두 쓰시오.

희진이네 모둠 학생들의 몸무게

이름	희진	현식	진우	현정
몸무게(kg)	45	44.8	48	46.5

( )

10 반올림하여 십의 자리까지 나타내면 7400이 되는 수를 모두 찾아 기호를 쓰시오.

㉠ 7408	㉡ 7397
㉢ 7403	㉣ 7306

( )

11 ○ 안에 >, =, <를 알맞게 써넣으시오.

1656 ○ 1642를 반올림하여 백의 자리까지 나타낸 수

12 연필의 길이는 몇 cm인지 반올림하여 일의 자리까지 나타내시오.

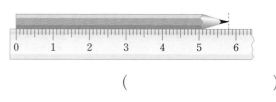

( )

13 53을 포함하는 수의 범위를 모두 찾아 기호를 쓰시오.

㉠ 52 초과인 수
㉡ 53 미만인 수
㉢ 53 이상인 수

( )

14 주차장 이용 요금을 나타낸 표입니다. 승용차 1대가 50분 동안 주차했다면 이용 요금은 얼마입니까?

주차장 이용 요금

주차 시간	요금(원)
30분 미만	500
30분 이상 1시간 미만	1000
1시간 이상	2000

( )

15 45 초과 48 이하인 자연수는 모두 몇 개입니까?

( )

16 연석이는 미술 시간에 586 cm의 리본이 필요합니다. 문구점에서는 리본을 1 m 단위로만 판매한다면 연석이는 리본을 최소 몇 m 사야 합니까?

(   )

17 연필 364자루를 학생 한 명에게 10자루씩 나누어 주려고 합니다. 연필을 10자루씩 받을 수 있는 학생은 최대 몇 명입니까?

(   )

18 수 카드 5장을 한 번씩만 사용하여 가장 큰 다섯 자리 수를 만들고, 만든 다섯 자리 수를 올림하여 천의 자리까지 나타내시오.

| 3 | 8 | 0 | 2 | 9 |

(   )

서술형

19 소포의 무게별 요금과 보낼 소포의 무게를 나타낸 표입니다. 소포를 보낼 때 소포 요금이 2700원인 사람은 모두 몇 명인지 풀이 과정을 쓰고 답을 구하시오.

소포의 무게별 요금

무게(kg)	요금(원)
1 이하	2200
1 초과 3 이하	2700
3 초과 5 이하	3200

보낼 소포의 무게

이름	수정	영희	민정	우석	가영
무게(kg)	5	4	3	1	2

풀이 _____

_____

_____

답 _____

서술형

20 채원이가 사는 도시의 인구수를 조사하여 나타낸 표입니다. 도시의 인구는 몇천 명인지 반올림하여 나타내려고 합니다. 풀이 과정을 쓰고 답을 구하시오.

채원이가 사는 도시의 인구수

남자 수(명)	여자 수(명)
58375	49613

풀이 _____

_____

_____

답 _____

월	일	요일	이름

☆ **1단원에서 배운 내용을 친구들에게 설명하듯이 써 봐요.**

_____

_____

_____

_____

_____

_____

_____

_____

☆ **1단원에서 배운 내용이 실생활에서 어떻게 쓰이고 있는지 찾아 써 봐요.**

_____

_____

_____

_____

_____

_____

_____

_____

👩 **칭찬 & 격려해 주세요.**

➜ QR코드를 찍으면 예시 답안을 볼 수 있어요.

2 분수의 곱셈

교과서 개념 카툰

개념 카툰 **1** (진분수) × (자연수)의 계산

세바스찬, 학교 안 가고 뭐해?

이 숙제를 못 해서 안 가고 있었어.

(진분수) × (자연수)의 계산이잖아~.

$$\frac{3}{8} \times 6$$

분수의 분모와 자연수를 약분한 다음 분자와 자연수를 곱하면 되는데~.

와~, 고마워 로빈!

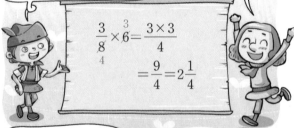

$$\frac{3}{\underset{4}{8}} \times \overset{3}{6} = \frac{3 \times 3}{4}$$

$$= \frac{9}{4} = 2\frac{1}{4}$$

아……, 생각해 보니 나도 숙제를 안 했네.

헉!

개념 카툰 **2** (자연수) × (대분수)의 계산

남의 숙제는 해 주고 정작 본인 숙제는 못했다는 거냐?

서……, 선생님!

네 숙제는 (자연수) × (대분수)의 계산을 하는 거였어.

아! 생각났어요.

$$3 \times 1\frac{2}{15}$$

대분수를 가분수로 바꾼 다음 자연수와 가분수의 분모를 약분해서 계산하면 돼요~.

$$3 \times 1\frac{2}{15} = \overset{1}{3} \times \frac{17}{\underset{5}{15}}$$

$$= \frac{17}{5} = 3\frac{2}{5}$$

알면서도 안 하다니 더 괘씸해! 한 달 동안 화장실 청소다!

아악~. 어제 겨우 화장실 당번 끝났는데.

이번에 **배우는** 내용

- ✓ (분수)×(자연수)의 계산
- ✓ (자연수)×(분수)의 계산
- ✓ (진분수)×(진분수)의 계산
- ✓ (대분수)×(대분수)의 계산

이미 배운 내용

[3-2] 4. 분수
[5-1] 5. 분수의 덧셈과 뺄셈

앞으로 배울 내용

[6-1] 1. 분수의 나눗셈
[6-2] 1. 분수의 나눗셈

개념 카툰 3 (진분수)×(진분수)의 계산

개념 카툰 4 (대분수)×(대분수)의 계산

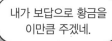
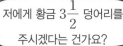

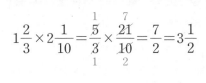

개념 **1** (분수)×(자연수)를 알아볼까요

1. (진분수)×(자연수)

• $\dfrac{3}{4} \times 3$의 계산

(1) 그림으로 알아보기

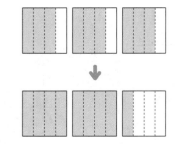

$$\dfrac{3}{4} \times 3 = \dfrac{3}{4} + \dfrac{3}{4} + \dfrac{3}{4} = \dfrac{3 \times 3}{4} = \dfrac{9}{4} = 2\dfrac{1}{4}$$

(2) 계산하기

$$\dfrac{3}{4} \times 3 = \dfrac{3 \times 3}{4} = \dfrac{9}{4} = 2\dfrac{1}{4}$$

> ✿개념의 힘
>
> (진분수)×(자연수)의 계산은 분수의 분모는 그대로 두고 분수의 분자와 자연수를 곱합니다.

2. (대분수)×(자연수)

• $1\dfrac{1}{6} \times 2$의 계산

> 방법 **1** 대분수를 가분수로 바꾸어 계산하기

$$1\dfrac{1}{6} \times 2 = \dfrac{7}{6} \times \overset{1}{\cancel{2}} = \dfrac{7}{3} = 2\dfrac{1}{3}$$

└ 분수의 곱셈을 다 한 이후에 약분을 해도 됩니다.

> 방법 **2** 대분수를 자연수와 진분수의 합으로 바꾸어 계산하기

$$1\dfrac{1}{6} \times 2 = (1 \times 2) + \left(\dfrac{1}{\underset{3}{6}} \times \overset{1}{\cancel{2}}\right)$$

$$= 2 + \dfrac{1}{3} = 2\dfrac{1}{3}$$

☑ 참고 계산 결과를 기약분수로 나타내어야 정답이지만 기약분수가 아닌 분수도 정답으로 인정합니다.

개념 확인하기

1 $\dfrac{1}{2} \times 4$는 얼마인지 알아보려고 합니다. □ 안에 알맞은 수를 써넣으시오.

(1)

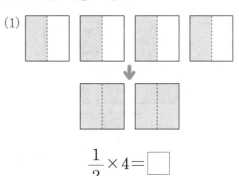

$$\dfrac{1}{2} \times 4 = \boxed{}$$

(2) $\dfrac{1}{2} \times 4 = \dfrac{1}{2} + \dfrac{1}{2} + \dfrac{1}{2} + \dfrac{1}{2}$

$$= \dfrac{1 \times \boxed{}}{2} = \dfrac{\boxed{}}{2} = \boxed{}$$

2 □ 안에 알맞은 수를 써넣으시오.

(1) $\dfrac{3}{5} \times 2 = \dfrac{3 \times \boxed{}}{5} = \dfrac{\boxed{}}{5} = \boxed{}$

(2) $\dfrac{5}{\underset{7}{14}} \times \overset{\boxed{}}{\cancel{6}} = \dfrac{5 \times \boxed{}}{7} = \dfrac{\boxed{}}{7} = \boxed{}$

3 대분수를 가분수로 바꾸어 계산하려고 합니다. □ 안에 알맞은 수를 써넣으시오.

$$3\dfrac{1}{6} \times 2 = \dfrac{\boxed{}}{\underset{3}{6}} \times \overset{1}{\cancel{2}} = \dfrac{\boxed{}}{3} = \boxed{}$$

개념 다지기

1 그림을 보고 □ 안에 알맞은 수를 써넣으시오.

(1)   →

$$\frac{4}{5} \times 2 = \frac{\boxed{}}{5} = \boxed{}$$

(2)

$$1\frac{1}{8} \times 3 = (1 \times \boxed{}) + \left(\frac{1}{8} \times \boxed{}\right)$$

$$= \boxed{} + \frac{\boxed{}}{8} = \boxed{}$$

2 계산을 하시오.

(1) $\frac{7}{10} \times 3$

(2) $1\frac{4}{9} \times 4$

3 ┃보기┃와 같이 계산하시오.

┃보기┃
$$\frac{5}{6} \times 2 = \frac{5 \times \overset{1}{\cancel{2}}}{\underset{3}{\cancel{6}}} = \frac{5}{3} = 1\frac{2}{3}$$

(1) $\frac{3}{10} \times 8$ _____

(2) $\frac{7}{8} \times 6$ _____

4 빈칸에 알맞은 수를 써넣으시오.

5 계산 결과를 찾아 이으시오.

$1\frac{5}{16} \times 4$ ·

$1\frac{1}{4} \times 2$ ·

$1\frac{7}{12} \times 3$ ·

· $5\frac{1}{4}$

· $4\frac{3}{4}$

· $2\frac{1}{2}$

6 유민이는 당근즙을 매일 $\frac{3}{7}$ L씩 마십니다. 유민이가 5일 동안 마시는 당근즙은 모두 몇 L입니까?

식 _____

답 _____

2단원 분수의 곱셈

2. 분수의 곱셈 • **37**

개념 2 (자연수)×(분수)를 알아볼까요

1. (자연수)×(진분수)

• $4 \times \dfrac{1}{2}$의 계산

(1) 그림으로 알아보기

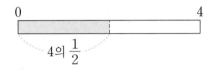

$$0 \qquad\qquad\qquad 4$$
$$4의 \dfrac{1}{2}$$

$4 \times \dfrac{1}{2}$은 4를 2등분한 것 중 1이므로

$4 \times \dfrac{1}{2} = 2$입니다.

(2) 계산하기

$$4 \times \dfrac{1}{2} = \dfrac{\overset{2}{\cancel{4}} \times 1}{\cancel{2}} = 2 \rightarrow 분수의 곱셈을 하는 과정에서 약분하기$$

$$\overset{2}{\cancel{4}} \times \dfrac{1}{\cancel{2}} = 2 \rightarrow 분수의 곱셈을 하기 전에 약분하기$$

> ✦개념의 힘
> (자연수)×(진분수)의 계산은 분수의 분모는 그대로 두고 자연수와 분수의 분자를 곱합니다.

2. (자연수)×(대분수)

• $3 \times 1\dfrac{1}{6}$의 계산

> **방법 1** 대분수를 가분수로 바꾸어 계산하기

$$3 \times 1\dfrac{1}{6} = \overset{1}{\cancel{3}} \times \dfrac{7}{\underset{2}{\cancel{6}}} = \dfrac{7}{2} = 3\dfrac{1}{2}$$

> **방법 2** 대분수를 자연수와 진분수의 합으로 바꾸어 계산하기

$$3 \times 1\dfrac{1}{6} = (3 \times 1) + \left(\overset{1}{\cancel{3}} \times \dfrac{1}{\underset{2}{\cancel{6}}} \right) = 3 + \dfrac{1}{2} = 3\dfrac{1}{2}$$

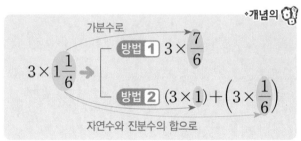

✦개념의 힘

가분수로
방법 1 $3 \times \dfrac{7}{6}$

$3 \times 1\dfrac{1}{6} \Rightarrow$

방법 2 $(3 \times 1) + \left(3 \times \dfrac{1}{6} \right)$

자연수와 진분수의 합으로

> ☑ 참고 곱하는 수가 1보다 더 크면 값이 커지고, 곱하는 수가 1과 같으면 값이 변하지 않고, 곱하는 수가 1보다 더 작으면 값이 작아집니다.

개념 확인하기

1 그림을 보고 □ 안에 알맞은 수를 써넣으시오.

(1)

$$0 \qquad\qquad\qquad 5$$
$$5의 \dfrac{1}{5}$$

$$5 \times \dfrac{1}{5} = \boxed{}$$

(2)

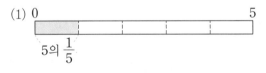

$$4의 \dfrac{1}{2}$$
$$0 \quad\quad 4 \quad\quad 8 \quad\quad 12$$
$$4의 \dfrac{5}{2}$$

$$4 \times 2\dfrac{1}{2} = \overset{2}{\cancel{4}} \times \dfrac{}{\cancel{2}} = \boxed{}$$

2 □ 안에 알맞은 수를 써넣으시오.

(1) $$12 \times \dfrac{7}{8} = \dfrac{12 \times \boxed{}}{\underset{2}{\cancel{8}}} = \dfrac{\boxed{}}{2} = \boxed{}$$

(2) $$\overset{}{\cancel{12}} \times \dfrac{7}{8} = \dfrac{\boxed{} \times 7}{2} = \dfrac{\boxed{}}{2} = \boxed{}$$

3 대분수를 가분수로 바꾸어 계산하려고 합니다. □ 안에 알맞은 수를 써넣으시오.

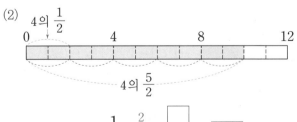

$$6 \times 3\dfrac{1}{4} = \overset{}{\cancel{6}} \times \dfrac{\boxed{}}{\underset{\boxed{}}{\cancel{4}}} = \dfrac{\boxed{}}{2} = \boxed{}$$

개념 다지기

1 그림을 보고 □ 안에 알맞은 수를 써넣으시오.

(1)

2의 $\frac{7}{2}$

$2 \times 3\frac{1}{2} = \overset{1}{2} \times \frac{\boxed{}}{\underset{1}{2}} = \boxed{}$

(2)
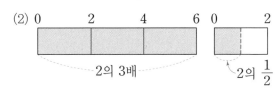

2의 3배   2의 $\frac{1}{2}$

$2 \times 3\frac{1}{2} = (2 \times \boxed{}) + \left(\overset{1}{2} \times \frac{1}{\underset{1}{2}}\right)$

$= \boxed{} + 1 = \boxed{}$

2 계산을 하시오.

(1) $16 \times \frac{5}{6}$ (2) $9 \times 1\frac{3}{4}$

3 빈 곳에 알맞은 수를 써넣으시오.

(1)
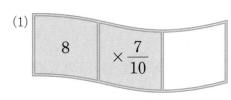

8 $\times \frac{7}{10}$

(2)
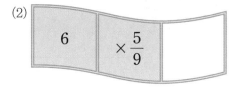

6 $\times \frac{5}{9}$

4 계산 결과가 같은 것끼리 이으시오.

$4 \times \frac{3}{7}$ ·   · $3 \times 2\frac{2}{5}$

$2\frac{2}{5} \times 3$ ·   · $\frac{4}{7} \times 3$

$1\frac{5}{12} \times 8$ ·   · $\frac{17}{3} \times 2$

5 4와 곱하였을 때 계산 결과가 4보다 작아지는 수에 ○표 하시오.

$\frac{2}{3}$ $1\frac{1}{3}$

6 직사각형의 넓이는 몇 cm²입니까?

$4\frac{1}{12}$ cm

8 cm

(   )

2. 분수의 곱셈 • **39**

유형 1 (진분수)×(자연수)

□ 안에 알맞은 수를 써넣으시오.

$$\frac{3}{4} \times 5 = \boxed{} \frac{3}{\boxed{}}$$

유형 코칭

방법 1 분자와 자연수를 곱한 후 약분하여 계산하기

$$\frac{5}{8} \times 12 = \frac{5 \times 12}{8} = \frac{\overset{15}{\cancel{60}}}{\underset{2}{\cancel{8}}} = \frac{15}{2} = 7\frac{1}{2}$$

방법 2 (분수)×(자연수)의 식에서 약분하여 계산하기

$$\frac{5}{\underset{2}{\cancel{8}}} \times \overset{3}{\cancel{12}} = \frac{5 \times 3}{2} = \frac{15}{2} = 7\frac{1}{2}$$

1 계산을 하시오.

(1) $\frac{1}{6} \times 24$ (2) $\frac{8}{21} \times 14$

2 빈칸에 두 수의 곱을 써넣으시오.

(1)

(2)
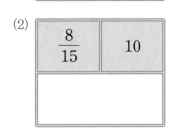

3 계산 결과가 <u>다른</u> 하나를 찾아 기호를 쓰시오.

$$\boxed{\text{㉠ } \frac{5}{8} \times 3 \quad \text{㉡ } \frac{3}{8} + \frac{3}{8} + \frac{3}{8} \quad \text{㉢ } \frac{5 \times 3}{8}}$$

(   )

4 계산 결과를 찾아 이으시오.

$\boxed{\frac{4}{5} \times 7}$ ·

$\boxed{\frac{3}{5} \times 8}$ ·

· $\boxed{4\frac{4}{5}}$

· $\boxed{5}$

· $\boxed{5\frac{3}{5}}$

5 다음이 나타내는 수를 구하시오.

$$\boxed{\frac{7}{9} \text{이 } 12 \text{개인 수}}$$

(   )

6 주스가 $\frac{13}{20}$ L씩 들어 있는 병이 5개 있습니다. 주스는 모두 몇 L입니까?

식 _____

답 _____

유형 **2** (대분수)×(자연수)

계산을 하시오.

$$2\frac{2}{9}\times 3$$

(　　　　　　　)

유형 코칭

방법 1 대분수를 가분수로 바꾸어 계산하기

$$3\frac{2}{5}\times 4=\frac{17}{5}\times 4=\frac{68}{5}=13\frac{3}{5}$$

대분수 → 가분수　　　가분수 → 대분수

방법 2 대분수를 자연수와 진분수의 합으로 바꾸어 계산하기

$$3\frac{2}{5}\times 4=(3\times 4)+\left(\frac{2}{5}\times 4\right)$$
● 답은 대분수로
　나타냅니다.
$$=12+\frac{8}{5}=12+1\frac{3}{5}=13\frac{3}{5}$$

7 계산을 하시오.

(1) $3\dfrac{5}{6}\times 3$　　　　　(2) $5\dfrac{4}{9}\times 6$

8 |보기|와 같이 계산하시오.

┌─|보기|────────────────────┐
$$1\frac{1}{3}\times 6=(1\times 6)+\left(\frac{1}{\underset{1}{3}}\times \overset{2}{6}\right)=6+2=8$$
└────────────────────────────┘

$2\dfrac{1}{7}\times 14$

_____

9 빈 곳에 알맞은 수를 써넣으시오.

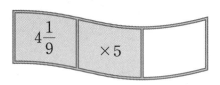

10 ○ 안에 >, =, <를 알맞게 써넣으시오.

$$3\frac{1}{10}\times 5 \bigcirc 15$$

창의·융합

11 다음 중 잘못 계산한 것을 찾아 기호를 쓰고, 옳게 고쳐 보시오.

┌────────────────────────────────┐
$$\text{㉠ } 3\frac{7}{8}\times 3=\frac{31}{8}\times 3=\frac{93}{8}=11\frac{5}{8}$$

$$\text{㉡ } 2\frac{1}{3}\times 5=\frac{7}{3}\times 5=\frac{7\times 5}{3\times 5}=\frac{35}{15}$$

$$=2\frac{\overset{1}{\cancel{5}}}{\underset{3}{\cancel{15}}}=2\frac{1}{3}$$
└────────────────────────────────┘

기호 (　　　　　　　)

옳게 고친 식 _____

_____

12 한 변의 길이가 $9\dfrac{1}{5}$ cm인 정사각형의 둘레는 몇 cm입니까?

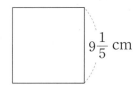

식 _____

답 _____

2

단원

분수의 곱셈

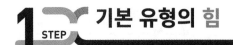
유형 3 (자연수)×(진분수)

빈칸에 알맞은 수를 써넣으시오.

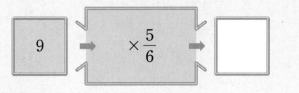

유형 코칭

방법 1 자연수와 분자를 곱한 후 약분하여 계산하기

$$3 \times \frac{5}{9} = \frac{3 \times 5}{9} = \frac{\overset{5}{\cancel{15}}}{\underset{3}{\cancel{9}}} = \frac{5}{3} = 1\frac{2}{3}$$

방법 2 (자연수)×(분수)의 식에서 약분하여 계산하기

$$\overset{1}{\cancel{3}} \times \frac{5}{\underset{3}{\cancel{9}}} = \frac{1 \times 5}{3} = \frac{5}{3} = 1\frac{2}{3}$$

13 계산을 하시오.

(1) $5 \times \frac{5}{8}$ (2) $15 \times \frac{3}{10}$

14 빈 곳에 두 수의 곱을 써넣으시오.

(1)
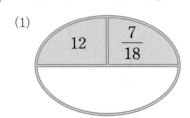

(2)
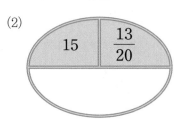

15 계산 결과가 더 큰 것의 기호를 쓰시오.

$$\text{㉠ } 6 \times \frac{1}{9} \qquad \text{㉡ } 6 \times 1$$

(   )

창의·융합

16 바르게 말한 친구의 이름을 쓰시오.

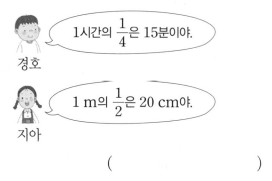

경호 1시간의 $\frac{1}{4}$은 15분이야.

지아 1 m의 $\frac{1}{2}$은 20 cm야.

(   )

17 해준이는 사탕을 20개 가지고 있습니다. 그중에서 전체의 $\frac{3}{5}$을 동생에게 주었습니다. 해준이가 동생에게 준 사탕은 몇 개입니까?

식 _____

답 _____

유형 **4**　(자연수)×(대분수)

두 수의 곱을 구하시오.

$$5 \qquad 2\frac{3}{5}$$

(　　　　　　　　　)

유형 코칭

방법 1 대분수를 가분수로 바꾸어 계산하기

$$8 \times 1\frac{1}{5} = 8 \times \frac{6}{5} = \frac{48}{5} = 9\frac{3}{5}$$

대분수 → 가분수　　가분수 → 대분수

방법 2 대분수를 자연수와 진분수의 합으로 바꾸어 계산하기

$$8 \times 1\frac{1}{5} = (8 \times 1) + \left(8 \times \frac{1}{5}\right)$$

$$= 8 + \frac{8}{5} = 8 + 1\frac{3}{5} = 9\frac{3}{5}$$

18 계산을 하시오.

(1) $7 \times 1\frac{3}{4}$ 　　　　(2) $10 \times 1\frac{5}{8}$

19 빈칸에 알맞은 수를 써넣으시오.

(1)
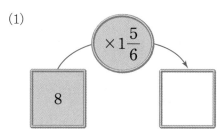

(2)
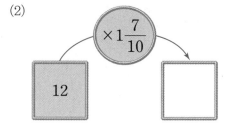

20 잘못 계산한 부분을 찾아 바르게 계산하시오.

$$10 \times 3\frac{1}{4} = \overset{5}{10} \times \frac{13}{\underset{2}{4}} = \frac{13}{5 \times 2} = \frac{13}{10} = 1\frac{3}{10}$$

$10 \times 3\frac{1}{4}$ _____

21 계산 결과가 6보다 큰 식에 ○표, 6보다 작은 식에 △표 하시오.

$$6 \times 1\frac{2}{3} \qquad 6 \times \frac{9}{10} \qquad 6 \times 1$$

22 성훈이의 몸무게는 몇 kg입니까?

식 _____

답 _____

개념의 힘

 Power

개념 3 진분수의 곱셈을 알아볼까요 (1)

1. (단위분수) × (단위분수)

• $\dfrac{1}{3} \times \dfrac{1}{2}$의 계산

(1) 그림으로 알아보기

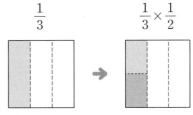

$$\dfrac{1}{3} \times \dfrac{1}{2} = \dfrac{1}{6}$$ → 전체를 3등분하고
다시 각각의 조각을
2등분한 값

(2) 계산하기

$$\dfrac{1}{3} \times \dfrac{1}{2} = \dfrac{1}{3 \times 2} = \dfrac{1}{6}$$

◆개념의 힘

(단위분수) × (단위분수)의 계산은 분수의 분자는 그대로 두고 분모끼리 곱합니다.

2. (진분수) × (단위분수)

• $\dfrac{4}{5} \times \dfrac{1}{3}$의 계산

(1) 그림으로 알아보기

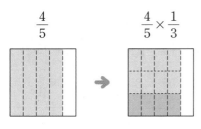

$$\dfrac{4}{5} \times \dfrac{1}{3} = \dfrac{4}{15}$$ → 전체를 15등분한
것 중에 4

(2) 계산하기

분자는 분자끼리

$$\dfrac{4}{5} \times \dfrac{1}{3} = \dfrac{4 \times 1}{5 \times 3} = \dfrac{4}{15}$$

분모는 분모끼리

개념 확인하기

1 그림을 보고 □ 안에 알맞은 수를 써넣으시오.

(1)

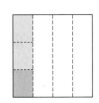

$$\dfrac{1}{4} \times \dfrac{1}{3} = \dfrac{1}{\square \times \square} = \dfrac{1}{\square}$$

(2)

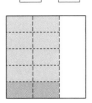

$$\dfrac{2}{3} \times \dfrac{1}{5} = \dfrac{2 \times 1}{\square \times \square} = \dfrac{\square}{\square}$$

2 □ 안에 알맞은 수를 써넣으시오.

(1) $\dfrac{1}{6} \times \dfrac{1}{5} = \dfrac{1}{\square \times \square} = \boxed{}$

(2) $\dfrac{1}{2} \times \dfrac{7}{9} = \dfrac{1 \times 7}{\square \times \square} = \boxed{}$

3 □ 안에 알맞은 수를 써넣으시오.

(1) $\dfrac{1}{8} \times \dfrac{1}{4} = \boxed{}$

(2) $\dfrac{5}{6} \times \dfrac{1}{10} = \boxed{}$

개념 다지기

1 그림을 보고 □ 안에 알맞은 수를 써넣으시오.

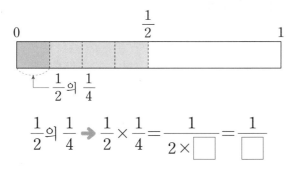

$\dfrac{1}{2}$의 $\dfrac{1}{4}$ ➡ $\dfrac{1}{2} \times \dfrac{1}{4} = \dfrac{1}{2 \times \square} = \dfrac{1}{\square}$

2 계산을 하시오.

(1) $\dfrac{1}{2} \times \dfrac{1}{6}$

(2) $\dfrac{8}{9} \times \dfrac{1}{3}$

3 빈칸에 두 수의 곱을 써넣으시오.

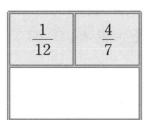

4 ○ 안에 >, =, <를 알맞게 써넣으시오.

$\dfrac{1}{8} \times \dfrac{1}{4}$ ○ $\dfrac{1}{8}$

5 빈 곳에 알맞은 수를 써넣으시오.

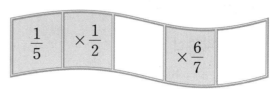

6 은채가 계산한 방법과 같은 방법으로 다음을 계산하시오.

난 $\dfrac{4}{7} \times \dfrac{1}{8} = \dfrac{\overset{1}{4} \times 1}{7 \times \underset{2}{8}} = \dfrac{1}{14}$ 로 계산했어!

은채

$\dfrac{5}{9} \times \dfrac{1}{10}$ _____

7 다음이 나타내는 수는 얼마입니까?

$\dfrac{1}{3}$의 $\dfrac{1}{12}$

(   )

8 서하는 종이배를 만드는 데 전체 색종이의 $\dfrac{10}{13}$ 중에서 $\dfrac{1}{2}$을 사용했습니다. 서하가 사용한 색종이는 전체의 얼마입니까?

식 _____

답 _____

개념 **4** 진분수의 곱셈을 알아볼까요 (2)

1. (진분수)×(진분수)

• $\dfrac{2}{3} \times \dfrac{4}{5}$ 의 계산

(1) 그림으로 알아보기

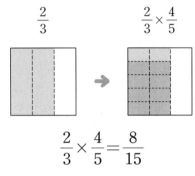

$$\dfrac{2}{3} \times \dfrac{4}{5} = \dfrac{8}{15}$$

(2) 계산하기

$$\dfrac{2}{3} \times \dfrac{4}{5} = \dfrac{2 \times 4}{3 \times 5} = \dfrac{8}{15}$$

◆개념의 힘

(진분수)×(진분수)의 계산은 분자는 분자끼리, 분모는 분모끼리 곱합니다.

2. 세 분수의 곱셈

• $\dfrac{1}{4} \times \dfrac{1}{2} \times \dfrac{2}{3}$ 의 계산

(1) 그림으로 알아보기

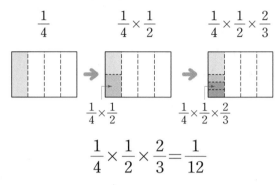

$$\dfrac{1}{4} \times \dfrac{1}{2} \times \dfrac{2}{3} = \dfrac{1}{12}$$

(2) 계산하기

$$\dfrac{1}{4} \times \dfrac{1}{2} \times \dfrac{2}{3} = \dfrac{1 \times 1 \times \overset{1}{2}}{4 \times \underset{1}{2} \times 3} = \dfrac{1}{12}$$

◆개념의 힘

세 진분수의 곱셈은 분자는 분자끼리, 분모는 분모끼리 곱합니다.

개념 확인하기

1 그림을 보고 □ 안에 알맞은 수를 써넣으시오.

(1)

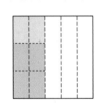

$$\dfrac{2}{5} \times \dfrac{2}{3} = \dfrac{2 \times \square}{5 \times \square} = \dfrac{\square}{\square}$$

(2)

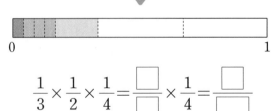

$$\dfrac{1}{3} \times \dfrac{1}{2} \times \dfrac{1}{4} = \dfrac{\square}{\square} \times \dfrac{1}{4} = \dfrac{\square}{\square}$$

2 분수의 곱셈을 계산한 후에 약분하려고 합니다. □ 안에 알맞은 수를 써넣으시오.

(1) $\dfrac{3}{4} \times \dfrac{4}{9} = \dfrac{3 \times \square}{4 \times \square} = \dfrac{12}{36} = \square$

(2) $\dfrac{1}{4} \times \dfrac{2}{3} \times \dfrac{5}{6} = \dfrac{1 \times \square \times 5}{4 \times 3 \times \square} = \dfrac{10}{72} = \square$

3 분수의 곱셈식에서 약분하여 계산한 것입니다. □ 안에 알맞은 수를 써넣으시오.

(1) $\dfrac{\overset{1}{5}}{\underset{\square}{6}} \times \dfrac{\overset{3}{9}}{10} = \square$

(2) $\dfrac{4}{5} \times \dfrac{1}{2} \times \dfrac{\overset{\square}{5}}{9} = \square$

개념 다지기

1 그림을 보고 ☐ 안에 알맞은 수를 써넣으시오.

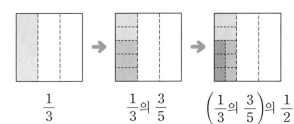

$\frac{1}{3}$ 　　　 $\frac{1}{3}$ 의 $\frac{3}{5}$ 　　　 $\left(\frac{1}{3}$ 의 $\frac{3}{5}\right)$ 의 $\frac{1}{2}$

$$\frac{1}{3} \times \frac{3}{5} \times \frac{1}{2} = \left(\frac{1}{3} \times \frac{3}{5}\right) \times \frac{1}{2}$$

$$= \frac{\square}{\square} \times \frac{1}{2} = \frac{1}{\square}$$

2 관계있는 것끼리 이으시오.

$\frac{3}{4} \times \frac{4}{9}$ ・　　　 ・ $\frac{1}{6}$

$\frac{4}{5} \times \frac{5}{16}$ ・　　　 ・ $\frac{1}{4}$

$\frac{5}{8} \times \frac{4}{15}$ ・　　　 ・ $\frac{1}{3}$

3 계산을 하시오.

(1) $\frac{6}{7} \times \frac{14}{15}$ 　　　 (2) $\frac{3}{4} \times \frac{1}{3} \times \frac{8}{9}$

4 빈칸에 알맞은 수를 써넣으시오.

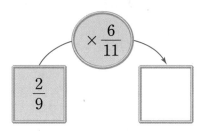

$\frac{2}{9}$ 　　 $\times \frac{6}{11}$ 　　 ☐

5 주어진 식을 잘못 계산한 친구의 이름을 쓰시오.

$\frac{4}{5} \times \frac{3}{10} = \frac{6}{25}$ 　　　 $\frac{1}{4} \times \frac{3}{7} \times \frac{2}{5} = \frac{3}{35}$

누리 　　　　　　　　 아라

(　　　　　　　　)

6 현수는 길이가 $\frac{5}{8}$ m인 색 테이프의 $\frac{6}{7}$ 을 사용하여 꽃 모양을 만들었습니다. 꽃 모양을 만드는 데 사용한 색 테이프의 길이는 몇 m입니까?

식 _____

답 _____

개념 5 여러 가지 분수의 곱셈을 알아볼까요

1. (대분수)×(대분수)

• $2\frac{1}{3} \times 1\frac{1}{2}$ 의 계산

(1) 그림으로 알아보기

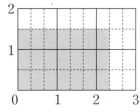

$$2\frac{1}{3} \times 1\frac{1}{2} = \frac{21}{6} = 3\frac{3}{6} = 3\frac{1}{2}$$

$\frac{1}{6}$ 이 21칸

(2) 계산하기

$$2\frac{1}{3} \times 1\frac{1}{2} = \frac{7}{3} \times \frac{\overset{1}{3}}{2} = \frac{7}{2} = 3\frac{1}{2}$$

◆개념의 힘

(대분수)×(대분수)의 계산은 대분수를 가분수로 바꾼 다음 분자는 분자끼리, 분모는 분모끼리 곱합니다.

2. 여러 가지 분수의 곱셈

(1) 자연수와 분수의 곱셈

$$5 \times \frac{3}{7} = \frac{5}{1} \times \frac{3}{7} = \frac{15}{7} = 2\frac{1}{7}$$

$$\frac{2}{9} \times 4 = \frac{2}{9} \times \frac{4}{1} = \frac{8}{9}$$

■$= \frac{■}{1}$ 와 같아.

자연수를 분수로 나타내어 계산합니다.

(2) 진분수와 대분수의 곱셈

$$\frac{4}{5} \times 3\frac{1}{3} = \frac{4}{\overset{1}{5}} \times \frac{\overset{2}{10}}{3} = \frac{8}{3} = 2\frac{2}{3}$$

$$2\frac{1}{7} \times \frac{2}{3} = \frac{\overset{5}{15}}{7} \times \frac{2}{\overset{3}{}_{1}} = \frac{10}{7} = 1\frac{3}{7}$$

◆개념의 힘

자연수나 대분수는 모두 가분수 형태로 바꿀 수 있으므로 분자는 분자끼리, 분모는 분모끼리 곱하여 계산할 수 있습니다.

개념 확인하기

1 그림을 보고 $2\frac{1}{3} \times 1\frac{2}{3}$ 를 계산하려고 합니다. □ 안에 알맞은 수를 써넣으시오.

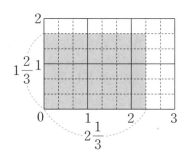

(1) 색칠한 부분은 $\frac{1}{9}$ 이 □ 칸입니다.

(2) $2\frac{1}{3} \times 1\frac{2}{3} = \frac{\square}{9} = \square$

2 □ 안에 알맞은 수를 써넣으시오.

$$1\frac{3}{7} \times 1\frac{5}{6} = \frac{10}{7} \times \frac{\square}{\overset{6}{\underset{3}{}}} = \frac{\square \times \square}{7 \times 3}$$

$$= \frac{\square}{21} = \square$$

3 (분수)×(분수)의 계산 방법을 이용하여 계산하려고 합니다. □ 안에 알맞은 수를 써넣으시오.

$$6 \times \frac{2}{5} = \frac{\square}{1} \times \frac{2}{5} = \frac{\square \times 2}{\square \times 5}$$

$$= \frac{\square}{\square} = \square$$

개념 다지기

1 그림을 보고 ☐ 안에 알맞은 수를 써넣으시오.

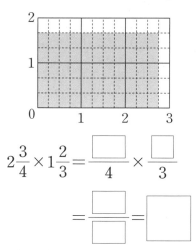

$$2\frac{3}{4} \times 1\frac{2}{3} = \frac{\boxed{}}{4} \times \frac{\boxed{}}{3}$$

$$= \frac{\boxed{}}{\boxed{}} = \boxed{}$$

2 계산을 하시오.

(1) $1\frac{3}{7} \times 1\frac{5}{9}$ (2) $1\frac{1}{8} \times 3\frac{7}{11}$

3 |보기|와 같이 계산하시오.

|보기|
$$2 \times \frac{4}{7} = \frac{2}{1} \times \frac{4}{7} = \frac{8}{7} = 1\frac{1}{7}$$

$5 \times \frac{3}{8}$

4 빈 곳에 알맞은 수를 써넣으시오.

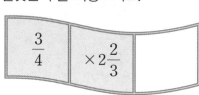

5 빈칸에 두 수의 곱을 써넣으시오.

$1\frac{1}{2}$	$2\frac{7}{9}$

6 영현이의 가방 무게는 $2\frac{3}{4}$ kg이고 선주의 가방 무게는 영현이의 가방 무게의 $\frac{4}{5}$배입니다. 선주의 가방 무게는 몇 kg입니까?

식 _____

답 _____

7 성민이가 경주 불국사에 가서 본 다보탑의 높이는 석가탑 높이의 $1\frac{11}{41}$배입니다. 빈칸에 알맞은 수를 써넣으시오.

	석가탑	다보탑
모습		
높이(m)	$8\frac{1}{5}$	

유형 5 (단위분수)×(단위분수), (진분수)×(단위분수)

□ 안에 알맞은 수를 써넣으시오.

$$\frac{1}{6} \times \frac{1}{2} = \frac{\boxed{}}{\boxed{}}$$

유형 코칭

분자는 분자끼리, 분모는 분모끼리 곱합니다.

(예) $\frac{1}{3} \times \frac{1}{7} = \frac{1}{3 \times 7} = \frac{1}{21}$, $\frac{3}{4} \times \frac{1}{5} = \frac{3 \times 1}{4 \times 5} = \frac{3}{20}$

1 계산을 하시오.

(1) $\frac{1}{10} \times \frac{1}{3}$ (2) $\frac{5}{6} \times \frac{1}{8}$

2 빈 곳에 두 수의 곱을 써넣으시오.

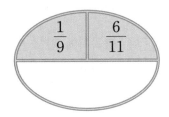

3 두 수의 곱을 구하시오.

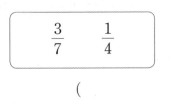

( )

4 바르게 계산한 친구의 이름을 쓰시오.

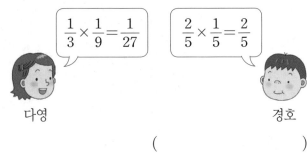

다영 경호

( )

5 계산 결과가 <u>다른</u> 하나를 찾아 기호를 쓰시오.

㉠ $\frac{1}{9} \times \frac{1}{2}$ ㉡ $\frac{1}{4} \times \frac{1}{4}$ ㉢ $\frac{1}{3} \times \frac{1}{6}$

( )

6 다음 수 카드 중 두 장을 사용하여 분수의 곱셈을 만들려고 합니다. 계산 결과가 가장 작은 식을 구하시오.

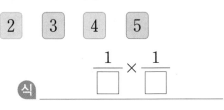

식 $\frac{1}{\boxed{}} \times \frac{1}{\boxed{}}$

7 민주는 피자를 어제는 전체의 $\frac{1}{6}$만큼 먹었고 오늘은 어제 먹은 양의 $\frac{2}{3}$만큼 먹었습니다. 민주가 오늘 먹은 양은 전체의 얼마입니까?

식 ＿＿＿＿＿＿＿＿＿＿＿＿＿＿

답 ＿＿＿＿＿＿＿＿＿＿＿＿＿＿

유형 6 (진분수) × (진분수)

계산을 하시오.

$$\frac{7}{10} \times \frac{5}{8}$$

(　　　　　　　　)

유형 코칭

방법 1 분수의 곱셈을 계산한 후에 약분하여 계산하기

$$\frac{3}{8} \times \frac{4}{9} = \frac{3 \times 4}{8 \times 9} = \frac{\overset{1}{\cancel{12}}}{\underset{6}{\cancel{72}}} = \frac{1}{6}$$

방법 2 분수의 곱셈을 하는 과정에서 약분하여 계산하기

$$\frac{3}{8} \times \frac{4}{9} = \frac{\overset{1}{\cancel{3}} \times \overset{1}{\cancel{4}}}{\underset{2}{\cancel{8}} \times \underset{3}{\cancel{9}}} = \frac{1}{6}$$

방법 3 분수의 곱셈식에서 약분하여 계산하기

$$\frac{\overset{1}{\cancel{3}}}{\underset{2}{\cancel{8}}} \times \frac{\overset{1}{\cancel{4}}}{\underset{3}{\cancel{9}}} = \frac{1 \times 1}{2 \times 3} = \frac{1}{6}$$

8 계산을 하시오.

(1) $\frac{5}{8} \times \frac{9}{10}$　　　　(2) $\frac{5}{6} \times \frac{4}{5}$

9 |보기|와 같이 계산하시오.

┌─ |보기| ─────────────────┐

$$\frac{6}{7} \times \frac{4}{9} = \frac{\overset{2}{\cancel{6}} \times 4}{7 \times \underset{3}{\cancel{9}}} = \frac{8}{21}$$

└───────────────────────┘

(1) $\frac{9}{25} \times \frac{5}{12}$ _____

(2) $\frac{13}{18} \times \frac{12}{17}$ _____

10 빈칸에 알맞은 수를 써넣으시오.

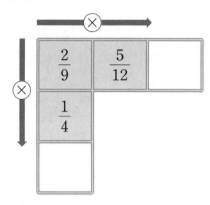

11 계산 결과가 $\frac{3}{8}$보다 작은 것의 기호를 쓰시오.

$$\text{㉠ } \frac{3}{8} \times \frac{3}{14} \qquad \text{㉡ } \frac{3}{8} \times 4$$

(　　　　　　　　)

12 지호는 선물을 포장하는 데 길이가 $\frac{3}{16}$ m인 리본의 $\frac{8}{15}$을 사용했습니다. 지호가 사용한 리본은 몇 m입니까?

식 _____

답 _____

분수의 곱셈

2 단원

유형 **7** 세 분수의 곱셈

빈 곳에 알맞은 수를 써넣으시오.

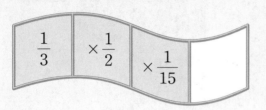

유형 코칭

방법 1 앞에서부터 차례로 두 분수씩 곱하여 계산하기

$$\frac{1}{2} \times \frac{8}{15} \times \frac{1}{8} = \left(\frac{1}{\overset{}{\underset{1}{2}}} \times \frac{\overset{4}{8}}{15}\right) \times \frac{1}{8}$$

$$= \frac{\overset{1}{4}}{15} \times \frac{1}{\underset{2}{8}} = \frac{1}{30}$$

방법 2 세 분수를 한꺼번에 곱하여 계산하기

$$\frac{1}{2} \times \frac{\overset{1}{8}}{15} \times \frac{1}{\underset{1}{8}} = \frac{1}{30}$$

13 계산을 하시오.

(1) $\frac{1}{3} \times \frac{5}{8} \times \frac{9}{10}$

(2) $\frac{1}{25} \times \frac{1}{9} \times \frac{5}{6}$

14 |보기|와 같이 계산하시오.

┌ 보기 ┐

$$\frac{\overset{1}{2}}{3} \times \frac{\overset{1}{3}}{5} \times \frac{3}{\underset{2}{4}} = \frac{3}{10}$$

$\frac{4}{7} \times \frac{1}{3} \times \frac{9}{10}$

15 세 분수의 곱을 구하시오.

| $\frac{1}{4}$ | $\frac{3}{7}$ | $\frac{2}{5}$ |

(   )

16 ○ 안에 >, =, <를 알맞게 써넣으시오.

$$\frac{5}{8} \bigcirc \frac{5}{8} \times \frac{2}{3} \times \frac{1}{5}$$

창의·융합

17 진수네 학교 5학년 학생 수는 전체 학생의 $\frac{5}{24}$입니다. 5학년의 $\frac{1}{2}$은 남학생이고, 그중 $\frac{2}{3}$는 안경을 썼습니다. 안경을 쓴 5학년 남학생은 전체 학생의 얼마입니까?

 _____

 답 _____

유형 8 여러 가지 분수의 곱셈

두 대분수의 곱을 구하시오.

$$1\frac{1}{5} \qquad 2\frac{2}{3}$$

(　　　　　　)

유형 코칭

대분수를 가분수로 바꾼 다음 분자는 분자끼리, 분모는 분모끼리 곱합니다.

대분수 → 가분수

$$2\frac{1}{4} \times 3\frac{1}{5} = \frac{9}{4} \times \overset{4}{\underset{1}{16}}{5} = \frac{36}{5} = 7\frac{1}{5}$$

대분수 → 가분수　가분수 → 대분수

18 계산을 하시오.

(1) $2\frac{4}{7} \times 1\frac{1}{6}$　　　(2) $4\frac{1}{2} \times \frac{7}{9}$

19 빈칸에 알맞은 수를 써넣으시오.

(1)

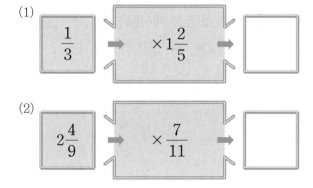

(2)

20 잘못 계산한 부분을 찾아 바르게 계산하시오.

$$2\overset{1}{\underset{4}{\frac{2}{3}}} \times 2\frac{1}{8} = 2\frac{1}{3} \times 2\frac{1}{4} = \frac{7}{3} \times \overset{3}{\underset{1}{\frac{9}{4}}} = \frac{21}{4} = 5\frac{1}{4}$$

$2\frac{2}{3} \times 2\frac{1}{8}$ _____

21 계산 결과가 더 큰 것에 ○표 하시오.

$$1\frac{3}{7} \times 12\frac{1}{4} \qquad 22 \times \frac{3}{4}$$

(　　　)　　　　(　　　)

22 가장 큰 수와 가장 작은 수의 곱을 구하시오.

$$3\frac{1}{3} \qquad 2\frac{6}{7} \qquad \frac{3}{5}$$

(　　　　　　)

23 가로가 $10\frac{1}{8}$ cm, 세로가 $12\frac{4}{9}$ cm인 직사각형 모양의 액자가 있습니다. 이 액자의 넓이는 몇 cm² 입니까?

식 _____

답 _____

> • 곱하는 수가 1보다 더 크면 계산 결과는 처음 수보다 커집니다.
> • 곱하는 수가 1과 같으면 계산 결과는 변하지 않습니다.
> • 곱하는 수가 1보다 더 작으면 계산 결과는 처음 수보다 작아집니다.

1 ○ 안에 $>$, $=$, $<$를 알맞게 써넣으시오.

$$\frac{2}{5} \times \frac{4}{9} \bigcirc \frac{2}{5}$$

2 ○ 안에 $>$, $=$, $<$를 알맞게 써넣으시오.

$$\frac{7}{18} \times 27 \bigcirc \frac{7}{18}$$

3 계산 결과가 $\frac{5}{9}$보다 작은 것에 ○표 하시오.

$$\frac{5}{9} \times 2 \qquad \frac{5}{9} \times \frac{3}{8}$$

> • 분수의 곱셈에서 약분할 때에는
>   ① 대분수를 가분수로 바꿉니다.
>   ② 분자와 분모를 같은 수로 나눕니다.

4 잘못 계산한 부분을 찾아 바르게 계산하시오.

$$4 \times 2\frac{1}{12} = \overset{1}{4} \times 2\frac{1}{\underset{3}{12}} = 2\frac{1}{3}$$

$$4 \times 2\frac{1}{12} \underline{\hspace{5cm}}$$

서술형

5 $\dfrac{4}{9} \times \dfrac{5}{24}$를 잘못 계산한 것입니다. 잘못 계산한 이유를 쓰고, 바르게 계산한 값을 구하시오.

$$\underset{3}{\overset{}{\frac{4}{9}}} \times \underset{8}{\overset{}{\frac{5}{24}}} = \frac{4 \times 5}{3 \times 8} = \frac{\overset{5}{20}}{\underset{6}{24}} = \frac{5}{6}$$

이유 \underline{\hspace{6cm}}

(\hspace{5cm})

서술형

6 $3\dfrac{1}{15} \times 10$을 잘못 계산한 것입니다. 잘못 계산한 이유를 쓰고, 바르게 계산한 값을 구하시오.

$$3\frac{1}{\underset{3}{15}} \times \overset{2}{10} = \frac{10}{3} \times 2 = \frac{20}{3} = 6\frac{2}{3}$$

이유 \underline{\hspace{6cm}}

(\hspace{5cm})

응용 유형 3　도형의 넓이 비교하기

- 도형의 넓이를 비교할 때에는
  ① 도형의 넓이를 각각 구합니다.
  ② 구한 도형의 넓이를 비교합니다.

7 직사각형 가와 정사각형 나가 있습니다. 가와 나 중 어느 것이 더 넓습니까?

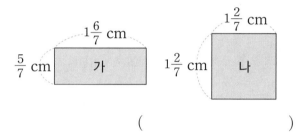

$1\frac{6}{7}$ cm

$\frac{5}{7}$ cm　가

$1\frac{2}{7}$ cm

$1\frac{2}{7}$ cm　나

(　　　　　　　　)

8 정사각형 가와 직사각형 나가 있습니다. 가와 나 중 어느 것이 더 넓습니까?

$1\frac{5}{6}$ cm

$1\frac{5}{6}$ cm　가

$2\frac{1}{2}$ cm

$1\frac{1}{6}$ cm　나

(　　　　　　　　)

9 ㉠과 ㉡ 중 어느 것이 더 좁습니까?

㉠ 한 변의 길이가 $2\frac{1}{3}$ cm인 정사각형

㉡ 가로가 $3\frac{1}{3}$ cm, 세로가 $1\frac{2}{3}$ cm인 직사각형

(　　　　　　　　)

응용 유형 4　□ 안에 들어갈 수 있는 자연수 구하기

- 단위분수의 크기 비교
  분자가 1일 때에는 분모가 작은 쪽이 더 큽니다.
  예 $\frac{1}{6} > \frac{1}{7}$, $\frac{1}{15} < \frac{1}{12}$
  $\underset{6<7}{\rule{0pt}{0pt}}$　$\underset{15>12}{\rule{0pt}{0pt}}$

10 □ 안에 들어갈 수 있는 수 중에서 1보다 큰 자연수를 모두 구하시오.

$$\frac{1}{8} \times \frac{1}{\square} > \frac{1}{35}$$

(　　　　　　　　)

11 □ 안에 들어갈 수 있는 수 중에서 1보다 큰 자연수를 모두 구하시오.

$$\frac{1}{\square} \times \frac{1}{6} > \frac{1}{20}$$

(　　　　　　　　)

12 □ 안에 들어갈 수 있는 수 중에서 1보다 큰 자연수는 모두 몇 개입니까?

$$\frac{1}{11} \times \frac{1}{\square} > \frac{1}{45}$$

(　　　　　　　　)

2

단원

분수의 곱셈

- 3장의 수 카드로 대분수 만들기
  (1) 가장 큰 대분수 만들기: 자연수 부분에 가장 큰 수를 놓고, 남은 2장으로 진분수를 만듭니다.
  (2) 가장 작은 대분수 만들기: 자연수 부분에 가장 작은 수를 놓고, 남은 2장으로 진분수를 만듭니다.

13 3장의 수 카드를 각각 한 번씩만 사용하여 만들 수 있는 가장 큰 대분수와 가장 작은 대분수의 곱을 구하시오.

2   5   8

(   )

14 3장의 수 카드를 한 번씩만 사용하여 만들 수 있는 가장 큰 대분수와 가장 작은 대분수의 곱을 구하시오.

1   3   7

(   )

15 수민이와 경수는 각자 가지고 있는 수 카드를 한 번씩만 사용하여 수민이는 가장 큰 대분수를, 경수는 가장 작은 대분수를 만들었습니다. 두 사람이 만든 두 대분수의 곱을 구하시오.

(   )

전체를 1로 생각한 다음 1에서 어제 한 일의 양을 빼어 남은 부분을 먼저 구합니다.

16 지연이는 어제 동화책 한 권의 $\frac{3}{4}$을 읽었고 오늘은 어제 읽고 난 나머지의 $\frac{5}{8}$를 읽었습니다. 오늘 읽은 양은 동화책 전체의 얼마입니까?

(   )

17 농부가 어제부터 밭을 갈기 시작했습니다. 다음을 보고 농부가 오늘 간 양은 밭 전체의 얼마인지 구하시오.

난 전체의 $\frac{3}{10}$을 갈았어!

오늘은 어제 갈고 난 나머지의 $\frac{5}{12}$를 갈았어.

어제   오늘

(   )

18 세호는 어제 위인전 한 권의 $\frac{1}{12}$을 읽었습니다. 오늘은 어제 읽고 난 나머지의 $\frac{2}{11}$를 읽었습니다. 책 한 권이 132쪽일 때, 오늘 읽은 양은 모두 몇 쪽입니까?

(   )

응용 유형 7 부분의 수 구하기

전체의 수에 차지하는 부분만큼을 곱하여 부분의 수를 구할 수 있습니다.

19 지선이네 반 학생은 35명입니다. 그중에서 $\frac{4}{7}$는 여학생이고, 여학생 중에서 $\frac{7}{10}$은 강아지를 좋아합니다. 지선이네 반에서 강아지를 좋아하는 여학생은 몇 명입니까?

(　　　　　　　)

20 민혁이네 반 학생은 40명입니다. 그중에서 $\frac{3}{5}$은 남학생이고, 남학생 중에서 $\frac{5}{6}$는 축구를 좋아합니다. 민혁이네 반에서 축구를 좋아하는 남학생은 몇 명입니까?

(　　　　　　　)

21 혜진이네 반 학생은 36명입니다. 그중에서 $\frac{7}{12}$은 여학생이고, 여학생 중에서 $\frac{2}{3}$는 피자를 좋아합니다. 혜진이네 반에서 피자를 좋아하는 여학생은 몇 명입니까?

(　　　　　　　)

응용 유형 8 거리 구하기

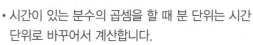

· 시간이 있는 분수의 곱셈을 할 때 분 단위는 시간 단위로 바꾸어서 계산합니다.

예 7분 $= \frac{7}{60}$시간, 2시간 7분 $= 2\frac{7}{60}$시간

· (걷는 거리) = (1시간 동안 걷는 거리) × (걷는 시간)
 └ (거리) = (속력) × (시간)

22 정수는 한 시간에 4 km를 걷습니다. 같은 빠르기로 쉬지 않고 50분 동안 걷는다면 정수가 걷는 거리는 몇 km입니까?

(　　　　　　　)

23 어머니께서는 자전거로 한 시간에 $12\frac{1}{2}$ km를 달리십니다. 같은 빠르기로 쉬지 않고 1시간 20분 동안 달린다면 어머니께서 달린 거리는 몇 km입니까?

(　　　　　　　)

2

단원

분수의 곱셈

2. 분수의 곱셈 • **57**

문제 해결력 **서술형**

1-1 한 변의 길이가 $1\frac{1}{4}$ m인 정육각형 모양의 액자가 있습니다. 이 액자의 둘레는 몇 m입니까?

(1) 정육각형에서 길이가 같은 변은 모두 몇 개입니까?

(   )

(2) 액자의 둘레를 구하는 곱셈식을 완성하시오.

식 $1\frac{1}{4} \times \boxed{} = \boxed{}$

(3) 액자의 둘레는 몇 m입니까?

(   )

바로 쓰는 **서술형**

1-2 한 변의 길이가 $5\frac{3}{10}$ cm인 정오각형 모양의 거울이 있습니다. 이 거울의 둘레는 몇 cm인지 풀이 과정을 쓰고 답을 구하시오. [5점]

풀이

답 _____

문제 해결력 **서술형**

2-1 □ 안에 들어갈 수 있는 단위분수는 모두 몇 개입니까?

$$\frac{1}{9} \times \frac{1}{5} < \boxed{} < \frac{1}{6} \times \frac{1}{7}$$

(1) $\frac{1}{9} \times \frac{1}{5}$ 과 $\frac{1}{6} \times \frac{1}{7}$ 을 계산한 값을 각각 차례로 쓰시오.

(   ), (   )

(2) □ 안에 들어갈 수 있는 단위분수를 모두 쓰시오.

(   )

(3) □ 안에 들어갈 수 있는 단위분수는 모두 몇 개입니까?

(   )

바로 쓰는 **서술형**

2-2 □ 안에 들어갈 수 있는 단위분수는 모두 몇 개인지 풀이 과정을 쓰고 답을 구하시오. [5점]

풀이

답 _____

문제 해결력 **서술형**

3-1 어떤 수에 $\dfrac{5}{8}$를 곱해야 할 것을 잘못하여 더했더니 $4\dfrac{3}{8}$이 되었습니다. 바르게 계산한 값을 구하시오.

(1) 어떤 수를 □라 하여 잘못 계산한 식을 쓰시오.

　식＿＿＿＿＿＿＿＿＿＿＿＿＿＿＿

(2) 어떤 수를 구하시오.

（　　　　　　　　）

(3) 바르게 계산한 값을 구하시오.

（　　　　　　　　）

문제 해결력 **서술형**

4-1 어떤 정사각형의 가로를 $\dfrac{1}{4}$만큼을 줄이고 세로를 $1\dfrac{1}{2}$배가 되도록 늘여 직사각형을 만들었습니다. 만든 직사각형의 넓이는 처음 정사각형의 넓이의 몇 배입니까?

(1) 처음 정사각형의 한 변의 길이를 1이라 할 때 만든 직사각형의 가로는 처음 길이의 얼마인지 분수로 쓰시오.

（　　　　　　　　）

(2) 처음 정사각형의 한 변의 길이를 1이라 할 때 만든 직사각형의 세로는 처음 길이의 얼마인지 분수로 쓰시오.

（　　　　　　　　）

(3) 만든 직사각형의 넓이는 처음 정사각형의 넓이의 몇 배입니까?

（　　　　　　　　）

바로 쓰는 **서술형**

3-2 어떤 수에 $\dfrac{4}{7}$를 곱해야 할 것을 잘못하여 더했더니 $2\dfrac{4}{7}$가 되었습니다. 바르게 계산한 값은 얼마인지 풀이 과정을 쓰고 답을 구하시오. [5점]

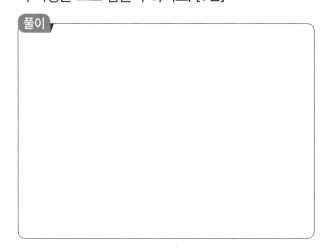

풀이

답＿＿＿＿＿＿＿＿＿＿＿＿＿＿＿

바로 쓰는 **서술형**

4-2 어떤 정사각형의 가로를 $1\dfrac{1}{4}$배가 되도록 늘이고 세로를 $\dfrac{1}{3}$만큼을 줄여 직사각형을 만들었습니다. 만든 직사각형의 넓이는 처음 정사각형의 넓이의 몇 배인지 풀이 과정을 쓰고 답을 구하시오. [5점]

풀이

답＿＿＿＿＿＿＿＿＿＿＿＿＿＿＿

1 그림의 색칠한 부분을 바르게 나타낸 것에 ○표 하시오.

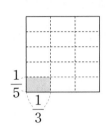

$$\frac{1}{3} \times \frac{1}{5}$$

(   )

$$\frac{1}{3} \times 5$$

(   )

2 그림을 보고 알맞게 이야기한 친구는 누구인지 쓰시오.

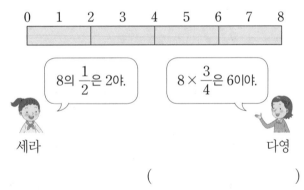

8의 $\frac{1}{2}$은 2야.

세라

$8 \times \frac{3}{4}$은 6이야.

다영

(   )

3 □ 안에 알맞은 수를 써넣으시오.

$$8 \times \frac{5}{6} = \frac{8 \times \boxed{}}{\underset{3}{6}} = \frac{\boxed{}}{3} = \boxed{}$$

4 계산을 하시오.

$$\frac{3}{7} \times \frac{5}{9}$$

5 빈 곳에 알맞은 수를 써넣으시오.

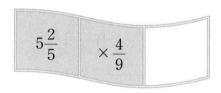

$5\frac{2}{5}$ $\times \frac{4}{9}$

6 빈칸에 알맞은 수를 써넣으시오.

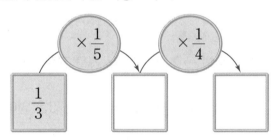

$\frac{1}{3}$ $\times \frac{1}{5}$ $\times \frac{1}{4}$

7 두 분수의 곱을 구하시오.

$$3\frac{3}{7} \qquad 2\frac{5}{6}$$

(   )

8 잘못 계산한 것의 기호를 쓰시오.

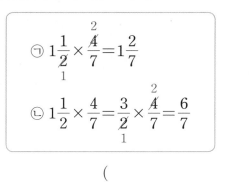

(   )

9 크기가 더 큰 것의 기호를 쓰시오.

$$\bigcirc \frac{3}{7} \qquad \bigcirc \frac{3}{7} \times \frac{5}{9}$$

(   )

10 세 분수의 곱을 구하시오.

$$\frac{2}{3} \qquad \frac{6}{7} \qquad \frac{1}{2}$$

(   )

11 감자가 한 봉지에 $\frac{3}{10}$ kg씩 들어 있습니다. 8봉지에 들어 있는 감자는 모두 몇 kg입니까?

(   )

12 성준이의 나이는 12살이고 형의 나이는 성준이의 나이의 $1\frac{1}{6}$배입니다. 형의 나이는 몇 살입니까?

(   )

13 직사각형의 넓이는 몇 cm²입니까?

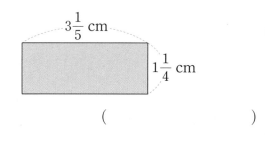

(   )

14 계산 결과가 작은 것부터 차례로 기호를 쓰시오.

$$\bigcirc \frac{5}{9} \times 2\frac{3}{4} \qquad \bigcirc \frac{5}{9} \times \frac{3}{10} \qquad \bigcirc \frac{5}{9} \times 1$$

(   )

15 다음은 현아와 태현이가 분수를 각각 2개씩 만든 것입니다. 만든 두 분수의 곱이 더 작은 사람은 누구입니까?

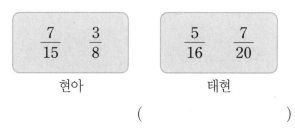

현아   태현

(   )

16 유리네 마당 전체의 $\dfrac{3}{5}$은 텃밭으로 꾸미고, 텃밭의 $\dfrac{1}{3}$에는 상추를 심었습니다. 상추를 심은 부분은 마당 전체의 얼마입니까?

(   )

17 □ 안에 들어갈 수 있는 가장 큰 자연수를 구하시오.

$$1\dfrac{3}{8} \times 6\dfrac{1}{2} > \square$$

(   )

18 수 카드를 각각 한 번씩만 사용하여 만들 수 있는 가장 큰 대분수와 가장 작은 대분수의 곱을 구하시오.

1   2   5

(   )

서술형
19 정은이는 색종이를 72장 가지고 있습니다. 전체의 $\dfrac{3}{8}$으로 종이학을 접었다면 남은 색종이는 몇 장인지 풀이 과정을 쓰고 답을 구하시오.

풀이 _____

_____

_____

_____

답 _____

서술형
20 영주네 학교 학생 전체의 $\dfrac{2}{5}$는 남학생입니다. 남학생 중에서 $\dfrac{3}{8}$이 운동을 좋아하며 운동을 좋아하는 남학생의 $\dfrac{2}{7}$는 스키를 탄다고 합니다. 운동을 좋아하며 스키를 타는 남학생은 전체 학생의 얼마인지 풀이 과정을 쓰고 답을 구하시오.

풀이 _____

_____

_____

_____

답 _____

월	일	요일	이름

☆ 2단원에서 배운 내용을 친구들에게 설명하듯이 써 봐요.

☆ 2단원에서 배운 내용이 실생활에서 어떻게 쓰이고 있는지 찾아 써 봐요.

칭찬 & 격려해 주세요.

➔ QR코드를 찍으면 예시 답안을 볼 수 있어요.

3 합동과 대칭

개념 카툰 ① 도형의 합동

엄마, 배고파요.

그럴 줄 알고 빵을 만들었지.

우와! 빵이다!

빵 두 개의 모양과 크기가 같아서 포개면 완전히 겹치겠어요.

그래, 맞아. 이때 두 빵을 서로 합동이라고 한단다.

피랑 같이 먹으면 더 맛있을텐데……

뭐? 이젠 피 안 먹기로 했잖아!!

개념 카툰 ② 합동인 도형의 성질

행운의 목걸이라고 해서 샀어.

내가 산 목걸이랑 합동이야!

정말이네.

서로 합동인 두 도형을 완전히 포개었을 때 겹치는 점은 대응점이야.

겹치는 변은 대응변, 겹치는 각은 대응각이지.

대응점

대응변

대응각

세상에 하나밖에 없는 목걸이라더니……. 가만두지 않겠다. 크아아아!

진정해.

이번에 배우는 내용

✔ 도형의 합동
✔ 합동인 도형의 성질
✔ 선대칭도형과 그 성질
✔ 점대칭도형과 그 성질

이미 배운 내용

[4-1] 2. 각도
[4-1] 4. 평면도형의 이동
[4-2] 6. 다각형

앞으로 배울 내용

[5-2] 5. 직육면체
[6-1] 2. 각기둥과 각뿔

개념 카툰 ③ 선대칭도형과 그 성질

유령의 집입니다. 어서 오세요~.

유령의 집의 입구가 선대칭도형이네.

맞아! 한 직선을 따라 접어서 완전히 겹치는 도형을 선대칭도형이라고 하지.

나도 그 정도는 안다고!

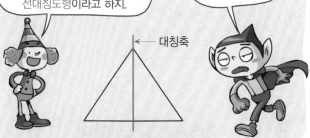

대칭축

왠지 오싹한데.

크아아아!!

엇! 아빠, 여기서 뭐하세요?

으…… 으응. 아르바이트.

개념 카툰 ④ 점대칭도형과 그 성질

왜 할아버지 사진이 거꾸로 되어 있지? 다시 돌려놔야겠다.

돌려놓긴 했는데 액자의 모양은 그대로잖아.

액자가 점대칭도형 모양이라서 그렇단다.

한 도형을 어떤 점을 중심으로 180° 돌렸을 때 처음 도형과 완전히 겹치면 이 도형을 점대칭도형이라고 하지.

이때 그 점을 대칭의 중심 이라고 해요.

대칭의 중심

그런데 우리 집 액자들은 모양이 다 왜 이래요?

엄마가 특이한 걸 좋아하잖니…….

개념 1 도형의 합동을 알아볼까요

🧠 **생각의 힘**

• 도형 가와 완전히 겹치는 도형 찾아보기

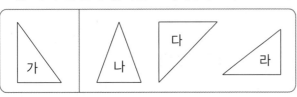

 투명종이에 도형 가의 본을 떠서 그린 다음

 도형 나, 다, 라와 각각 포개어 보면 완전히 겹치는 도형을 찾을 수 있어.

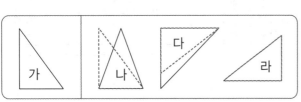

앗, 도형 가와 도형 라가 완전히 겹치는구나.

1. **합동**: 모양과 크기가 같아서 포개었을 때 완전히 겹치는 두 도형

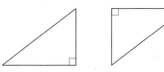

2. **직사각형을 잘라서 서로 합동인 도형 만들기**

(1) 서로 합동인 사각형 2개 만들기

예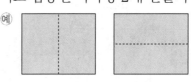

(2) 서로 합동인 삼각형 4개 만들기

예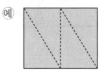

➡ 도형을 잘라서 서로 합동인 도형을 만드는 방법은 여러 가지입니다.

개념 확인하기

[1~2] 도형을 보고 물음에 답하시오.

1 도형 가와 포개었을 때 완전히 겹치는 도형을 찾아 기호를 쓰시오.

( )

2 위 **1**과 같이 모양과 크기가 같아서 포개었을 때 완전히 겹치는 두 도형을 무엇이라고 합니까?

( )

3 왼쪽 도형과 서로 합동인 도형에 ◯표 하시오.

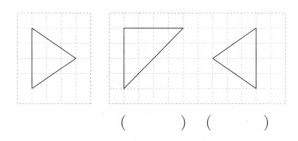

( ) ( )

4 정사각형을 점선을 따라 잘랐을 때 서로 합동인 도형이 4개 만들어지는 것에 ◯표 하시오.

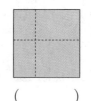 

( ) ( )

개념 다지기

1 오른쪽 도형과 서로 합동인 도형은 어느 것입니까? ·················· (　　)

[2~3] 도형을 보고 물음에 답하시오.

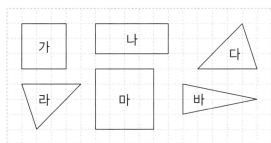

2 서로 합동인 두 도형을 찾아 기호를 쓰시오.

□와 □

3 도형 나와 서로 합동인 도형을 찾아 ○표 하시오.

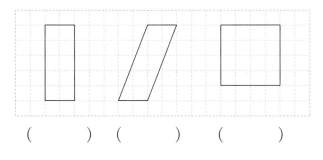

(　　) (　　) (　　)

4 나머지 셋과 서로 합동이 <u>아닌</u> 도형을 찾아 기호를 쓰시오.

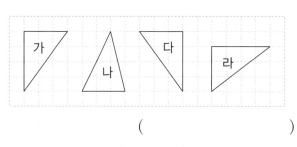

(　　　　　)

5 직사각형을 두 조각으로 잘라서 서로 합동인 도형 2개로 만드시오.

6 직사각형 모양의 종이를 점선을 따라 자르려고 합니다. 잘린 도형 중에서 서로 합동인 두 도형을 모두 찾아 기호를 쓰시오.

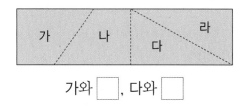

가와 □, 다와 □

7 주어진 도형과 서로 합동인 도형을 그리시오.

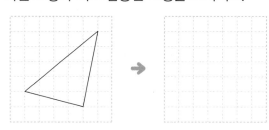

개념 2 합동인 도형의 성질을 알아볼까요

1. 대응점, 대응변, 대응각

서로 합동인 두 도형을 포개었을 때
- **대응점**: 완전히 겹치는 점
- **대응변**: 완전히 겹치는 변
- **대응각**: 완전히 겹치는 각

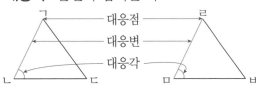

- 대응점: 점 ㄱ과 점 ㄹ, 점 ㄴ과 점 ㅁ, 점 ㄷ과 점 ㅂ
- 대응변: 변 ㄱㄴ과 변 ㄹㅁ, 변 ㄴㄷ과 변 ㅁㅂ, 변 ㄱㄷ과 변 ㄹㅂ
- 대응각: 각 ㄱㄴㄷ과 각 ㄹㅁㅂ, 각 ㄱㄷㄴ과 각 ㄹㅂㅁ, 각 ㄴㄱㄷ과 각 ㅁㄹㅂ

 서로 합동인 두 삼각형에서 대응점, 대응변, 대응각은 각각 3쌍 있어!

2. 서로 합동인 두 도형의 성질

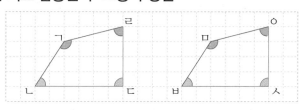

서로 합동인 두 도형에서
(1) 각각의 **대응변의 길이가 서로 같습니다.**
  (변 ㄱㄴ)=(변 ㅁㅂ), (변 ㄴㄷ)=(변 ㅂㅅ),
  (변 ㄷㄹ)=(변 ㅅㅇ), (변 ㄹㄱ)=(변 ㅇㅁ)
(2) 각각의 **대응각의 크기가 서로 같습니다.**
  (각 ㄱㄴㄷ)=(각 ㅁㅂㅅ),
  (각 ㄴㄷㄹ)=(각 ㅂㅅㅇ),
  (각 ㄷㄹㄱ)=(각 ㅅㅇㅁ),
  (각 ㄹㄱㄴ)=(각 ㅇㅁㅂ)

 변 ㄱㄴ의 대응변을 말할 때에는 점 ㄱ과 점 ㄴ의 대응점을 찾아 기호를 차례로 나타내야 해.

 대응각도 마찬가지로 나타내면 돼.

개념 확인하기

[1~3] 두 삼각형은 서로 합동입니다. □ 안에 알맞게 써넣으시오.

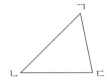 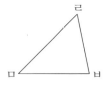

1 점 ㄱ의 대응점은 점 □입니다.

2 변 ㄷㄱ의 대응변은 변 □입니다.

3 각 ㄱㄴㄷ의 대응각은 각 □입니다.

[4~5] 두 사각형은 서로 합동입니다. 물음에 답하시오.

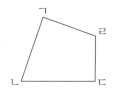 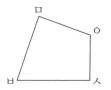

4 변 ㄱㄴ과 길이가 같은 변을 찾아 쓰시오.

( )

5 각 ㄷㄹㄱ과 크기가 같은 각을 찾아 쓰시오.

( )

개념 다지기

[1~3] 두 사각형은 서로 합동입니다. 물음에 답하시오.

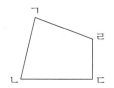 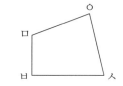

1 대응점을 찾아 쓰시오.

점 ㄱ과 점 □, 점 ㄴ과 점 □,

점 ㄷ과 점 □, 점 ㄹ과 점 □

2 대응변을 찾아 쓰시오.

변 ㄱㄴ과 변 □, 변 ㄴㄷ과 변 □,

변 ㄷㄹ과 변 □, 변 ㄹㄱ과 변 □

3 대응각은 몇 쌍 있습니까?

(　　　　)

4 두 삼각형은 서로 합동입니다. 각 ㄱㄷㄴ과 크기가 같은 각을 찾아 쓰시오.

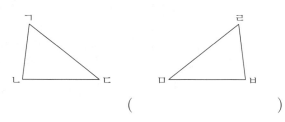

(　　　　)

5 두 삼각형은 서로 합동입니다. 변 ㄹㅂ은 몇 cm입니까?

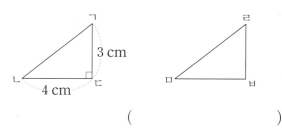

(　　　　)

6 두 삼각형은 서로 합동입니다. 대응점, 대응변, 대응각을 <u>잘못</u> 설명한 것을 찾아 기호를 쓰시오.

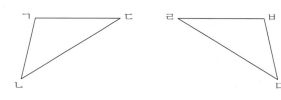

ㄱ 점 ㄴ과 점 ㅁ은 대응점입니다.

ㄴ 변 ㄱㄴ의 대응변은 변 ㄹㅁ입니다.

ㄷ 각 ㄴㄷㄱ과 각 ㅁㄹㅂ은 대응각입니다.

(　　　　)

[7~8] 두 사각형은 서로 합동입니다. 물음에 답하시오.

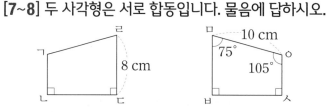

7 변 ㅁㅂ은 몇 cm입니까?

(　　　　)

8 각 ㄷㄹㄱ은 몇 도입니까?

(　　　　)

유형 1 도형의 합동

도형 가와 서로 합동인 도형을 찾아 기호를 쓰시오.

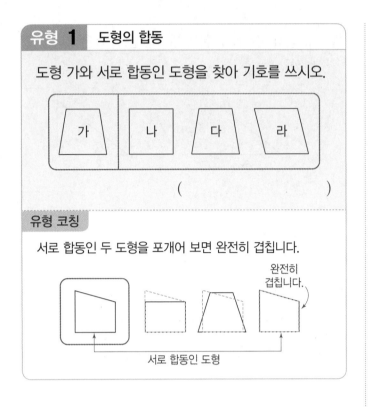

( )

유형 코칭

서로 합동인 두 도형을 포개어 보면 완전히 겹칩니다.

완전히 겹칩니다.

서로 합동인 도형

1 종이 두 장을 포개어 놓고 도형을 오렸을 때 두 도형의 모양과 크기가 똑같습니다. 이러한 두 도형의 관계를 무엇이라고 합니까?

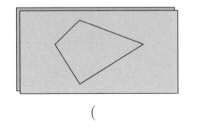

( )

2 서로 합동인 두 도형을 찾아 기호를 쓰시오.

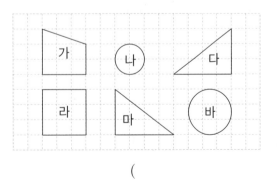

( )

[3~4] 주어진 도형과 서로 합동인 도형을 그리시오.

3

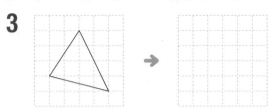

4

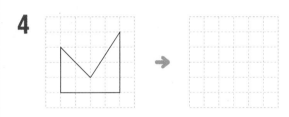

창의 · 융합

5 희수네 집의 욕실에서 깨진 타일을 새 타일로 바꾸어 붙이려고 합니다. 바꾸어 붙일 수 있는 타일을 찾아 ○표 하시오.

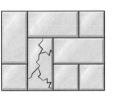

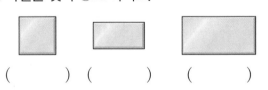

( ) ( ) ( )

창의 · 융합

6 다음은 우리나라와 다른 나라에서 사용하고 있는 표지판입니다. 모양이 서로 합동인 표지판을 모두 찾아 기호를 쓰시오. (단, 표지판의 색깔과 표지판 안의 그림은 생각하지 않습니다.)

( )

유형 2 합동인 도형으로 나누기

점선을 따라 잘랐을 때 만들어진 두 도형이 서로 합동인 것을 찾아 기호를 쓰시오.

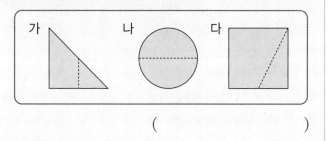

( )

유형 코칭

점선을 따라 잘라서 포개었을 때 완전히 겹치면 두 도형은 서로 합동입니다.

7 직사각형을 점선을 따라 잘랐을 때 서로 합동인 도형이 4개 만들어지는 것의 기호를 쓰시오.

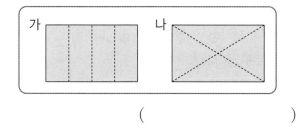

( )

8 삼각형을 두 조각으로 잘라서 서로 합동인 도형을 2개 만드시오.

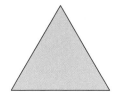

9 정사각형을 네 조각으로 잘라서 서로 합동인 도형을 4개 만드시오.

10 점선을 따라 잘랐을 때 만들어진 모든 도형이 서로 합동인 것은 어느 것입니까? ·················· ( )

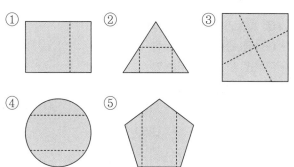

11 원을 여섯 조각으로 잘라서 서로 합동인 도형 6개로 만드시오.

12 직사각형 모양의 종이를 점선을 따라 자르려고 합니다. 잘린 도형 중에서 서로 합동인 두 도형을 모두 찾아 기호를 쓰시오.

( )

합동과 대칭

유형 3 대응점, 대응변, 대응각

두 사각형은 서로 합동입니다. 대응변끼리 바르게 짝 지은 것을 찾아 기호를 쓰시오.

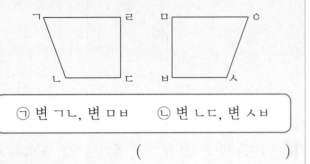

ㄱ 변 ㄱㄴ, 변 ㅁㅂ   ㄴ 변 ㄴㄷ, 변 ㅅㅂ

( )

유형 코칭

서로 합동인 두 도형을 포개었을 때
• 대응점: 완전히 겹치는 점
• 대응변: 완전히 겹치는 변
• 대응각: 완전히 겹치는 각

[13~15] 두 삼각형은 서로 합동입니다. 물음에 답하시오.

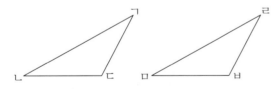

13 점 ㄱ의 대응점을 찾아 쓰시오.

( )

14 변 ㄴㄷ의 대응변을 찾아 쓰시오.

( )

15 각 ㄴㄷㄱ의 대응각을 찾아 쓰시오.

( )

16 두 삼각형은 서로 합동입니다. 대응각을 각각 찾아 쓰시오.

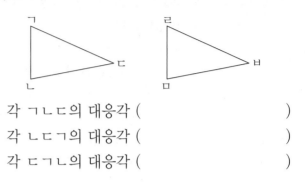

각 ㄱㄴㄷ의 대응각 ( )
각 ㄴㄷㄱ의 대응각 ( )
각 ㄷㄱㄴ의 대응각 ( )

17 두 도형은 서로 합동입니다. 대응변, 대응각은 각각 몇 쌍 있습니까?

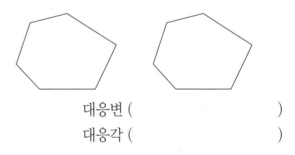

대응변 ( )
대응각 ( )

18 두 사각형은 서로 합동입니다. 바르게 말한 사람은 누구입니까?

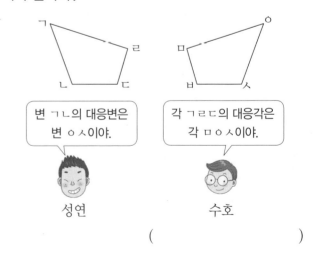

변 ㄱㄴ의 대응변은 변 ㅇㅅ이야.

각 ㄱㄹㄷ의 대응각은 각 ㅁㅇㅅ이야.

성연   수호

( )

유형 **4** 합동인 도형의 성질

두 삼각형은 서로 합동입니다. □ 안에 알맞은 수를 써넣으시오.

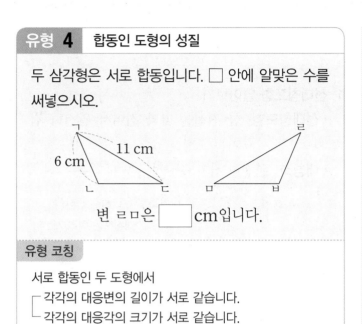

변 ㄹㅁ은 □ cm입니다.

유형 코칭

서로 합동인 두 도형에서
┌ 각각의 대응변의 길이가 서로 같습니다.
└ 각각의 대응각의 크기가 서로 같습니다.

예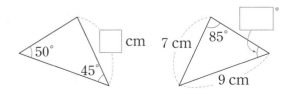

19 두 삼각형은 서로 합동입니다. 물음에 답하시오.

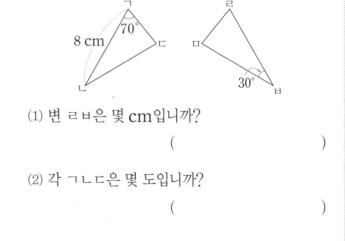

(1) 변 ㄹㅂ은 몇 cm입니까?
( )

(2) 각 ㄱㄴㄷ은 몇 도입니까?
( )

20 두 삼각형은 서로 합동입니다. □ 안에 알맞은 수를 써넣으시오.

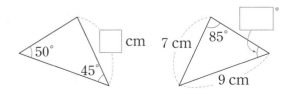

21 두 사각형은 서로 합동입니다. 각 ㅁㅂㅅ은 몇 도입니까?

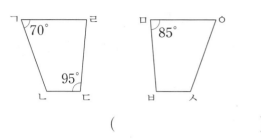
( )

[22~23] 두 삼각형은 서로 합동입니다. 물음에 답하시오.

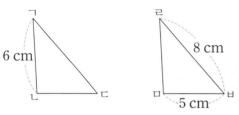

22 변 ㄹㅁ은 몇 cm입니까?
( )

23 삼각형 ㄹㅁㅂ의 둘레는 몇 cm입니까?
( )

창의·융합

24 그림과 같은 사각형 모양의 땅이 있습니다. 사각형 ㄱㄴㄷㄹ의 둘레에 울타리를 치려고 합니다. 울타리를 몇 m 쳐야 합니까? (단, 삼각형 ㄱㄴㅁ과 삼각형 ㄹㅁㄷ은 서로 합동입니다.)

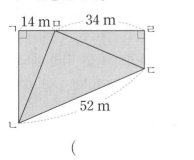
( )

개념 3 선대칭도형을 알아볼까요

💡 생각의 힘

• 접었을 때 완전히 겹치는 도형 찾아보기

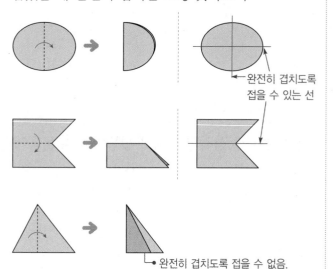

완전히 겹치도록 접을 수 있는 선

완전히 겹치도록 접을 수 없음.

1. 선대칭도형 알아보기

• **선대칭도형**: 한 직선을 따라 접어서 완전히 겹치는 도형

• **대칭축**: 완전히 겹치도록 접었을 때 접은 직선

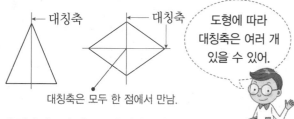

대칭축

대칭축

대칭축은 모두 한 점에서 만남.

도형에 따라 대칭축은 여러 개 있을 수 있어.

대칭축을 따라 포개었을 때

• **대응점**: 겹치는 점

• **대응변**: 겹치는 변

• **대응각**: 겹치는 각

개념 확인하기

1 도형을 보고 □ 안에 알맞은 말을 써넣으시오.

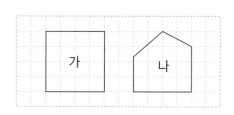

가   나

(1) 한 직선을 따라 접었을 때 완전히 겹치는 도형을 찾으면 □입니다.

(2) 위 (1)에서 찾은 도형과 같이 한 직선을 따라 접어서 완전히 겹치는 도형을 □□□□□□□이라고 합니다.

2 도형을 직선 ㄱㄴ을 따라 접으면 완전히 겹칩니다. 직선 ㄱㄴ을 무엇이라고 합니까?

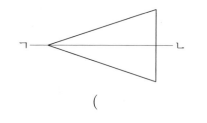

ㄱ   ㄴ

(   )

3 선대칭도형에 ○표 하시오.

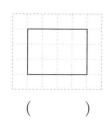

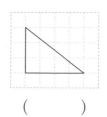

(   )   (   )

4 도형은 선대칭도형입니다. 대칭축을 찾아 기호를 쓰시오.

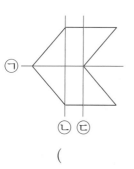

ㄱ

ㄴ ㄷ

(   )

개념 다지기

1 선대칭도형의 대칭축을 바르게 나타낸 것을 모두 찾아 ○표 하시오.

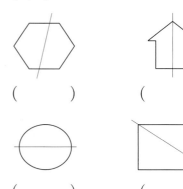

(   )   (   )

(   )   (   )

2 선대칭도형이 <u>아닌</u> 것을 찾아 기호를 쓰시오.

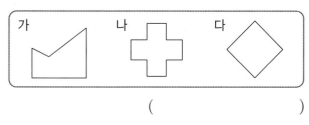

가   나   다

(   )

3 선대칭도형은 모두 몇 개입니까?

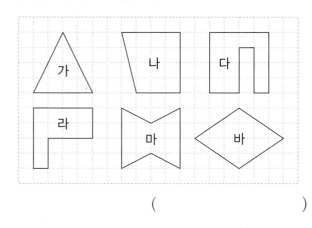

가   나   다

라   마   바

(   )

4 도형은 선대칭도형입니다. 대칭축을 모두 그리시오.

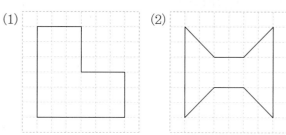

(1)   (2)

5 선대칭도형을 보고 물음에 답하시오.

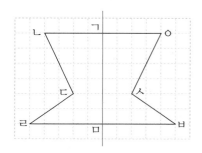

(1) 점 ㄴ의 대응점을 찾아 쓰시오.

(   )

(2) 변 ㄷㄹ의 대응변을 찾아 쓰시오.

(   )

(3) 각 ㄱㄴㄷ의 대응각을 찾아 쓰시오.

(   )

6 알파벳 중에서 선대칭도형인 것은 모두 몇 개입니까?

MAP은 '지도'를 뜻해요.

(   )

개념 4 선대칭도형의 성질을 알아볼까요

1. 선대칭도형의 성질

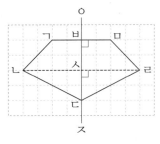

(1) 각각의 대응변의 길이가 서로 같습니다.
(2) 각각의 대응각의 크기가 서로 같습니다.

2. 대응점끼리 이은 선분과 대칭축 사이의 관계

(1) 대응점끼리 이은 선분은 대칭축과 수직으로 만납니다.
(2) 대칭축은 대응점끼리 이은 선분을 둘로 똑같이 나눕니다.
(3) 각각의 대응점에서 대칭축까지의 거리가 서로 같습니다.

아! 그래서 위 선대칭도형에서 선분 ㄱㅂ과 선분 ㅁㅂ의 길이가 같고, 선분 ㄴㅅ과 선분 ㄹㅅ의 길이가 같은 거구나.

3. 선대칭도형 그리기

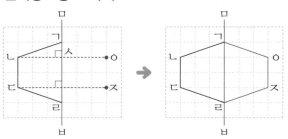

① 점 ㄴ에서 대칭축 ㅁㅂ에 수선을 긋고, 대칭축과 만나는 점을 찾아 점 ㅅ으로 표시합니다.
② 이 수선에 선분 ㄴㅅ과 길이가 같은 선분 ㅇㅅ이 되도록 점 ㄴ의 대응점을 찾아 점 ㅇ으로 표시합니다.
③ 위와 같은 방법으로 점 ㄷ의 대응점을 찾아 점 ㅈ으로 표시합니다.
④ 점 ㄹ과 점 ㅈ, 점 ㅈ과 점 ㅇ, 점 ㅇ과 점 ㄱ을 차례로 이어 선대칭도형이 되도록 그립니다.

완성한 도형이 선대칭도형인지 꼭 확인하자!

✔**참고** 대칭축 위에 있는 도형의 점은 대응점이 그 점과 같습니다.

개념 확인하기

[1~2] 선대칭도형을 보고 물음에 답하시오.

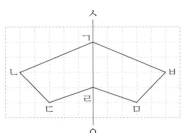

1 대응변을 각각 찾아 쓰고 알맞은 말에 ○표 하시오.

변 ㄱㄴ과 변 ☐
변 ㄴㄷ과 변 ☐
변 ㄷㄹ과 변 ☐

➡ 대응변의 길이가 서로 (같습니다 , 다릅니다).

2 대응각을 각각 찾아 쓰고 알맞은 말에 ○표 하시오.

각 ㄱㄴㄷ과 각 ☐
각 ㄴㄷㄹ과 각 ☐

➡ 대응각의 크기가 서로 (같습니다 , 다릅니다).

3 선대칭도형이 되도록 그림을 완성하시오.

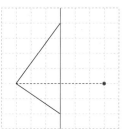

개념 다지기

[1~2] 선대칭도형을 보고 물음에 답하시오.

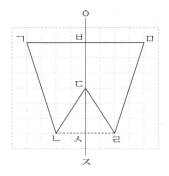

1 길이가 같은 선분을 찾아 쓰시오.

　선분 ㄱㅂ과 선분 ☐

　선분 ㄴㅅ과 선분 ☐

2 대응점끼리 이은 선분은 대칭축과 어떻게 만납니까?

（　　　　　　　　　）

[3~4] 선분 ㄱㄹ을 대칭축으로 하는 선대칭도형입니다. 물음에 답하시오.

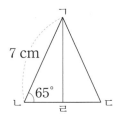

3 변 ㄱㄷ은 몇 cm입니까?

（　　　　　　　　　）

4 각 ㄱㄷㄹ은 몇 도입니까?

（　　　　　　　　　）

5 직선 ㄱㄴ을 대칭축으로 하는 선대칭도형입니다. ☐ 안에 알맞은 수를 써넣으시오.

(1)

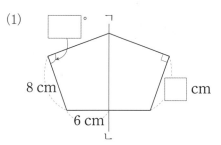

(2)

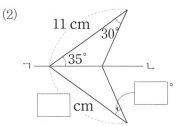

6 선대칭도형이 되도록 그림을 완성하시오.

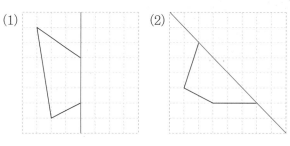

7 직선 ㅇㅈ을 대칭축으로 하는 선대칭도형입니다. 선분 ㄱㅂ은 몇 cm입니까?

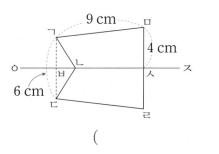

（　　　　　　　　　）

개념 5 점대칭도형을 알아볼까요

💡 생각의 힘

• 완전히 겹치도록 도형 돌리기

평행사변형을
투명종이에 본 뜨기

↓ 점 ㄱ을 중심으로
180° 돌리기

처음 평행사변형과
완전히 겹침.

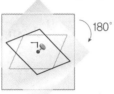

점 ㄱ이 아닌 다른 점을 중심으로 돌리면 처음의
평행사변형과 완전히 겹치지 않습니다.

 처음 도형과 완전히 겹치려면
어떤 점을 중심으로 180°를 돌려야 돼.

1. 점대칭도형 알아보기

• **점대칭도형**: 한 도형을 어떤 점을 중심으로 180° 돌렸을 때 처음 도형과 완전히 겹치는 도형

• **대칭의 중심**: 완전히 겹치도록 180° 돌렸을 때 중심이 되는 점

대칭의 중심

 점대칭도형에서 대칭의 중심은 항상 1개야!

대칭의 중심으로 180° 돌렸을 때

• **대응점**: 겹치는 점
• **대응변**: 겹치는 변
• **대응각**: 겹치는 각

개념 확인하기

1 도형을 점 ㅇ을 중심으로 180° 돌리면 처음 도형과 완전히 겹칩니다. □ 안에 알맞은 말을 써넣으시오.

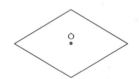

(1) 위와 같은 도형을 [   ]이라고 합니다.

(2) 점 ㅇ을 [   ]이라고 합니다.

2 점 ㅇ을 중심으로 180° 돌렸을 때 처음 도형과 완전히 겹치는 도형에 ◯표 하시오.

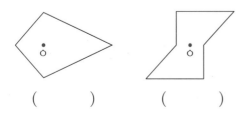

(   )   (   )

3 점대칭도형을 보고 □ 안에 알맞은 기호를 써넣으시오.

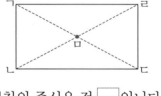

대칭의 중심은 점 [   ] 입니다.

4 점대칭도형을 찾아 ◯표 하시오.

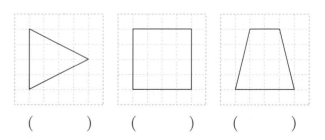

(   )   (   )   (   )

개념 다지기

1 점대칭도형이 <u>아닌</u> 것을 찾아 ×표 하시오.

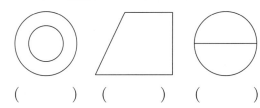

(　)　(　)　(　)

2 도형은 점대칭도형입니다. 대칭의 중심을 찾아 쓰시오.

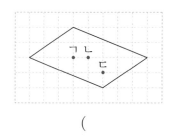

(　)

3 점대칭도형을 모두 찾아 기호를 쓰시오.

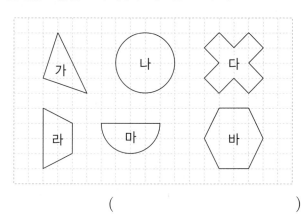

(　)

4 세라의 물음에 알맞은 답을 쓰시오.

점대칭도형에서 대칭의 중심은 몇 개일까?

세라

(　)

5 점 ㅇ을 대칭의 중심으로 하는 점대칭도형입니다. 물음에 답하시오.

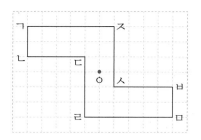

(1) 점 ㄷ의 대응점을 찾아 쓰시오.

(　)

(2) 변 ㄱㄴ의 대응변을 찾아 쓰시오.

(　)

(3) 각 ㄷㄹㅁ의 대응각을 찾아 쓰시오.

(　)

6 점대칭도형이 <u>아닌</u> 그림은 모두 몇 개입니까?

(　)

개념 **6** 점대칭도형의 성질을 알아볼까요

1. 점대칭도형의 성질

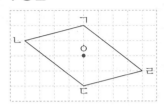

(1) 각각의 대응변의 길이가 서로 같습니다.
(2) 각각의 대응각의 크기가 서로 같습니다.

2. 대응점끼리 이은 선분과 대칭의 중심 사이의 관계

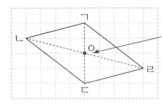

대칭의 중심:
대응점끼리 이은
선분들이 만나는 점

(1) 대칭의 중심은 대응점끼리 이은 선분을 둘로
똑같이 나눕니다.
(2) 각각의 대응점에서 대칭의 중심까지의 거리가
서로 같습니다.

3. 점대칭도형 그리기

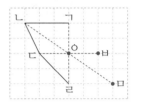 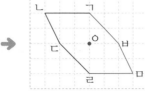

① 점 ㄴ에서 대칭의 중심인 점 ㅇ을 지나는 직선
을 긋습니다.
② 이 직선에 선분 ㄴㅇ과 길이가 같은 선분 ㅁㅇ이
되도록 점 ㄴ의 대응점을 찾아 점 ㅁ으로 표시
합니다.
③ 위와 같은 방법으로 점 ㄷ의 대응점을 찾아 점
ㅂ으로 표시합니다.
④ 점 ㄱ의 대응점은 점 ㄹ입니다.
⑤ 점 ㄹ과 점 ㅁ, 점 ㅁ과 점 ㅂ, 점 ㅂ과 점 ㄱ을
차례로 이어 점대칭도형이 되도록 그립니다.

완성한 도형이 점대칭도형인지 꼭 확인해 봐.

개념 확인하기

[1~2] 점대칭도형을 보고 물음에 답하시오.

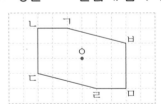

1 대응변을 찾아 쓰고 알맞은 말에 ○표 하시오.

변 ㄱㄴ과 변 ▢

➡ 대응변의 길이가 서로 (같습니다 , 다릅니다).

2 대응각을 찾아 쓰고 알맞은 말에 ○표 하시오.

각 ㄴㄷㄹ과 각 ▢

➡ 대응각의 크기가 서로 (같습니다 , 다릅니다).

3 점대칭도형을 그리려고 합니다. 점 ㄱ과 점 ㄴ의 대
응점을 각각 이어 점대칭도형을 완성하시오.

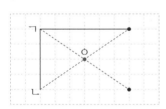

4 점 ㅇ을 대칭의 중심으로 하는 점대칭도형이 되도록
그림을 완성하시오.

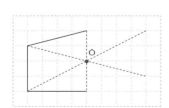

개념 다지기

[1~2] 점대칭도형을 보고 물음에 답하시오.

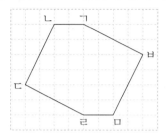

1 대응점끼리 각각 이어서 대칭의 중심을 찾아 점 ㅇ으로 표시하시오.

2 길이가 같은 선분을 찾아 쓰시오.

┌ 선분 ㄱㅇ과 선분 [　　　]
├ 선분 ㄴㅇ과 선분 [　　　]
└ 선분 ㄷㅇ과 선분 [　　　]

[3~4] 점 ㅇ을 대칭의 중심으로 하는 점대칭도형입니다. 물음에 답하시오.

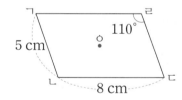

3 변 ㄷㄹ은 몇 cm입니까?

(　　　　　　　)

4 각 ㄱㄴㄷ은 몇 도입니까?

(　　　　　　　)

5 점대칭도형이 되도록 그림을 완성하시오.

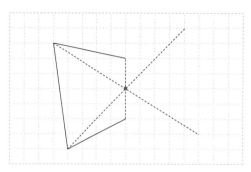

6 점 ㅇ을 대칭의 중심으로 하는 점대칭도형이 되도록 그림을 완성하시오.

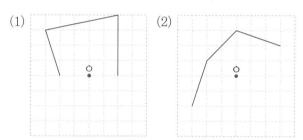

(1)　　　　　　　　(2)

[7~8] 점 ㅇ을 대칭의 중심으로 하는 점대칭도형입니다. 물음에 답하시오.

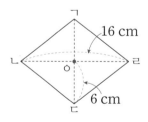

7 선분 ㄱㅇ은 몇 cm입니까?

(　　　　　　　)

8 선분 ㄴㅇ은 몇 cm입니까?

(　　　　　　　)

유형 5 선대칭도형 알아보기

선대칭도형을 찾아 기호를 쓰시오.

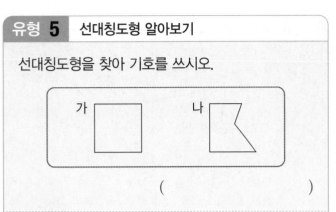

( )

유형 코칭

- 선대칭도형: 한 직선을 따라 접어서 완전히 겹치는 도형
- 대칭축: 완전히 겹치도록 접었을 때 접은 직선

1 색종이를 반으로 접어서 접은 선을 중심으로 다음과 같은 모양을 그렸습니다. 그린 모양을 오린 다음 접은 선을 따라 접으면 완전히 겹치는 도형이 됩니다. 이와 같은 도형을 무엇이라고 합니까?

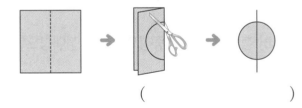

( )

2 선대칭도형의 대칭축을 찾아 기호를 쓰시오.

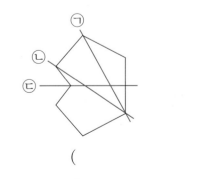

( )

3 도형은 선대칭도형입니다. 대칭축을 모두 그리시오.

(1) (2)

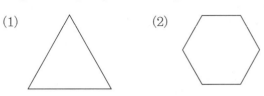

4 직선 ㅅㅇ을 대칭축으로 하는 선대칭도형입니다. 대응점, 대응변, 대응각을 각각 찾아 쓰시오.

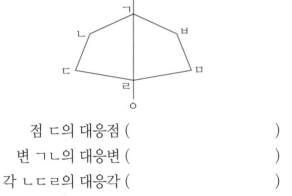

점 ㄷ의 대응점 ( )

변 ㄱㄴ의 대응변 ( )

각 ㄴㄷㄹ의 대응각 ( )

5 대화를 읽고 잘못 설명한 친구의 이름을 쓰시오.

- 민석: 정사각형은 선대칭도형이야.
- 아영: 정사각형의 대칭축은 8개야.

( )

6 선대칭도형의 대칭축은 모두 몇 개입니까?

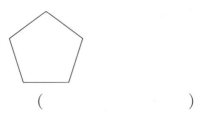

( )

| 유형 **6** | 선대칭도형의 성질 |

오른쪽 그림은 직선 ㅁㅂ을 대칭축으로 하는 선대칭도형 입니다. 변 ㄴㄷ과 길이가 같 은 변을 찾아 쓰시오.

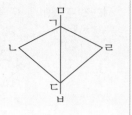

(　　　　　　　　　)

유형 코칭

• 선대칭도형의 성질

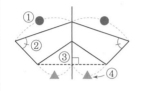

① 각각의 대응변의 길이가 서로 같습니다.
② 각각의 대응각의 크기가 서로 같습니다.
③ 대응점끼리 이은 선분은 대칭 축과 수직으로 만납니다.
④ 대칭축은 대응점끼리 이은 선 분을 둘로 똑같이 나눕니다.

7 선대칭도형을 보고 물음에 답하시오.

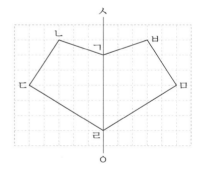

(1) 변 ㄴㄷ과 길이가 같은 변을 찾아 쓰시오.

(　　　　　　　　　)

(2) 각 ㄱㄴㄷ과 크기가 같은 각을 찾아 쓰시오.

(　　　　　　　　　)

8 선대칭도형에서 대응점끼리 이은 선분이 대칭축과 만나서 이루는 각은 몇 도입니까?

(　　　　　　　　　)

9 직선 ㅅㅇ을 대칭축으로 하는 선대칭도형입니다. 물음에 답하시오.

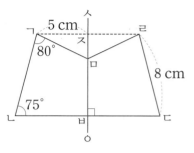

(1) 변 ㄱㄴ은 몇 cm입니까?

(　　　　　　　　　)

(2) 각 ㅁㄹㄷ은 몇 도입니까?

(　　　　　　　　　)

(3) 선분 ㅈㄹ은 몇 cm입니까?

(　　　　　　　　　)

[10~11] 직선 ㄱㄴ을 대칭축으로 하는 선대칭도형입 니다. □ 안에 알맞은 수를 써넣으시오.

10

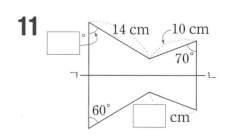

11

12 직선 ㅅㅇ을 대칭축으로 하는 선대칭도형입니다. ㉠은 몇 도입니까?

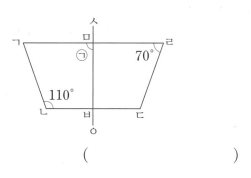

(   )

13 선분 ㄱㄹ을 대칭축으로 하는 선대칭도형입니다. 선분 ㄹㄷ은 몇 cm입니까?

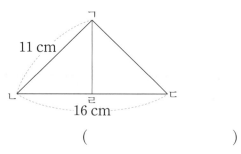

(   )

14 직선 ㅁㅂ을 대칭축으로 하는 선대칭도형입니다. 각 ㄷㄴㅁ은 몇 도입니까?

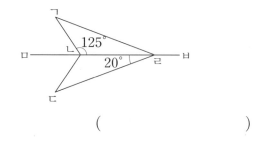

(   )

유형 7   선대칭도형 그리기

선대칭도형이 되도록 그림을 완성하시오.

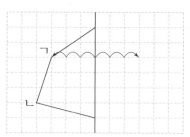

유형 코칭

① 각 점의 대응점을 찾아 모두 표시합니다.   ② 자를 사용하여 대응점을 차례로 잇습니다.

15 선대칭도형을 그리려고 합니다. 점 ㄱ과 점 ㄴ의 대응점을 각각 찾아 모눈에 점(·)으로 표시한 후 차례로 이어 선대칭도형을 완성하시오.

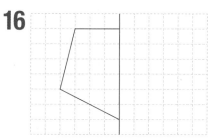

[16~17] 선대칭도형이 되도록 그림을 완성하시오.

16

17

유형 **8**   점대칭도형 알아보기

점대칭도형을 찾아 ○표 하시오.

 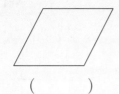

(   )   (   )

유형 코칭

• 점대칭도형: 한 도형을 어떤 점을 중심으로 180° 돌렸을 때 처음 도형과 완전히 겹치는 도형
• 대칭의 중심: 완전히 겹치도록 180° 돌렸을 때 중심이 되는 점

18 점 ㅇ을 중심으로 180° 돌렸을 때 처음 도형과 완전히 겹치는 도형을 찾아 기호를 쓰시오.

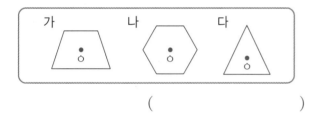

(   )

19 점대칭도형에서 대칭의 중심을 찾아 기호를 쓰시오.

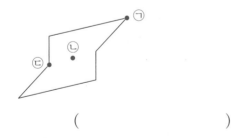

(   )

20 점대칭도형에서 대칭의 중심을 찾아 표시하고, 몇 개인지 쓰시오.

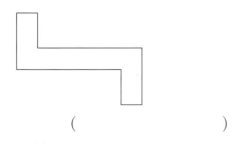

(   )

21 오른쪽 점대칭도형에 대하여 잘못 설명한 것을 찾아 기호를 쓰시오.

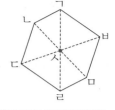

> ㉠ 대칭의 중심은 1개입니다.
> ㉡ 점 ㅅ을 중심으로 180° 돌렸을 때 처음 도형과 완전히 겹칩니다.
> ㉢ 대칭의 중심은 점 ㅁ입니다.

(   )

22 점 ㅇ을 대칭의 중심으로 하는 점대칭도형입니다. 물음에 답하시오.

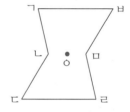

(1) 점 ㄱ의 대응점을 찾아 쓰시오.

(   )

(2) 변 ㄴㄷ의 대응변을 찾아 쓰시오.

(   )

(3) 각 ㄷㄹㅁ의 대응각을 찾아 쓰시오.

(   )

23 선대칭도형도 되고 점대칭도형도 되는 도형을 찾아 기호를 쓰시오.

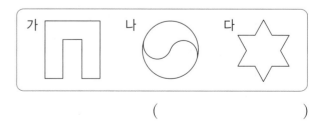

(   )

유형 9 점대칭도형의 성질

점 ㅇ을 대칭의 중심으로 하는 점대칭도형입니다. 변 ㄴㄷ은 몇 cm입니까?

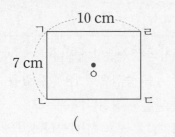

(   )

유형 코칭

• 점대칭도형의 성질

① 각각의 대응변의 길이가 서로 같습니다.

② 각각의 대응각의 크기가 서로 같습니다.

③ 대칭의 중심은 대응점끼리 이은 선분을 둘로 똑같이 나눕니다.

④ 각각의 대응점에서 대칭의 중심까지의 거리가 서로 같습니다.

24 점 ㅇ을 대칭의 중심으로 하는 점대칭도형입니다. 물음에 답하시오.

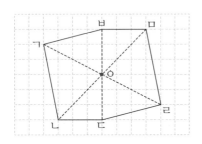

(1) 변 ㄱㅂ과 길이가 같은 변을 찾아 쓰시오.

(   )

(2) 각 ㄱㄴㄷ과 크기가 같은 각을 찾아 쓰시오.

(   )

25 오른쪽 정사각형은 점 ㅇ을 대칭의 중심으로 하는 점대칭도형입니다. 선분 ㄱㅇ과 길이가 같은 선분은 모두 몇 개입니까?

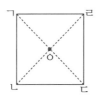

(   )

26 점 ㅇ을 대칭의 중심으로 하는 점대칭도형입니다. □ 안에 알맞은 수를 써넣으시오.

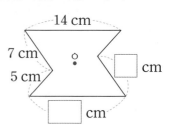

27 점 ㅇ을 대칭의 중심으로 하는 점대칭도형입니다. □ 안에 알맞은 수를 써넣으시오.

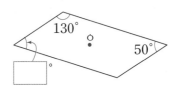

28 점 ㅇ을 대칭의 중심으로 하는 점대칭도형입니다. 물음에 답하시오.

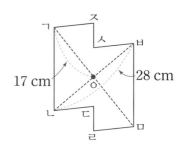

(1) 선분 ㄴㅇ은 몇 cm입니까?

(   )

(2) 선분 ㄱㅁ은 몇 cm입니까?

(   )

29 점 ㅇ을 대칭의 중심으로 하는 점대칭도형입니다. 물음에 답하시오.

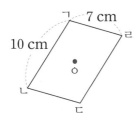

(1) 변 ㄴㄷ은 몇 cm입니까?

(　　　　　　)

(2) 점대칭도형의 둘레는 몇 cm입니까?

(　　　　　　)

30 점 ㅇ을 대칭의 중심으로 하는 점대칭도형입니다. 각 ㄴㄷㄹ은 몇 도입니까?

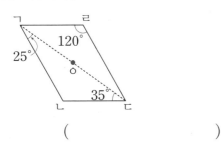

(　　　　　　)

31 점 ㅇ을 대칭의 중심으로 하는 점대칭도형의 둘레가 48 cm입니다. 변 ㄹㅁ은 몇 cm입니까?

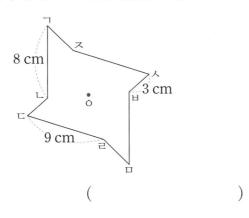

(　　　　　　)

유형 10 점대칭도형 그리기

점대칭도형이 되도록 그림을 완성하시오.

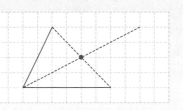

유형 코칭

① 각 점의 대응점을 찾아 모두 표시합니다.
② 자를 사용하여 대응점을 차례로 잇습니다.

32 점대칭도형을 그리려고 합니다. 점 ㄱ과 점 ㄴ의 대응점을 각각 찾아 모눈에 점(·)으로 표시한 후 차례로 이어 점대칭도형을 완성하시오.

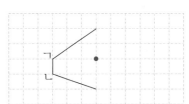

[33~34] 점대칭도형이 되도록 그림을 완성하시오.

33

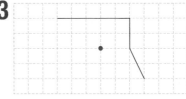

34

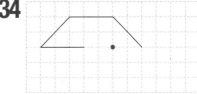

2 STEP 응용 유형의 힘

응용 유형 1 선대칭도형에서 대칭축의 수 구하기

신의
한수

- 어떤 직선을 따라 접으면 완전히 겹치는지 생각하며 대칭
  축을 찾습니다.
- 선대칭도형은 대칭축이 여러 개 있을 수 있습니다.

[1~2] 도형은 선대칭도형입니다. 대칭축은 모두 몇 개
인지 구하시오.

1

( )

2

( )

[3~4] 도형은 선대칭도형입니다. 대칭축의 수가 더
많은 것을 찾아 기호를 쓰시오.

3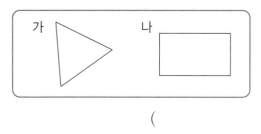

( )

4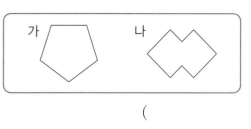

( )

응용 유형 2 서로 합동인 도형에서 변의 길이 구하기

신의
한수

서로 합동인 두 도형에서 각각의 대응변의 길이가 서로
같다는 성질을 이용하여 변의 길이를 구합니다.

5 두 삼각형은 서로 합동입니다. 삼각형 ㄱㄴㄷ의 둘
레가 24 cm일 때 변 ㄹㅂ은 몇 cm입니까?

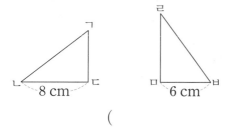

( )

6 두 삼각형은 서로 합동입니다. 삼각형 ㄱㄴㄷ의 둘
레가 67 cm일 때 변 ㅁㅂ은 몇 cm입니까?

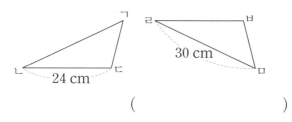

( )

7 두 삼각형은 서로 합동입니다. 삼각형 ㄱㄴㄷ의 둘
레가 50 cm일 때 변 ㄹㅂ은 몇 cm입니까?

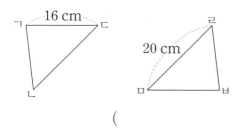

( )

응용 유형 3 서로 합동인 도형에서 각의 크기 구하기

· 서로 합동인 두 도형에서 각각의 대응각의 크기가 서로 같다는 성질을 이용하여 각의 크기를 구합니다.
· 사각형의 네 각의 크기의 합: 360°

8 두 사각형은 서로 합동입니다. 각 ㅁㅂㅅ은 몇 도입니까?

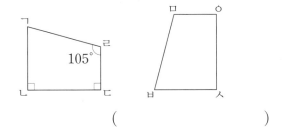

(　　　　　　)

9 두 사각형은 서로 합동입니다. 각 ㅁㅇㅅ은 몇 도입니까?

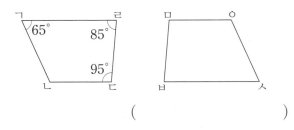

(　　　　　　)

10 두 사각형은 서로 합동입니다. 각 ㅁㅂㅅ은 몇 도입니까?

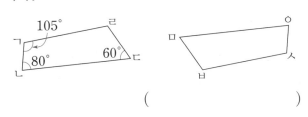

(　　　　　　)

응용 유형 4 점대칭도형의 둘레 구하기

점대칭도형에서 각각의 대응변의 길이가 같다는 성질을 이용하여 각 변의 길이를 구한 후 둘레를 구합니다.

11 점 ㅇ을 대칭의 중심으로 하는 점대칭도형입니다. 이 점대칭도형의 둘레는 몇 cm입니까?

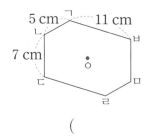

(　　　　　　)

12 점 ㅇ을 대칭의 중심으로 하는 점대칭도형입니다. 이 점대칭도형의 둘레는 몇 cm입니까?

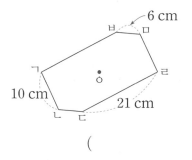

(　　　　　　)

13 점 ㅇ을 대칭의 중심으로 하는 점대칭도형입니다. 이 점대칭도형의 둘레는 몇 cm입니까?

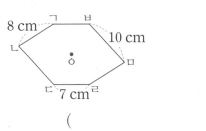

(　　　　　　)

응용 유형 **5** 선대칭도형에서 각의 크기 구하기

- 선대칭도형에서 각각의 대응각의 크기가 같다는 성질을 이용하여 대응각의 크기를 구한 다음 주어진 각의 크기를 구합니다.
- 삼각형의 세 각의 크기의 합: 180°
- 사각형의 네 각의 크기의 합: 360°

14 오른쪽 도형은 직선 ㅁㅂ을 대칭축으로 하는 선대칭도형입니다. 각 ㄴㄱㄷ은 몇 도입니까?

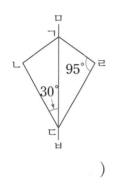

(   )

15 직선 ㅁㅂ을 대칭축으로 하는 선대칭도형입니다. 각 ㄱㄴㄷ은 몇 도입니까?

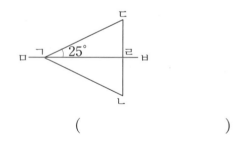

(   )

16 세라가 만든 도형에서 각 ㄴㅁㄹ은 몇 도입니까?

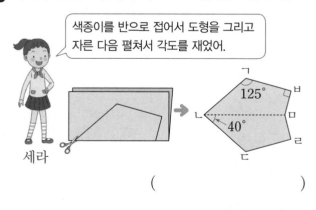

색종이를 반으로 접어서 도형을 그리고 자른 다음 펼쳐서 각도를 재었어.

세라

(   )

응용 유형 **6** 점대칭도형에서 각의 크기 구하기

- 점대칭도형에서 각각의 대응각의 크기가 같다는 성질을 이용하여 대응각의 크기를 구한 다음 주어진 각의 크기를 구합니다.
- 사각형의 네 각의 크기의 합: 360°

17 점 ㅇ을 대칭의 중심으로 하는 점대칭도형입니다. 각 ㄹㅁㅂ은 몇 도입니까?

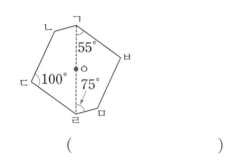

(   )

18 점 ㅇ을 대칭의 중심으로 하는 점대칭도형입니다. 각 ㅁㅂㄷ은 몇 도입니까?

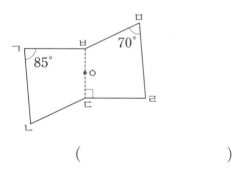

(   )

19 점 ㅇ을 대칭의 중심으로 하는 점대칭도형입니다. 각 ㅂㄱㄹ은 몇 도입니까?

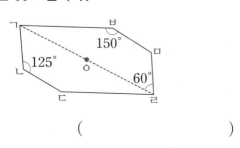

(   )

응용 유형 7 선대칭도형의 넓이 구하기

선대칭도형에서 대칭축은 대응점끼리 이은 선분을 둘로 똑같이 나눈다는 성질을 이용하여 각 변의 길이를 구한 후 넓이를 구합니다.

20 직선 ㅁㅂ을 대칭축으로 하는 선대칭도형입니다. 삼각형 ㄱㄴㄷ의 넓이는 몇 cm²입니까?

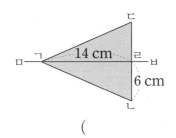

(   )

21 직선 ㅁㅂ을 대칭축으로 하는 선대칭도형입니다. 삼각형 ㄱㄴㄷ의 넓이는 몇 cm²입니까?

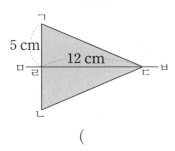

(   )

22 직선 ㅁㅂ을 대칭축으로 하는 선대칭도형입니다. 삼각형 ㄱㄴㄷ의 넓이는 몇 cm²입니까?

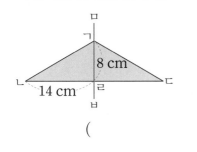

(   )

응용 유형 8 접은 직사각형 모양 종이의 넓이 구하기

종이를 접었을 때 접은 모양과 접기 전의 모양은 서로 합동임을 이용하여 서로 합동인 도형을 찾아 넓이를 구합니다.

23 그림과 같이 직사각형 모양의 종이를 접었습니다. 직사각형 ㄱㄴㄷㄹ의 넓이는 몇 cm²입니까?

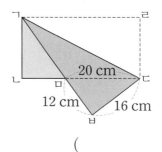

(   )

24 그림과 같이 직사각형 모양의 종이를 접었습니다. 직사각형 ㄱㄴㄷㄹ의 넓이는 몇 cm²입니까?

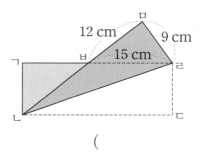

(   )

25 그림과 같이 직사각형 모양의 종이를 접었습니다. 직사각형 ㄱㄴㄷㄹ의 넓이는 몇 cm²입니까?

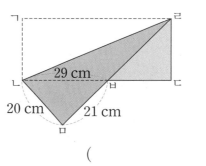

(   )

3 STEP ✕ 서술형의 힘

문제 해결력 **서술형**

1-1 두 삼각형은 서로 합동입니다. 삼각형 ㄱㄴㄷ의 둘레는 몇 cm입니까?

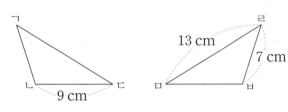

(1) 변 ㄱㄴ은 몇 cm입니까?

(   )

(2) 변 ㄱㄷ은 몇 cm입니까?

(   )

(3) 삼각형 ㄱㄴㄷ의 둘레는 몇 cm입니까?

(   )

바로 쓰는 **서술형**

1-2 두 삼각형은 서로 합동입니다. 삼각형 ㄹㅁㅂ의 둘레는 몇 cm인지 풀이 과정을 쓰고 답을 구하시오.

[5점]

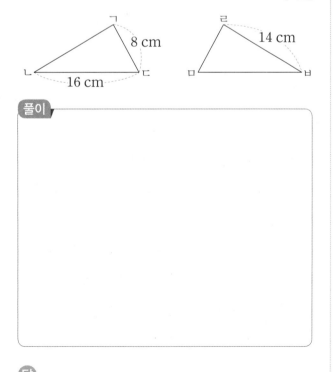

풀이

답 _____

문제 해결력 **서술형**

2-1 점 ㅇ을 대칭의 중심으로 하는 점대칭도형입니다. 각 ㅂㄱㄹ은 몇 도입니까?

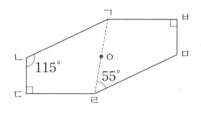

(1) 각 ㄹㅁㅂ은 몇 도입니까?

(   )

(2) 사각형의 네 각의 크기의 합은 몇 도입니까?

(   )

(3) 각 ㅂㄱㄹ은 몇 도입니까?

(   )

바로 쓰는 **서술형**

2-2 점 ㅇ을 대칭의 중심으로 하는 점대칭도형입니다. 각 ㅁㅂㄷ은 몇 도인지 풀이 과정을 쓰고 답을 구하시오. [5점]

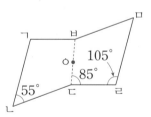

풀이

답 _____

문제 해결력 **서술형**

3-1 점 ㅇ을 대칭의 중심으로 하는 점대칭도형의 둘레가 36 cm입니다. 변 ㄴㄷ은 몇 cm입니까?

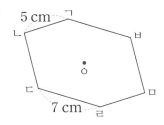

(1) 변 ㄱㅂ과 변 ㄹㅁ은 각각 몇 cm입니까?

변 ㄱㅂ (   )
변 ㄹㅁ (   )

(2) 변 ㄴㄷ과 변 ㅁㅂ의 합은 몇 cm입니까?

(   )

(3) 변 ㄴㄷ은 몇 cm입니까?

(   )

바로 쓰는 **서술형**

3-2 점 ㅇ을 대칭의 중심으로 하는 점대칭도형의 둘레가 50 cm입니다. 변 ㄱㄴ은 몇 cm인지 풀이 과정을 쓰고 답을 구하시오. [5점]

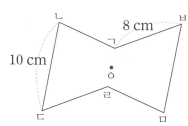

풀이

답 _____

문제 해결력 **서술형**

4-1 직선 ㄱㄴ을 대칭축으로 하는 선대칭도형을 완성하려고 합니다. 완성한 선대칭도형의 넓이는 몇 cm^2 입니까?

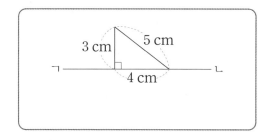

(1) 선대칭도형이 되도록 그림을 완성하시오.

(2) 완성한 선대칭도형은 높이가 4 cm인 삼각형입니다. 이 삼각형의 밑변의 길이는 몇 cm입니까?

(   )

(3) 완성한 선대칭도형의 넓이는 몇 cm^2입니까?

(   )

바로 쓰는 **서술형**

4-2 직선 ㄱㄴ을 대칭축으로 하는 선대칭도형을 완성하려고 합니다. 완성한 선대칭도형의 넓이는 몇 cm^2 인지 풀이 과정을 쓰고 답을 구하시오. [5점]

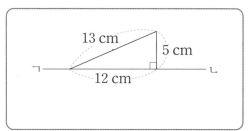

풀이

답 _____

1 왼쪽 도형과 포개었을 때 완전히 겹치는 도형을 찾아 기호를 쓰시오.

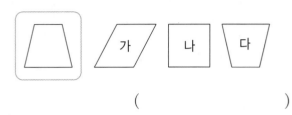

(   )

2 점대칭도형을 모두 찾아 기호를 쓰시오.

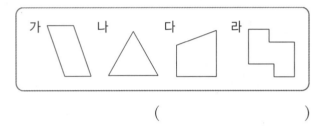

(   )

3 선대칭도형의 대칭축을 잘못 그린 것에 ×표 하시오.

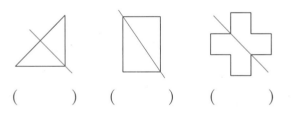

(   )   (   )   (   )

4 나머지 셋과 서로 합동이 아닌 도형을 찾아 기호를 쓰시오.

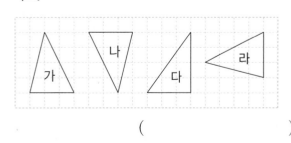

(   )

5 주어진 도형과 서로 합동인 도형을 그리시오.

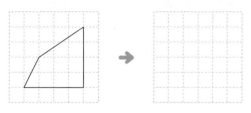

6 도형은 점대칭도형입니다. 대칭의 중심을 찾아 표시하시오.

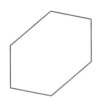

7 두 도형은 서로 합동입니다. 설명이 잘못된 것은 어느 것입니까? ·········· (   )

① 점 ㄴ의 대응점은 점 ㅂ입니다.
② 각 ㄴㄱㄷ의 대응각은 각 ㅂㄹㅁ입니다.
③ 대응변은 1쌍입니다.
④ 대응각은 모두 3쌍입니다.
⑤ 변 ㄱㄷ의 대응변은 변 ㄹㅁ입니다.

8 두 도형은 서로 합동입니다. □ 안에 알맞은 수를 써넣으시오.

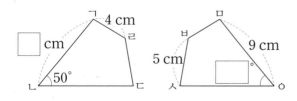

9 직선 ㄱㄴ을 대칭축으로 하는 선대칭도형입니다. □ 안에 알맞은 수를 써넣으시오.

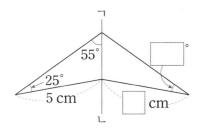

10 선대칭도형이 되도록 그림을 완성하시오.

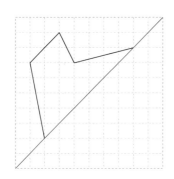

11 점대칭도형인 카드를 가지고 있는 친구는 누구입니까?

다영 D   지아 H

(   )

12 대칭축이 많은 선대칭도형부터 순서대로 1, 2, 3을 쓰시오.

(   ) (   ) (   )

13 오른쪽 정사각형을 보고 잘못 설명한 것을 찾아 기호를 쓰시오.

┌─────────────────────────┐
│ ㉠ 선대칭도형입니다.   │
│ ㉡ 점대칭도형입니다.   │
│ ㉢ 대칭축은 2개입니다.   │
│ ㉣ 대각선을 따라 접으면 완전히 겹칩니다. │
└─────────────────────────┘

(   )

14 오른쪽 정오각형을 두 조각으로 잘라서 서로 합동인 도형을 2개 만들려고 합니다. 자르는 방법은 모두 몇 가지입니까?

(   )

15 오른쪽 도형은 점 ㅇ을 대칭의 중심으로 하는 점대칭도형입니다. 선분 ㄴㅇ과 선분 ㄱㄷ은 각각 몇 cm입니까?

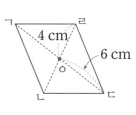

선분 ㄴㅇ (   )
선분 ㄱㄷ (   )

16 삼각형 ㄱㄴㄷ과 삼각형 ㄷㄹㄱ은 서로 합동입니다. 각 ㄱㄷㄴ은 몇 도입니까?

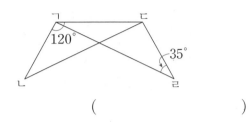

(　　　　　　)

17 점 ㅇ을 대칭의 중심으로 하는 점대칭도형의 둘레가 66 cm일 때 변 ㄴㄷ은 몇 cm입니까?

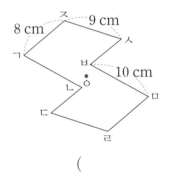

(　　　　　　)

18 선분 ㄱㄷ을 대칭축으로 하는 선대칭도형입니다. 선분 ㄱㄷ이 16 cm이고 선분 ㄴㄹ이 14 cm일 때 사각형 ㄱㄴㄷㄹ의 넓이는 몇 cm²입니까?

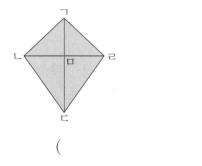

(　　　　　　)

서술형

19 직선 ㅅㅇ을 대칭축으로 하는 선대칭도형입니다. 이 선대칭도형의 둘레는 몇 cm인지 풀이 과정을 쓰고 답을 구하시오.

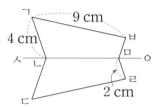

풀이 _____

_____

_____

_____

_____

답 _____

서술형

20 그림과 같이 직사각형 모양의 종이를 접었습니다. ㉠은 몇 도인지 풀이 과정을 쓰고 답을 구하시오.

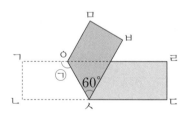

풀이 _____

_____

_____

_____

답 _____

쓰는 것이 힘이다! **수학일기**

월	일	요일	이름

☆ 3단원에서 배운 내용을 친구들에게 설명하듯이 써 봐요.

☆ 3단원에서 배운 내용이 실생활에서 어떻게 쓰이고 있는지 찾아 써 봐요.

칭찬 & 격려해 주세요.

➔ QR코드를 찍으면
예시 답안을 볼 수
있어요.

4 소수의 곱셈

개념 카툰 ① (소수)×(자연수)

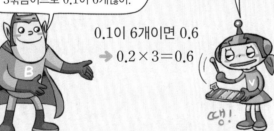

개념 카툰 ② (자연수)×(소수)

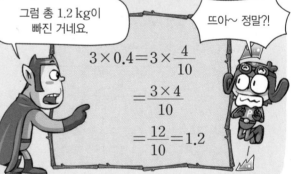

이번에 배우는 내용

✔ (소수)×(자연수)의 계산

✔ (자연수)×(소수)의 계산

✔ (소수)×(소수)의 계산

✔ 곱의 소수점의 위치

개념 카툰 ③ (소수)×(소수)

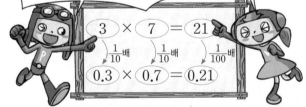

개념 카툰 ④ 곱의 소수점의 위치

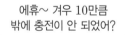

개념 1 (소수) × (자연수)를 알아볼까요

1. (1보다 작은 소수) × (자연수)

예) 0.5×3의 계산

방법 1 덧셈식으로 계산하기

$0.5 \times 3 = 0.5 + 0.5 + 0.5 = 1.5$

방법 2 0.1의 개수로 계산하기

0.1이 5개씩 3묶음 → 0.1이 15개
$5 \times 3 = 15$

0.5×3은 0.1이 15개이므로

$0.5 \times 3 = 1.5$입니다.

방법 3 분수의 곱셈으로 계산하기

분자와 자연수 곱하기

$0.5 \times 3 = \dfrac{5}{10} \times 3 = \dfrac{5 \times 3}{10} = \dfrac{15}{10} = 1.5$

분모가 10인 분수로 고치기   소수로 나타내기

2. (1보다 큰 소수) × (자연수)

예) 2.14×3의 계산

방법 1 덧셈식으로 계산하기

$2.14 \times 3 = 2.14 + 2.14 + 2.14$
$= 6.42$

방법 2 0.01의 개수로 계산하기

2.14는 0.01이 214개이므로

2.14×3은 0.01이 $214 \times 3 = 642$(개)

입니다. 따라서 $2.14 \times 3 = 6.42$입니다.

방법 3 분수의 곱셈으로 계산하기

분자와 자연수 곱하기

$2.14 \times 3 = \dfrac{214}{100} \times 3 = \dfrac{214 \times 3}{100}$

분모가 100인 분수로 고치기

$= \dfrac{642}{100} = 6.42$

소수로 나타내기

개념 확인하기

1 수직선을 보고 □ 안에 알맞은 수를 써넣으시오.

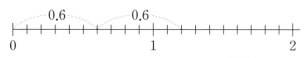

(1) 덧셈식으로 나타내면 $0.6 + 0.6 = $ □ 입니다.

(2) 곱셈식으로 나타내면 $0.6 \times 2 = $ □ 입니다.

2 □ 안에 알맞은 수를 써넣으시오.

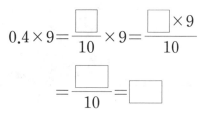

$0.4 \times 9 = \dfrac{□}{10} \times 9 = \dfrac{□ \times 9}{10}$

$= \dfrac{□}{10} = □$

3 수 막대를 보고 □ 안에 알맞은 수를 써넣으시오.

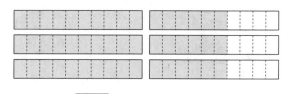

1.6은 0.1이 □ 개이므로 1.6×3은 0.1이

□ 개입니다. 따라서 $1.6 \times 3 = $ □ 입니다.

4 □ 안에 알맞은 수를 써넣으시오.

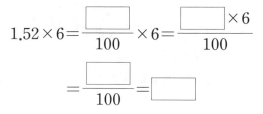

$1.52 \times 6 = \dfrac{□}{100} \times 6 = \dfrac{□ \times 6}{100}$

$= \dfrac{□}{100} = □$

개념 다지기

1 |보기|와 같이 덧셈식으로 나타내어 계산하시오.

|보기|

$$0.7 \times 4 = 0.7 + 0.7 + 0.7 + 0.7 = 2.8$$

0.9×3　_____

2 □ 안에 알맞은 수를 써넣으시오.

$$2.8 \times 3 = \frac{\boxed{}}{10} \times 3 = \frac{\boxed{} \times 3}{10}$$

$$= \frac{\boxed{}}{10} = \boxed{}$$

3 빈 곳에 알맞은 수를 써넣으시오.

(1)
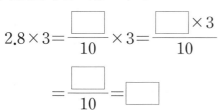

(2)

4 나타내는 수가 나머지와 <u>다른</u> 것을 가지고 있는 사람은 누구입니까?

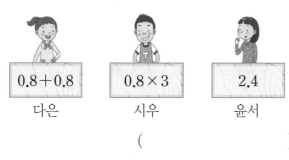

0.8+0.8	0.8×3	2.4
다은	시우	윤서

(　　　　　　　　)

5 |보기|와 같은 방법으로 계산하시오.

|보기|

2.9×6

2.9는 0.1이 29개이므로 2.9×6은 0.1이
29×6=174(개)입니다.

➡ 2.9×6=17.4

4.7×4

6 계산을 하시오.

(1) 3.1×6　　　　　(2) 7.13×4

7 어림하여 계산 결과가 16보다 작은 것을 찾아 기호를 쓰시오.

㉠ 4.2×4　　㉡ 2.95×5　　㉢ 6.1×3

(　　　　　　　　)

8 동현이는 매일 운동장에서 0.9 km씩 걷기 운동을 합니다. 동현이가 4일 동안 걷기 운동을 한 거리는 모두 몇 km입니까?

식 _____

답 _____

개념 2 (자연수)×(소수)를 알아볼까요

1. (자연수)×(1보다 작은 소수)

예 2×0.8의 계산

방법 1 분수의 곱셈으로 계산하기

자연수와 분자 곱하기

$$2 \times 0.8 = 2 \times \frac{8}{10} = \frac{2 \times 8}{10} = \frac{16}{10} = 1.6$$

분모가 10인 분수로 고치기 소수로 나타내기

방법 2 자연수의 곱셈으로 계산하기

$$2 \times \boxed{8} = \boxed{16}$$
$\frac{1}{10}$배 $\frac{1}{10}$배
$$2 \times \boxed{0.8} = \boxed{1.6}$$

곱하는 수가 $\frac{1}{10}$배이면 계산 결과도 $\frac{1}{10}$배입니다.

✅ 교과서 외 개념 세로로 계산하기

$$\begin{array}{r} 2 \\ \times\ 8 \\ \hline 1\ 6 \end{array} \Rightarrow \begin{array}{r} 2 \\ \times\ 0.8 \\ \hline 1.6 \end{array}$$

곱하는 수의 소수점의 위치와 같습니다.

2. (자연수)×(1보다 큰 소수)

예 4×2.04의 계산

방법 1 분수의 곱셈으로 계산하기

$$4 \times 2.04 = 4 \times \frac{204}{100} = \frac{4 \times 204}{100}$$
$$= \frac{816}{100} = 8.16$$

방법 2 자연수의 곱셈으로 계산하기

$$4 \times \boxed{204} = \boxed{816}$$
$\frac{1}{100}$배 $\frac{1}{100}$배
$$4 \times \boxed{2.04} = \boxed{8.16}$$

💡개념의 힘

• 자연수에 1보다 작은 수를 곱하면 계산 결과는 처음 수보다 작아집니다.

• 자연수에 1보다 큰 수를 곱하면 계산 결과는 처음 수보다 커집니다.

개념 확인하기

[1~2] 3×0.5를 두 가지 방법으로 계산하려고 합니다. 물음에 답하시오.

1 분수의 곱셈으로 계산하시오.

$$3 \times 0.5 = 3 \times \frac{\boxed{}}{10} = \frac{3 \times \boxed{}}{10}$$
$$= \frac{\boxed{}}{10} = \boxed{}$$

2 자연수의 곱셈으로 계산하시오.

$\frac{1}{10}$배
(1) $3 \times 5 = 15 \Rightarrow 3 \times 0.5 = \boxed{}$
$\frac{1}{10}$배

(2)
$$\begin{array}{r} 3 \\ \times\ 5 \\ \hline 1\ 5 \end{array} \Rightarrow \begin{array}{r} 3 \\ \times\ 0.5 \\ \hline \boxed{} \end{array}$$

3 그림을 보고 □ 안에 알맞은 수를 써넣으시오.

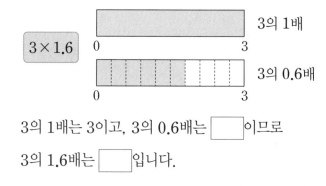

3×1.6

3의 1배는 3이고, 3의 0.6배는 □이므로

3의 1.6배는 □입니다.

4 □ 안에 알맞은 수를 써넣으시오.

$\frac{1}{10}$배
(1) $12 \times 14 = \boxed{} \Rightarrow 12 \times 1.4 = \boxed{}$

$\frac{1}{100}$배
(2) $23 \times 135 = \boxed{} \Rightarrow 23 \times 1.35 = \boxed{}$

개념 다지기

1 ☐ 안에 알맞은 수를 써넣으시오.

(1) $32 \times 0.18 = 32 \times \dfrac{\boxed{}}{100} = \dfrac{32 \times \boxed{}}{100}$

$= \dfrac{\boxed{}}{100} = \boxed{}$

(2) $8 \times 2.3 = 8 \times \dfrac{\boxed{}}{10} = \dfrac{8 \times \boxed{}}{10}$

$= \dfrac{\boxed{}}{10} = \boxed{}$

2 ☐ 안에 알맞은 수를 써넣으시오.

$15 \times 7 = 105 \;\Rightarrow\; 15 \times 0.7 = \boxed{}$

3 계산을 하시오.

(1)
$$\begin{array}{r} 1\,6 \\ \times\ \ 7 \\ \hline 1\,1\,2 \end{array} \quad\Rightarrow\quad \begin{array}{r} 1\,6 \\ \times\,0.0\,7 \\ \hline \boxed{} \end{array}$$

(2)
$$\begin{array}{r} 2\,7 \\ \times\,2\,1\,4 \\ \hline 5\,7\,7\,8 \end{array} \quad\Rightarrow\quad \begin{array}{r} 2\,7 \\ \times\,2\,1.4 \\ \hline \boxed{} \end{array}$$

4 빈칸에 알맞은 수를 써넣으시오.

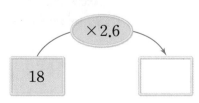

5 다음 식에서 잘못 계산한 곳을 찾아 바르게 고치시오.

$$6 \times 1.14 = 6 \times \frac{114}{10} = \frac{6 \times 114}{10}$$
$$= \frac{684}{10} = 68.4$$

6×1.14

_____

_____

6 어림하여 계산 결과가 6보다 큰 것을 찾아 기호를 쓰시오.

⊙ 7의 0.64   ⓒ 8의 0.91배   ⓒ 6 × 0.88

(   )

7 학교에서 도서관까지의 거리는 영아네 집에서 학교까지 거리의 1.5배입니다. 학교에서 도서관까지의 거리는 몇 km입니까?

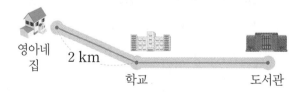

영아네 집   2 km   학교   도서관

식 _____

답 _____

소수의 곱셈

4 단원

1 STEP 기본 유형의 힘

유형 1 (1보다 작은 소수) × (자연수)

계산을 하시오.

(1) 0.12×6

(2) 0.29×3

유형 코칭

(예) 0.7×5의 계산

방법 1 덧셈식으로 계산하기

$0.7 \times 5 = 0.7 + 0.7 + 0.7 + 0.7 + 0.7 = 3.5$

방법 2 0.1의 개수로 계산하기

0.7은 0.1이 7개이므로 0.7×5는 0.1이 $7 \times 5 = 35$(개)입니다.

따라서 $0.7 \times 5 = 3.5$입니다.

방법 3 분수의 곱셈으로 계산하기

$0.7 \times 5 = \dfrac{7}{10} \times 5 = \dfrac{7 \times 5}{10} = \dfrac{35}{10} = 3.5$

---

1 수 막대를 보고 □ 안에 알맞은 수를 써넣으시오.

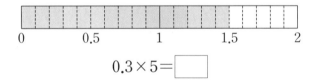

$0.3 \times 5 = \boxed{}$

---

2 |보기|와 같이 계산하시오.

┌ 보기 ┐

$0.6 \times 8 = \dfrac{6}{10} \times 8 = \dfrac{6 \times 8}{10} = \dfrac{48}{10} = 4.8$

0.7×4 _____

---

3 빈칸에 알맞은 수를 써넣으시오.

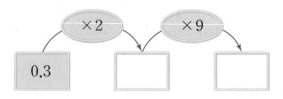

---

4 계산 결과를 <u>잘못</u> 어림한 친구의 이름을 쓰시오.

0.81×5

0.8과 5의 곱으로 어림할 수 있으니까 결과는 0.4 정도가 돼.

윤지

0.52×4

52와 4의 곱은 약 200이니까 0.52와 4의 곱은 2 정도가 돼.

승아

(   )

---

5 어림하여 계산 결과가 1보다 작은 것은 어느 것입니까? ·········· (   )

① 0.6×2 ② 0.32×7 ③ 0.43×3

④ 0.18×4 ⑤ 0.57×2

---

6 한 권의 무게가 $0.4 \, \text{kg}$인 동화책이 6권 있습니다. 이 동화책 6권의 무게는 몇 kg입니까?

식 _____

답 _____

유형 2 (1보다 큰 소수)×(자연수)

계산을 하시오.

(1) 5.9×3

(2) 1.31×5

유형 코칭

㉔ 3.6×3의 계산

방법 1 덧셈식으로 계산하기

$3.6 \times 3 = 3.6 + 3.6 + 3.6 = 10.8$

방법 2 0.1의 개수로 계산하기

3.6은 0.1이 36개이므로 3.6×3은 0.1이
$36 \times 3 = 108$(개)입니다.
따라서 $3.6 \times 3 = 10.8$입니다.

방법 3 분수의 곱셈으로 계산하기

$3.6 \times 3 = \frac{36}{10} \times 3 = \frac{36 \times 3}{10} = \frac{108}{10} = 10.8$

7 수 막대를 보고 □ 안에 알맞은 수를 써넣으시오.

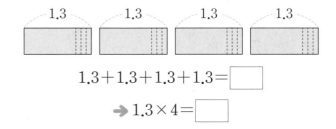

$1.3 + 1.3 + 1.3 + 1.3 = \boxed{}$

➡ $1.3 \times 4 = \boxed{}$

8 |보기|와 같이 계산하시오.

|보기|

$2.1 \times 5 = \frac{21}{10} \times 5 = \frac{21 \times 5}{10} = \frac{105}{10} = 10.5$

(1) 4.1×9

(2) 3.21×13

9 나타내는 수가 나머지와 <u>다른</u> 하나를 찾아 기호를 쓰시오.

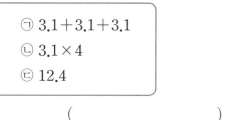

㉠ $3.1 + 3.1 + 3.1$

㉡ 3.1×4

㉢ 12.4

(　　　　　)

10 윤빈이가 소수의 곱셈을 잘못 계산한 것입니다. 잘못 계산한 부분을 찾아 바르게 고치시오.

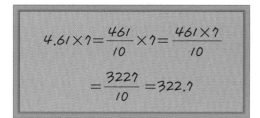

$4.61 \times 7 = \frac{461}{10} \times 7 = \frac{461 \times 7}{10}$

$= \frac{3227}{10} = 322.7$

4.61×7 _____

11 계산 결과의 크기를 비교하여 ○ 안에 >, =, <를 알맞게 써넣으시오.

$4.2 \times 3 \bigcirc 2.32 \times 6$

12 준호는 매일 $1.85 \, \text{km}$씩 달립니다. 준호가 5일 동안 달린 거리는 몇 km입니까?

식 _____

답 _____

소수의 곱셈

4 단원

유형 3 (자연수) × (1보다 작은 소수)

빈 곳에 알맞은 수를 써넣으시오.

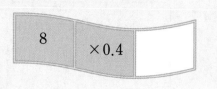

유형 코칭

예 6×0.07의 계산

방법 1 분수의 곱셈으로 계산하기

$$6 \times 0.07 = 6 \times \frac{7}{100} = \frac{6 \times 7}{100} = \frac{42}{100} = 0.42$$

방법 2 자연수의 곱셈으로 계산하기

$$6 \times \boxed{7} = \boxed{42}$$

$\frac{1}{100}$배 $\frac{1}{100}$배

$$6 \times \boxed{0.07} = \boxed{0.42}$$

13 분수의 곱셈으로 계산하시오.

24×0.04 _____

14 계산을 하시오.

(1) 6×0.8　　　(2) 15×0.31

(3)
$$\begin{array}{r} 4 \\ \times\ 0.9 \\ \hline \end{array}$$

(4)
$$\begin{array}{r} 7 \\ \times\ 0.1\,2 \\ \hline \end{array}$$

15 ○ 안에 >, =, <를 알맞게 써넣으시오.

$12 \bigcirc 12 \times 0.12$

16 어림하여 계산 결과가 5보다 큰 것을 찾아 기호를 쓰시오.

┌─────────────────────────────────────┐
│ ㉠ 12의 0.38배 ㉡ 18×0.19 ㉢ 24의 0.33 │
└─────────────────────────────────────┘

(　　　　　　　　)

17 곱이 1보다 작은 것은 어느 것입니까? … (　　　)

① 20×0.5　　　② 40×0.07

③ 36×0.02　　　④ 12×0.09

⑤ 17×0.08

18 지구에서 잰 철호의 몸무게는 41 kg입니다. 수성에서 잰 철호의 몸무게는 약 몇 kg입니까?

┌─────────────────────────────────────┐
│ 수성에서 잰 몸무게는 지구에서 잰 몸무게의 │
│ 약 0.38배입니다.   │
└─────────────────────────────────────┘

식 _____

답 _____

유형 4 (자연수)×(1보다 큰 소수)

빈 곳에 두 수의 곱을 써넣으시오.

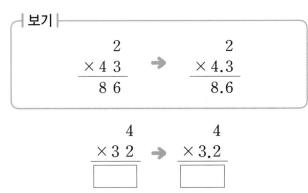

유형 코칭

(예) 4×1.2의 계산

방법1 분수의 곱셈으로 계산하기

$$4 \times 1.2 = 4 \times \frac{12}{10} = \frac{4 \times 12}{10} = \frac{48}{10} = 4.8$$

방법2 자연수의 곱셈으로 계산하기

$4 \times ⑫ = ㊽$

$\frac{1}{10}$배 $\frac{1}{10}$배

$4 \times ①.② = ④.⑧$

19 |보기|와 같이 계산하시오.

|보기|

$$\begin{array}{r} 2 \\ \times\ 4\ 3 \\ \hline 8\ 6 \end{array} \quad \Rightarrow \quad \begin{array}{r} 2 \\ \times\ 4.3 \\ \hline 8.6 \end{array}$$

$$\begin{array}{r} 4 \\ \times\ 3\ 2 \\ \hline \boxed{} \end{array} \quad \Rightarrow \quad \begin{array}{r} 4 \\ \times\ 3.2 \\ \hline \boxed{} \end{array}$$

20 자연수와 소수의 곱셈을 자연수의 곱셈을 이용하여 계산하려고 합니다. ☐ 안에 알맞은 수를 써넣으시오.

(1) $8 \times 23 = \boxed{} \Rightarrow 8 \times 2.3 = \boxed{}$

(2) $13 \times 125 = \boxed{} \Rightarrow 13 \times 1.25 = \boxed{}$

(3) $16 \times 131 = \boxed{} \Rightarrow 16 \times 1.31 = \boxed{}$

21 어림하여 계산 결과가 10보다 큰 것의 기호를 쓰시오.

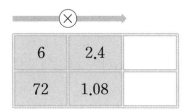

㉠ 5의 1.96배
㉡ 2×5.3

(   )

22 빈칸에 알맞은 수를 써넣으시오.

		×→	
6	2.4	
72	1.08	

23 선우가 3000원으로 과자를 사려고 합니다. 사려는 과자의 가격표가 찢어져 있을 때 가진 돈으로 과자를 살 수 있을지 알맞은 말에 ○표 하시오.

○○원
1g당 9.6원
고구마 맛 과자 250g

과자를 살 수 (있습니다 , 없습니다).

24 1시간에 26 L의 물이 나오는 수도가 있습니다. 이 수도에서 1.4시간 동안 나오는 물의 양은 몇 L입니까? (단, 수도에서 나오는 물의 양은 일정합니다.)

식 _____

답 _____

소수의 곱셈

4
단원

개념 3   (소수)×(소수)를 알아볼까요

1. 1보다 작은 소수끼리의 곱셈

㈜ 0.7×0.5의 계산

방법1 그림으로 계산하기

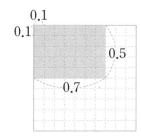

① 모눈종이 한 칸의 넓이는 0.01입니다.

② 모눈종이의 가로를 0.7만큼, 세로를 0.5만큼 색칠하면 35칸이 색칠되므로 색칠한 부분의 넓이는 0.35입니다.

➡ $0.7 \times 0.5 = 0.35$

방법2 자연수의 곱셈으로 계산하기

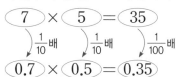

2. 1보다 큰 소수끼리의 곱셈

㈜ 1.5×2.39의 계산

방법1 분수의 곱셈으로 계산하기

$$1.5 \times 2.39 = \frac{15}{10} \times \frac{239}{100} = \frac{3585}{1000}$$
$$= 3.585$$

방법2 자연수의 곱셈으로 계산하기

$15 \times 239 = 3585$

$\frac{1}{10}$배 $\frac{1}{100}$배 $\frac{1}{1000}$배

$1.5 \times 2.39 = 3.585$

방법3 소수의 크기를 생각하여 계산하기

$15 \times 239 = 3585$인데 1.5에 2.39를 곱하면 1.5의 2배인 3보다 커야 하므로 3.585입니다.

$$\begin{array}{r} 1\,5 \\ \times\ \ 2\,3\,9 \\ \hline 3\,5\,8\,5 \end{array} \quad \rightarrow \quad \begin{array}{r} 1.5 \\ \times\ \ 2.3\,9 \\ \hline 3.5\,8\,5 \end{array}$$

자연수처럼 생각하고 계산한 다음

소수의 크기를 생각하여 소수점을 찍습니다.

개념 확인하기

1 그림을 보고 0.9×0.3은 얼마인지 알아보려고 합니다. ☐ 안에 알맞은 수를 써넣으시오.

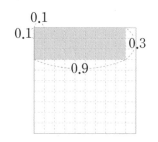

(1) 모눈종이 한 칸의 넓이는 ☐ 입니다.

(2) 색칠한 부분은 0.01이 ☐ 칸이므로 색칠한 부분의 넓이는 ☐ 입니다.

(3) $0.9 \times 0.3 =$ ☐

2 1.73×4.3을 여러 가지 방법으로 계산하려고 합니다. ☐ 안에 알맞은 수를 써넣으시오.

(1) 분수의 곱셈으로 계산하시오.

$$1.73 \times 4.3 = \frac{\boxed{}}{100} \times \frac{\boxed{}}{10} = \frac{\boxed{}}{1000}$$
$$= \boxed{}$$

(2) 자연수의 곱셈으로 계산하시오.

$173 \times 43 = 7439$ ➡ $1.73 \times 4.3 = \boxed{}$

(3) 소수의 크기를 생각하여 계산하시오.

$173 \times 43 = 7439$인데 1.73에 4.3을 곱하면 1.73의 4배인 6.92보다 커야 하므로 계산 결과는 ☐ 입니다.

개념 다지기

[1~2] 0.5×0.9를 두 가지 방법으로 계산하려고 합니다. 물음에 답하시오.

1 분수의 곱셈으로 계산하시오.

$$0.5 \times 0.9 = \frac{\square}{10} \times \frac{\square}{10} = \frac{\square}{100}$$
$$= \square$$

2 자연수의 곱셈으로 계산하시오.

$$5 \times 9 = \square \quad \Rightarrow \quad 0.5 \times 0.9 = \square$$

3 2.24×4.2를 소수의 크기를 생각하여 계산하려고 합니다. ☐ 안에 알맞은 수를 써넣으시오.

> $224 \times 42 = \boxed{}$ 인데 2.24에 4.2를 곱하면 2.24의 4배인 $\boxed{}$ 보다 커야 하므로 계산 결과는 $\boxed{}$ 입니다.

4 계산을 하시오.

(1)
$$\begin{array}{r} 1.5 \\ \times\ 2.9 \\ \hline \end{array}$$

(2)
$$\begin{array}{r} 5.3 \\ \times\ 1.2\,4 \\ \hline \end{array}$$

5 빈칸에 알맞은 수를 써넣으시오.

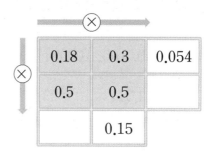

⊗		
0.18	0.3	0.054
0.5	0.5	
	0.15	

6 관계있는 것끼리 이으시오.

11.6×2.8 •

8.4×4.2 •

• 32.48

• 34.08

• 35.28

7 $31 \times 47 = 1457$입니다. 어림하여 결과 값에 소수점을 찍으시오.

(1) $3.1 \times 4.7 = 1\ 4\ 5\ 7$

(2) $0.31 \times 4.7 = 1\ 4\ 5\ 7$

8 가로가 $0.9\,\text{m}$, 세로가 $0.6\,\text{m}$인 직사각형 모양의 태극기입니다. 태극기의 넓이는 몇 m^2입니까?

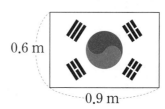

0.6 m

0.9 m

식

답

4 단원

소수의 곱셈

개념 4 곱의 소수점의 위치는 어떻게 달라질까요

1. 자연수와 소수의 곱셈에서 곱의 소수점의 위치의 규칙

(1) (소수) × 10, 100, 1000에서 규칙 찾기

$$2.317 \times 10 = 23.17$$
$$2.317 \times 100 = 231.7$$
$$2.317 \times 1000 = 2317$$

➡ 곱하는 수의 0이 하나씩 늘어날 때마다 곱의 소수점이 오른쪽으로 한 칸씩 옮겨집니다.

(2) (자연수) × 0.1, 0.01, 0.001에서 규칙 찾기

$$384 \times 0.1 = 38.4$$
$$384 \times 0.01 = 3.84$$
$$384 \times 0.001 = 0.384$$

➡ 곱하는 소수의 소수점 아래 자리 수가 하나씩 늘어날 때마다 곱의 소수점이 왼쪽으로 한 칸씩 옮겨집니다.

2. 소수끼리의 곱셈에서 곱의 소수점의 위치의 규칙

$$6 \times 4 = \frac{6}{1} \times \frac{4}{1} = \frac{24}{1} = 24$$

$$0.6 \times 0.4 = \frac{6}{10} \times \frac{4}{10} = \frac{24}{100} = 0.24$$

$$0.6 \times 0.04 = \frac{6}{10} \times \frac{4}{100} = \frac{24}{1000} = 0.024$$

➡ 곱하는 두 수의 소수점 아래 자리 수를 더한 것과 결과 값의 소수점 아래 자리 수가 같습니다.

$$6 \times 4 = 24$$
$$0.6 \times 0.4 = 0.24$$
$$1 + 1 = 2$$
$$0.6 \times 0.04 = 0.024$$
$$1 + 2 = 3$$

> 0.6은 소수 한 자리 수, 0.04는 소수 두 자리 수니까 0.6 × 0.04의 결과 값은 소수점 아래 세 자리 수야.

◆개념의 힘

소수끼리의 곱셈에서 곱의 소수점의 위치는 자연수끼리의 계산 결과에 곱하는 두 수의 소수점 아래 자리 수를 더한 것만큼 소수점을 왼쪽으로 옮겨 표시합니다.

개념 확인하기

1 □ 안에 알맞은 수를 써넣고 알맞은 말에 ○표 하시오.

$$1.546 \times 1 = 1.546$$

(1) $1.546 \times 10 = \boxed{}$

(2) $1.546 \times 100 = \boxed{}$

(3) $1.546 \times 1000 = \boxed{}$

➡ 곱하는 수의 0이 하나씩 늘어날 때마다 곱의 소수점이 (오른 , 왼)쪽으로 한 칸씩 옮겨집니다.

2 □ 안에 알맞은 수를 써넣으시오.

(1) $492 \times 0.1 = \boxed{}$

(2) $492 \times 0.01 = \boxed{}$

(3) $492 \times 0.001 = \boxed{}$

3 $7 \times 12 = 84$를 이용하여 계산하시오.

(1) $0.7 \times 1.2 = \boxed{}$

(2) $0.07 \times 1.2 = \boxed{}$

(3) $0.07 \times 0.12 = \boxed{}$

개념 다지기

1 2.516×10의 결과 값에 소수점을 어디에 찍어야
합니까? ·································· (　　)

$$2.516 \times 10 = \begin{array}{ccccc} 2 & 5 & 1 & 6 \\ \uparrow & \uparrow & \uparrow & \uparrow & \uparrow \\ ① & ② & ③ & ④ & ⑤ \end{array}$$

2 계산 결과에 소수점을 바르게 찍으시오.

(1) $15 \times 29 = 435$ ➡ $1.5 \times 2.9 = 4\ 3\ 5$

(2) $208 \times 34 = 7072$ ➡ $2.08 \times 3.4 = 7\ 0\ 7\ 2$

(3) $53 \times 124 = 6572$ ➡ $5.3 \times 1.24 = 6\ 5\ 7\ 2$

3 |보기|를 이용하여 계산하시오.

| 보기 |
$$5.2 \times 37 = 192.4$$

(1) 5.2×3700

(2) 0.052×37

4 □ 안에 알맞은 수가 0.01인 식에 ○표 하시오.

$386 \times \square = 3.86$　　(　　)

$72.53 \times \square = 7.253$　　(　　)

5 계산 결과가 소수점 아래 세 자리 수인 것에 ○표
하시오.

0.41×0.32　　0.5×0.63

(　　)　　　(　　)

6 |보기|를 이용하여 식을 완성하시오.

| 보기 |
$$33 \times 7 = 231$$

(1) $0.33 \times \boxed{} = 0.231$

(2) $\boxed{} \times 700 = 23.1$

7 현지의 키는 1.5 m입니다. 현지 오빠의 키는 현지의
키의 1.2배입니다. 현지 오빠의 키는 몇 m입니까?

식 _____

답 _____

4 단원

소수의 곱셈

유형 5 1보다 작은 소수끼리의 곱셈

빈칸에 두 수의 곱을 써넣으시오.

0.4	0.3

유형 코칭

예 0.9×0.2의 계산

방법 1 분수의 곱셈으로 계산하기

$$0.9 \times 0.2 = \frac{9}{10} \times \frac{2}{10} = \frac{18}{100} = 0.18$$

방법 2 자연수의 곱셈으로 계산하기

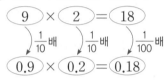

1 |보기|와 같이 분수의 곱셈으로 계산하시오.

|보기|

$$0.2 \times 0.7 = \frac{2}{10} \times \frac{7}{10} = \frac{14}{100} = 0.14$$

(1) 0.7×0.9 _____

(2) 0.8×0.23 _____

2 계산을 하시오.

(1) 0.8×0.7 (2) 0.2×0.93

3 크기를 비교하여 ○ 안에 >, =, <를 알맞게 써넣으시오.

$$0.3 \times 0.45 \bigcirc 0.14$$

4 준규가 계산기로 0.94×0.3을 계산하려고 두 수를 눌렀는데 수 하나의 소수점을 잘못 눌렀더니 2.82가 나왔습니다. 준규가 계산기에 누른 두 수를 □ 안에 써넣으시오.

$$\boxed{} \times \boxed{}$$

5 0.65×0.48의 값이 얼마인지 어림해서 구한 값으로 알맞은 것의 기호를 쓰시오.

㉠ 0.0312	㉡ 0.312

(   )

창의 · 융합

6 라면 $0.12 \, \text{kg}$ 한 봉지의 0.8만큼이 나트륨 성분입니다. 나트륨 성분이 몇 kg인지 구하시오.

식 _____

답 _____

유형 6 1보다 큰 소수끼리의 곱셈

빈 곳에 두 수의 곱을 써넣으시오.

1.6
2.7

유형 코칭

(예) 1.42×2.1의 계산

[방법 1] 분수의 곱셈으로 계산하기

$$1.42 \times 2.1 = \frac{142}{100} \times \frac{21}{10} = \frac{2982}{1000} = 2.982$$

[방법 2] 자연수의 곱셈으로 계산하기

$142 \times 21 = 2982$

$\frac{1}{100}$배　$\frac{1}{10}$배　$\frac{1}{1000}$배

$1.42 \times 2.1 = 2.982$

7 |보기|와 같이 분수의 곱셈으로 계산하시오.

|보기|

$$1.5 \times 2.3 = \frac{15}{10} \times \frac{23}{10} = \frac{345}{100} = 3.45$$

2.4×3.6 _____

8 $12 \times 452 = 5424$를 이용하여 □ 안에 알맞은 수를 써넣으시오.

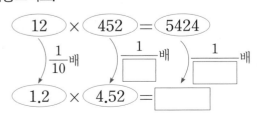

$12 \times 452 = 5424$

$\frac{1}{10}$배　$\frac{1}{\Box}$배　$\frac{1}{\Box}$배

$1.2 \times 4.52 = \boxed{}$

9 계산 결과를 찾아 이으시오.

1.84×3.9 ・

3.2×1.98 ・

・ 6.336

・ 7.176

・ 6.704

서술형

10 $123 \times 51 = 6273$입니다. 1.23×5.1의 값을 어림하여 결과 값에 소수점을 찍고, 그 이유를 쓰시오.

$1.23 \times 5.1 = 6273$

이유 _____

_____

11 가장 큰 수와 가장 작은 수의 곱을 구하시오.

| 5.82 | 4.8 | 8.4 | 3.07 |

(　　　　　)

12 수지가 가지고 있는 영어사전의 무게는 $1.75\,\mathrm{kg}$이고, 국어사전의 무게는 영어사전 무게의 1.2배입니다. 국어사전의 무게는 몇 kg입니까?

식 _____

답 _____

4

단원

소수의 곱셈

유형 7 곱의 소수점의 위치의 규칙 (1)

□ 안에 알맞은 수를 써넣으시오.

(1) $1.359 \times 10 =$ ☐

$1.359 \times 100 =$ ☐

$1.359 \times 1000 =$ ☐

(2) $3502 \times 0.1 =$ ☐

$3502 \times 0.01 =$ ☐

$3502 \times 0.001 =$ ☐

유형 코칭

• 곱하는 수의 0이 하나씩 늘어날 때마다 곱의 소수점이 오른쪽으로 한 칸씩 옮겨집니다.

• 곱하는 소수의 소수점 아래 자리 수가 하나씩 늘어날 때마다 곱의 소수점이 왼쪽으로 한 칸씩 옮겨집니다.

13 계산이 맞도록 곱의 결과에 소수점을 바르게 찍으시오.

(1) $5149 \times 0.1 = 5\ 1\ 4\ 9$

(2) $1327 \times 0.001 = 1\ 3\ 2\ 7$

14 다음 식을 이용하여 관계있는 것끼리 이으시오.

$34 \times 0.67 = 22.78$

340×0.67 •

34×0.067 •

• 2278

• 227.8

• 2.278

15 계산 결과가 다른 것을 찾아 기호를 쓰시오.

㉠ 0.73×100

㉡ 73의 0.1배

㉢ 730의 0.01배

( )

16 ㉠에 알맞은 수를 구하시오.

$6.84 \times$ ㉠ $= 684$

( )

17 크기를 비교하여 ○ 안에 >, =, <를 알맞게 써넣으시오.

960×0.01 ○ 0.96

18 스웨터 한 벌을 짜는 데 털실이 10타래 필요합니다. 털실 한 타래가 92.76 m일 때 스웨터 한 벌을 짜는 데 필요한 털실의 길이는 몇 m입니까?

식 _____

답 _____

유형 8 곱의 소수점의 위치의 규칙 (2)

$21 \times 43 = 903$을 이용하여 계산하시오.

(1) $2.1 \times 4.3 = $ ☐

(2) $2.1 \times 0.043 = $ ☐

(3) $0.21 \times 4.3 = $ ☐

유형 코칭

자연수끼리 계산한 결과에 **곱하는 두 수의 소수점 아래 자리 수를 더한 것만큼** 소수점을 왼쪽으로 옮겨 표시합니다.

---

19 |보기|와 같은 방법으로 계산하려고 합니다. ☐ 안에 알맞은 수를 써넣으시오.

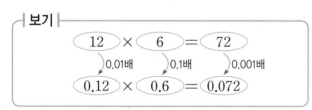

|보기|

$12 \times 6 = 72$

0.01배 ⟍ 0.1배 ⟍ 0.001배 ⟍

$0.12 \times 0.6 = 0.072$

$15 \times 13 = 195$

0.1배 ⟍ ☐배 ⟍ ☐배 ⟍

$1.5 \times 0.13 = $ ☐

---

20 $42 \times 36 = 1512$를 이용하여 소수점을 <u>잘못</u> 찍은 것을 찾아 기호를 쓰시오.

㉠ $4.2 \times 3.6 = 15.12$

㉡ $0.42 \times 3.6 = 0.1512$

㉢ $4.2 \times 0.36 = 1.512$

(   )

---

21 계산 결과가 같은 것끼리 이으시오.

| 6.2×3.2 | • | | • | 0.062×320 |

| 0.62×3.2 | • | | • | 6.2×0.32 |

---

22 $9 \times 26 = 234$를 이용하여 ☐ 안에 알맞은 수를 써넣으시오.

(1) $0.9 \times $ ☐ $ = 0.234$

(2) ☐ $ \times 0.26 = 0.0234$

---

^{서술형}

23 두 친구의 대화를 읽고 빈 곳에 알맞은 이유를 쓰시오.

태규: 8.4×1.5를 계산했더니 1.26이 나왔어.

동민: 1.26이 맞는 걸까?

태규: 8.4와 1.5가 소수 한 자리 수인데 1.26은 소수 두 자리 수니까 맞는 것 같아.

동민: 어림해서 맞는지 알아보자. 어림해 보면

_____

_____

_____

그러니까 1.26이 아니야.

4

단원

소수의 곱셈

응용 유형 1 사각형의 둘레 구하기

- (정사각형의 둘레)=(한 변의 길이)×4
- (직사각형의 둘레)=((가로)+(세로))×2

1 정사각형의 둘레를 구하시오.

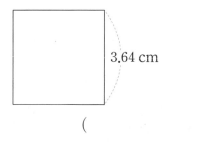

3.64 cm

( )

2 한 변의 길이가 4.8 cm인 정사각형의 둘레를 구하시오.

( )

3 직사각형의 둘레를 구하시오.

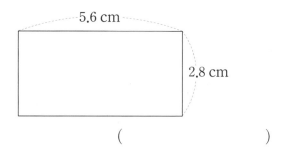

5.6 cm

2.8 cm

( )

4 가로가 8.4 cm, 세로가 4.16 cm인 직사각형의 둘레를 구하시오.

( )

응용 유형 2 곱셈식에서 어떤 수 구하기

- 10, 100, 1000을 곱하기 전 어떤 수 구하기
  10, 100, 1000을 곱한 결과의 소수점을 왼쪽으로 각각 한 칸, 두 칸, 세 칸 옮긴 수입니다.
- 0.1, 0.01, 0.001을 곱하기 전 어떤 수 구하기
  0.1, 0.01, 0.001을 곱한 결과의 소수점을 오른쪽으로 각각 한 칸, 두 칸, 세 칸 옮긴 수입니다.

5 ㉠에 알맞은 수를 구하시오.

$$㉠×100=54$$

( )

6 ㉠에 알맞은 수를 구하시오.

$$㉠×0.1=2.76$$

( )

7 0.069에 어떤 수를 곱했더니 6.9가 되었습니다. 어떤 수를 구하시오.

( )

8 1894에 어떤 수를 곱했더니 1.894가 되었습니다. 어떤 수를 구하시오.

( )

응용 유형 **3** □ 안에 들어갈 수 있는 자연수 구하기

소수의 곱셈을 먼저 한 후 크기를 비교하여 □ 안에 들어갈 수 있는 자연수를 구합니다.

9 □ 안에 들어갈 수 있는 자연수에 모두 ○표 하시오.

$$0.7 \times 9 > \square$$

(4, 　5, 　6, 　7, 　8, 　9)

10 □ 안에 들어갈 수 있는 자연수는 모두 몇 개입니까?

$$4 \times 1.8 > \square$$

(　　　　　)

11 □ 안에 들어갈 수 있는 가장 작은 자연수를 구하시오.

$$3.44 \times 2.2 < \square$$

(　　　　　)

12 □ 안에 들어갈 수 있는 가장 큰 자연수를 구하시오.

$$1.6 \times 4.25 > \square$$

(　　　　　)

응용 유형 **4** 분 단위를 시간 단위로 고쳐서 계산하기

60분＝1시간임을 이용하여 분 단위를 시간 단위로 고쳐서 계산합니다.

예 $30분 = \frac{30}{60}시간 = \frac{5}{10}시간 = 0.5시간$

13 호준이는 매일 1시간 30분씩 운동을 합니다. 호준이가 일주일 동안 운동한 시간은 모두 몇 시간인지 소수로 나타내시오.

(　　　　　)

14 정호는 매일 2시간 12분씩 수학 공부를 했습니다. 월요일부터 토요일까지 정호가 수학 공부를 한 시간은 모두 몇 시간인지 소수로 나타내시오.

(　　　　　)

15 주희는 매일 1시간 15분씩 독서를 했습니다. 2주일 동안 주희가 독서를 한 시간은 모두 몇 시간인지 소수로 나타내시오.

(　　　　　)

4. 소수의 곱셈 • **117**

4
단원

소수의 곱셈

응용 유형 5   곱셈의 활용

① 표를 보고 이번 주에 우유 또는 주스가 몇 L씩 며칠 필요
한지 세어 봅니다.
② 필요한 우유 또는 주스의 양을 구합니다.
③ ②에서 구한 값을 올림하여 일의 자리까지 나타내어 답을
구합니다.

16 윤아의 간식표를 보고 이번 주에 윤아의 간식을 준
비하려면 1 L짜리 우유를 적어도 몇 개 사야 할지
구하시오.

윤아의 간식표

월	우유 0.3 L, 고구마 1개
화	주스 0.4 L, 옥수수 1개
수	우유 0.3 L, 오렌지 1개
목	우유 0.3 L, 토스트 1개
금	주스 0.4 L, 사과 반 개
토	탄산음료 0.3 L, 피자 1조각
일	우유 0.3 L, 빵 1개

(   )

17 재호의 간식표를 보고 이번 주에 재호의 간식을 준
비하려면 1 L짜리 주스를 적어도 몇 개 사야 할지
구하시오.

재호의 간식표

월	주스 0.45 L, 바나나 1개
화	주스 0.45 L, 고구마 1개
수	두유 0.3 L, 토마토 1개
목	우유 0.4 L, 딸기 7개
금	주스 0.45 L, 빵 1개
토	주스 0.45 L, 배 반 개
일	주스 0.45 L, 호떡 1개

(   )

응용 유형 6   바르게 계산한 값 구하기

① 어떤 수를 ▢라 하여 바르게 계산한 식과 잘못 계산한
식을 세웁니다.
② 바르게 계산한 값은 잘못 계산한 값의 몇 배인지 알아보고
바르게 계산한 값을 구합니다.

18 어떤 수에 3.16을 곱해야 할 것을 잘못 계산하여
316을 곱했더니 758.4가 되었습니다. 바르게 계산
한 값을 구하시오.

(   )

19 어떤 수에 80.4를 곱해야 할 것을 잘못 계산하여
0.804를 곱했더니 2.01이 되었습니다. 바르게 계
산한 값을 구하시오.

(   )

20 어떤 수에 26을 곱해야 할 것을 잘못 계산하여
0.026을 곱했더니 0.143이 되었습니다. 바르게 계
산한 값을 구하시오.

(   )

응용 유형 7 새로 만든 직사각형의 넓이 구하기

① 늘린 후의 새로운 직사각형의 가로와 세로를 곱셈식을 이용하여 각각 구합니다.
② (직사각형의 넓이)=(가로)×(세로)임을 이용하여 새로 만든 직사각형의 넓이를 구합니다.

21 누리네 학교 운동장에는 다음과 같은 직사각형 모양의 놀이터가 있습니다. 가로와 세로를 각각 1.4배씩 늘려 새로운 놀이터를 만들려고 합니다. 새로운 놀이터의 넓이는 몇 m^2입니까?

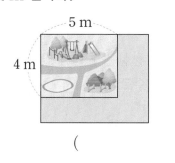

（　　　　　　）

22 다음과 같은 직사각형 모양의 텃밭의 가로와 세로를 각각 1.5배씩 늘려 새로운 텃밭을 만들려고 합니다. 새로운 텃밭의 넓이는 몇 m^2입니까?

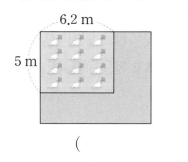

（　　　　　　）

23 동운이네 교실에는 가로가 4 m, 세로가 1.5 m인 직사각형 모양의 게시판이 있습니다. 이 게시판의 가로와 세로를 각각 1.2배씩 늘려 새로운 게시판을 만들려고 합니다. 새로운 게시판의 넓이는 몇 m^2입니까?

（　　　　　　）

응용 유형 8 이어 붙인 색 테이프의 길이 구하기

색 테이프 ■개를 겹치게 하여 이어 붙이면 겹치는 부분은 (■−1)군데입니다.

예 • 색 테이프 2개를 겹치게 하여 이어 붙였을 때

 ➡ 겹치는 부분: 1군데

• 색 테이프 3개를 겹치게 하여 이어 붙였을 때

➡ 겹치는 부분: 2군데

24 그림과 같이 길이가 15 cm인 색 테이프 5개를 4.4 cm씩 겹치게 하여 한 줄로 길게 이어 붙였습니다. 이어 붙인 색 테이프의 전체 길이는 몇 cm입니까?

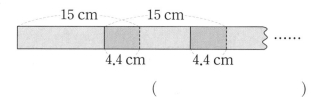

（　　　　　　）

25 그림과 같이 길이가 9.3 cm인 색 테이프 28개를 0.6 cm씩 겹치게 하여 한 줄로 길게 이어 붙였습니다. 이어 붙인 색 테이프의 전체 길이는 몇 cm입니까?

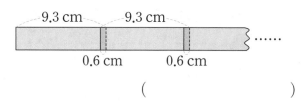

（　　　　　　）

26 길이가 7.5 cm인 색 테이프 31개를 0.84 cm씩 겹치게 하여 한 줄로 길게 이어 붙였습니다. 이어 붙인 색 테이프의 전체 길이는 몇 cm입니까?

（　　　　　　）

4

단원

소수의 곱셈

문제 해결력 **서술형**

1-1 서우와 민지는 선인장을 키웁니다. 서우의 선인장은 0.267 m까지 자랐고, 민지의 선인장은 27.6 cm까지 자랐습니다. 누가 키우는 선인장이 더 많이 자랐습니까?

(1) 1 m는 몇 cm입니까?

(   )

(2) 서우의 선인장은 몇 cm까지 자랐습니까?

(   )

(3) 누가 키우는 선인장이 더 많이 자랐습니까?

(   )

문제 해결력 **서술형**

2-1 영웅이는 길이가 35.6 m인 털실의 0.4만큼을 사용했습니다. 남은 털실의 길이는 몇 m입니까?

35.6 m   ☐ m

(1) 사용한 털실은 처음에 있던 털실의 얼마만큼인지 소수로 나타내시오.

(   )

(2) 남은 털실은 처음에 있던 털실의 얼마만큼인지 소수로 나타내시오.

(   )

(3) 남은 털실의 길이는 몇 m입니까?

(   )

바로 쓰는 **서술형**

1-2 미술 시간에 세영이가 사용한 철사의 길이는 52.4 cm이고, 도진이가 사용한 철사의 길이는 0.543 m입니다. 누가 사용한 철사의 길이가 더 긴지 풀이 과정을 쓰고 답을 구하시오. [5점]

풀이

답 _____

바로 쓰는 **서술형**

2-2 서정이는 넓이가 7.75 m²인 한지의 0.8만큼을 사용했습니다. 남은 한지의 넓이는 몇 m²인지 풀이 과정을 쓰고 답을 구하시오. [5점]

풀이

답 _____

문제 해결력 **서술형**

3-1 그림과 같이 도로 한쪽에 0.1 km의 간격으로 일정하게 가로등을 15개 세웠습니다. 가로등을 세운 도로의 길이는 몇 km입니까? (단, 가로등의 두께는 생각하지 않습니다.)

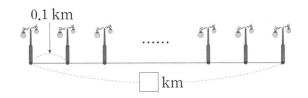

0.1 km

□ km

(1) 도로 한쪽에 세운 가로등은 몇 개입니까?

(　　　　　　)

(2) 가로등 사이의 간격 수는 몇 군데입니까?

(　　　　　　)

(3) 가로등을 세운 도로의 길이는 몇 km입니까?

(　　　　　　)

바로 쓰는 **서술형**

3-2 도로 한쪽에 0.24 km의 간격으로 일정하게 나무를 20그루 심었습니다. 나무를 도로의 처음부터 끝까지 심었을 때 나무를 심은 도로의 길이는 몇 km인지 풀이 과정을 쓰고 답을 구하시오. (단, 나무의 두께는 생각하지 않습니다.) [5점]

> 풀이

답 _____

문제 해결력 **서술형**

4-1 똑같은 접시 12개가 들어 있는 상자의 무게는 18.2 kg입니다. 접시 3개를 꺼낸 후 상자의 무게를 재어 보니 14 kg이었습니다. 빈 상자의 무게는 몇 kg입니까?

(1) 접시 3개의 무게는 몇 kg입니까?

(　　　　　　)

(2) 접시 12개의 무게는 몇 kg입니까?

(　　　　　　)

(3) 빈 상자의 무게는 몇 kg입니까?

(　　　　　　)

바로 쓰는 **서술형**

4-2 똑같은 사전 15권이 들어 있는 상자의 무게는 38.85 kg입니다. 사전 5권을 꺼낸 후 상자의 무게를 재어 보니 26.6 kg이었습니다. 빈 상자의 무게는 몇 kg인지 풀이 과정을 쓰고 답을 구하시오. [5점]

> 풀이

답 _____

수학의 힘 **단원평가**

점수

1 수 막대를 보고 □ 안에 알맞은 수를 써넣으시오.

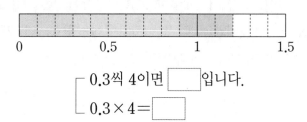

0   0.5   1   1.5

0.3씩 4이면 □ 입니다.

0.3×4= □

2 |보기|와 같이 계산하시오.

|보기|

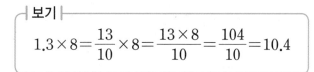

$$1.3 \times 8 = \frac{13}{10} \times 8 = \frac{13 \times 8}{10} = \frac{104}{10} = 10.4$$

(1) 0.6×9 _____

(2) 3.12×6 _____

3 계산을 하시오.

(1) 5×0.5

(2) 2.7×4.2

4 어림하여 계산 결과가 6보다 큰 것을 찾아 기호를 쓰시오.

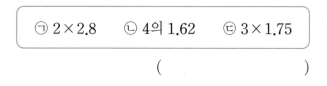

⊙ 2×2.8 ⓒ 4의 1.62   ⓒ 3×1.75

(   )

5 빈칸에 알맞은 수를 써넣으시오.

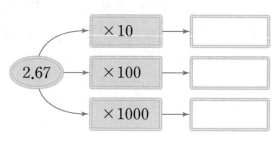

2.67   ×10 →
         ×100 →
         ×1000 →

6 0.6×0.52를 잘못 계산한 사람의 이름을 쓰시오.

채윤: $0.6 \times 0.52 = 0.312$

지율: $0.6 \times 0.52 = 3.12$

(   )

7 $27 \times 148 = 3996$입니다. 다음의 값을 어림하여 결과 값에 소수점을 찍으시오.

(1) $27 \times 14.8 = 3\ 9\ 9\ 6$

(2) $0.027 \times 148 = 3\ 9\ 9\ 6$

8 ○ 안에 >, =, <를 알맞게 써넣으시오.

$$0.73 \times 1.6 \bigcirc 1.5$$

9 빈칸에 알맞은 소수를 써넣으시오.

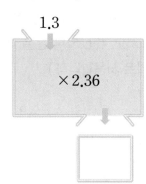

10 34×112＝3808을 이용하여 □ 안에 알맞은 수를 구하시오.

$$34 \times \boxed{} = 38.08$$

(　　　　　　　)

11 0.68×0.46의 값이 얼마인지 어림해서 구한 값을 찾아 기호를 쓰시오.

| ㉠ 312.8 | ㉡ 31.28 |
| ㉢ 3.128 | ㉣ 0.3128 |

(　　　　　　　)

12 분홍색 테이프는 6 m이고, 노란색 테이프는 분홍색 테이프 길이의 0.7배입니다. 노란색 테이프의 길이는 몇 m입니까?

6 m

식 _____

답 _____

13 □ 안에 들어갈 수 있는 가장 작은 자연수를 구하시오.

$$3.44 \times 2.2 < \boxed{}$$

(　　　　　　　)

14 예승이는 매일 생수를 1.2 L씩 마십니다. 예승이가 3일 동안 마신 생수는 모두 몇 L입니까?

식 _____

답 _____

15 가장 큰 수와 가장 작은 수의 곱을 구하시오.

| 5.8 | 0.36 | 1.1 |

(　　　　　　　)

4
단원

소수의 곱셈

16 ㉠과 ㉡에 알맞은 수를 각각 구하시오.

> • ㉠ $\times 0.1 = 2.8$
> • $0.516 \times$ ㉡ $= 5.16$

㉠ (　　　　　　　　　)

㉡ (　　　　　　　　　)

17 민기가 계산기로 4.7×0.05를 계산하려고 두 수를 눌렀는데 수 하나의 소수점 위치를 <u>잘못</u> 눌렀더니 2.35가 나왔습니다. 민기가 계산기에 누른 두 수를 쓰시오.

□ $\times$ □

18 길이가 같은 색 테이프 10개를 0.12 m씩 겹치게 한 줄로 이어 붙였더니 이어 붙인 색 테이프의 전체 길이가 5.42 m가 되었습니다. 색 테이프 한 개의 길이는 몇 m입니까?

(　　　　　　　　　)

19 일본과 필리핀의 환율이 다음과 같을 때 □ 안에 알맞은 단위를 쓰고, 그렇게 생각한 이유를 어림을 이용하여 쓰시오. (단, 일본 돈은 '엔', 필리핀 돈은 '페소'를 단위로 사용합니다.)

> ○○월 △△일의 환율
>
> 우리나라 돈 100원이 일본 돈 9.89엔입니다.
> 우리나라 돈 100원이 필리핀 돈 4.65페소입니다.

우리나라 돈 2000원은 약 200 □ (으)로 바꿀 수 있습니다.

이유　_____

_____

_____

_____

_____

20 유미는 일정한 빠르기로 자전거를 타고 한 시간에 13.4 km를 달립니다. 같은 빠르기로 유미가 자전거를 타고 2시간 30분 동안 달린 거리는 몇 km인지 풀이 과정을 쓰고 답을 구하시오.

풀이　_____

_____

_____

_____

답　_____

월	일	요일	이름

☆ **4**단원에서 배운 내용을 친구들에게 설명하듯이 써 봐요.

☆ **4**단원에서 배운 내용이 실생활에서 어떻게 쓰이고 있는지 찾아 써 봐요.

👩 칭찬 & 격려해 주세요.

➜ QR코드를 찍으면 예시 답안을 볼 수 있어요.

5 직육면체

개념 카툰 ① 직육면체

개념 카툰 ② 정육면체

개념 카툰 ③ 직육면체의 성질

개념 카툰 ④ 직육면체의 전개도

개념 1 직사각형 6개로 둘러싸인 도형을 알아볼까요 / 정사각형 6개로 둘러싸인 도형을 알아볼까요

1. 직육면체 알아보기
   (1) **직육면체**: 직사각형 6개로 둘러싸인 도형
   (2) 직육면체의 구성 요소
      ① **면**: 선분으로 둘러싸인 부분
      ② **모서리**: 면과 면이 만나는 선분
      ③ **꼭짓점**: 모서리와 모서리가 만나는 점

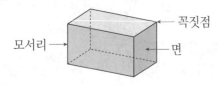

2. 정육면체 알아보기
   정육면체: 정사각형 6개로 둘러싸인 도형

3. 직육면체와 정육면체의 공통점과 차이점

◆개념의 힘

		직육면체	정육면체
공통점	면의 수(개)	6	6
	모서리의 수(개)	12	12
	꼭짓점의 수(개)	8	8
차이점	면의 모양	직사각형	정사각형
	모서리의 길이	다름.	같음.

4. 정육면체와 정육면체의 관계

> 정육면체는 직육면체라고 할 수 있지만 직육면체는 정육면체라고 할 수 없습니다.

이유 정사각형은 직사각형이라고 할 수 있지만 직사각형은 정사각형이라고 할 수 없기 때문입니다.

개념 확인하기

[1~2] 그림을 보고 물음에 답하시오.

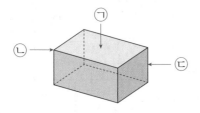

1 위의 그림과 같이 직사각형 6개로 둘러싸인 도형을 무엇이라고 합니까?

(   )

2 면, 모서리, 꼭짓점을 나타내는 것을 찾아 각각 기호를 쓰시오.

면 (   )
모서리 (   )
꼭짓점 (   )

3 다음과 같이 정사각형 6개로 둘러싸인 도형을 무엇이라고 합니까?

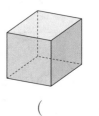

(   )

4 정육면체에 ○표 하시오.

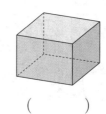   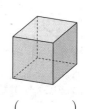

(   )   (   )

개념 다지기

1 그림을 보고 직육면체를 모두 찾아 기호를 쓰시오.

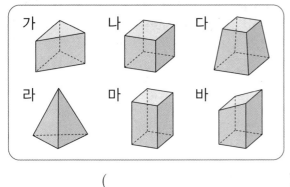

가　　나　　다

라　　마　　바

(　　　　　　　　　　)

[2~3] 정육면체를 보고 물음에 답하시오.

2 정육면체의 면은 몇 개입니까?

(　　　　　　　　)

3 색칠한 면을 본뜬 모양은 어떤 도형입니까?

(　　　　　　　　)

4 직육면체를 보고 물음에 답하시오.

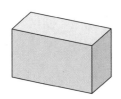

(1) 보이는 면을 모두 찾아 ○로 표시하시오.

(2) 보이는 모서리를 모두 찾아 ──으로 표시하시오.

(3) 보이는 꼭짓점을 모두 찾아 •으로 표시하시오.

5 정육면체에 대한 설명으로 옳은 것은 ○표, 틀린 것은 ×표 하시오.

(1) 모서리의 길이는 서로 다릅니다. □

(2) 면의 모양이 모두 정사각형입니다. □

(3) 직육면체라고 할 수 있습니다. □

6 오른쪽 정육면체를 보고 면, 모서리, 꼭짓점의 수를 세어 빈칸에 알맞은 수를 써넣으시오.

면의 수(개)	모서리의 수(개)	꼭짓점의 수(개)

7 직육면체에 대한 설명 중 **틀린** 것을 찾아 □ 안에 기호를 써넣고 바르게 고치시오.

> ㉠ 직사각형 6개로 둘러싸인 도형입니다.
> ㉡ 면과 면이 만나는 선분을 꼭짓점이라고 합니다.
> ㉢ 직육면체의 모서리는 12개입니다.

□ _____

_____

개념 2 직육면체의 성질을 알아볼까요

1. 직육면체에서 서로 마주 보고 있는 면의 관계

   (1) 직육면체에서 색칠한 두 면처럼 계속 늘여도 만나지 않는 두 면을 서로 평행하다고 합니다.

   (2) 직육면체의 **밑면**: 색칠한 두 면처럼 서로 평행한 면

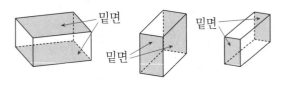

💡 생각의 힘

직육면체에는 평행한 면이 3쌍 있고 이 평행한 면은 각각 밑면이 될 수 있습니다.

> 밑면은 고정된 면이 아닌 기준이 되는 면이야. 한 면이 밑면이 되면 마주 보고 있는 면도 밑면이 돼.

2. 직육면체에서 서로 만나는 두 면 사이의 관계

   (1) 삼각자 3개를 오른쪽과 같이 놓았을 때

   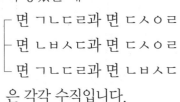

   ┌ 면 ㄱㄴㄷㄹ과 면 ㄷㅅㅇㄹ
   ├ 면 ㄴㅂㅅㄷ과 면 ㄷㅅㅇㄹ
   └ 면 ㄱㄴㄷㄹ과 면 ㄴㅂㅅㄷ

   은 각각 수직입니다.

   (2) 한 면에 수직인 면은 4개씩 있습니다.

   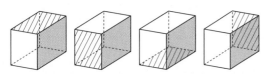

   (3) 직육면체의 **옆면**: 직육면체에서 밑면과 수직인 면

> 밑면이 변함에 따라 옆면도 바뀌어.

개념 확인하기

[1~2] 직육면체를 보고 물음에 답하시오.

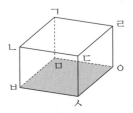

1 색칠한 면과 평행한 면을 찾아 빗금을 그으시오.

2 색칠한 면을 한 밑면이라고 할 때 다른 밑면을 찾아 쓰시오.

( )

[3~4] 직육면체를 보고 물음에 답하시오.

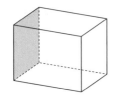

3 색칠한 면과 만나는 면은 모두 몇 개입니까?

( )

4 색칠한 면과 수직인 면은 모두 몇 개입니까?

( )

개념 다지기

1 왼쪽 직육면체에서 색칠한 면과 수직인 면을 바르게 색칠한 것에 ○표 하시오.

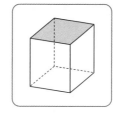 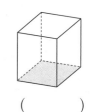 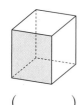

(　　　) (　　　)

5 색칠한 두 면이 서로 평행하지 <u>않은</u> 것을 모두 고르시오. ·· (　　　)

① ② 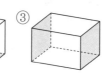 ③

④ 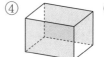 ⑤

[2~4] 직육면체를 보고 물음에 답하시오.

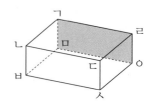

2 서로 평행한 면을 찾아 쓰시오.

면 ㄱㄴㄷㄹ과 면 ＿＿＿＿＿＿＿,

면 ㄱㅁㅇㄹ과 면 ＿＿＿＿＿＿＿,

면 ㄷㅅㅇㄹ과 면 ＿＿＿＿＿＿＿

3 서로 평행한 면은 모두 몇 쌍입니까?

(　　　　　　)

4 색칠한 면과 수직인 면을 모두 찾아 쓰시오.

면 ＿＿＿＿＿＿, 면 ＿＿＿＿＿＿,

면 ＿＿＿＿＿＿, 면 ＿＿＿＿＿＿

6 직육면체를 보고 바르게 말한 사람은 누구입니까?

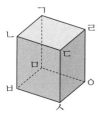

 주원 — 꼭짓점 ㄷ에서 만나는 면은 모두 2개야.

꼭짓점 ㄷ과 만나는 면들에 삼각자를 대어 보면 꼭짓점 ㄷ을 중심으로 모두 직각이네. 준서

(　　　　　　)

7 직육면체에서 면 ㄴㅂㅅㄷ과 평행한 면은 몇 개이고, 면 ㄴㅂㅅㄷ과 수직인 면은 몇 개입니까?

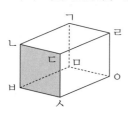

평행한 면 (　　　　　　)

수직인 면 (　　　　　　)

1 STEP 기본 유형의 힘

유형 1 직육면체

직육면체의 각 부분의 이름을 □ 안에 알맞게 써넣으시오.

유형 코칭

구성 요소	설명	수(개)
면	선분으로 둘러싸인 부분	6
모서리	면과 면이 만나는 선분	12
꼭짓점	모서리와 모서리가 만나는 점	8

1 그림을 보고 직육면체를 모두 고르시오.

( )

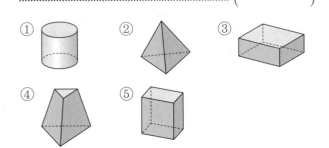

2 직육면체의 면은 어떤 도형입니까?

( )

3 직육면체에서 면은 모두 몇 개입니까?

( )

[4~5] 직육면체를 보고 물음에 답하시오.

4 바르게 설명한 것의 기호를 쓰시오.

㉠ 면과 면이 만나는 선분을 모서리라고 합니다.

㉡ 면은 모두 합동입니다.

( )

5 보이는 면, 모서리, 꼭짓점의 수를 각각 세어 빈칸에 알맞은 수를 써넣으시오.

보이는 면의 수(개)	보이는 모서리의 수(개)	보이는 꼭짓점의 수(개)

서술형

6 다음 도형이 직육면체가 아닌 이유를 쓰시오.

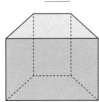

이유 _____

_____

_____

유형 2   정육면체

그림을 보고 정육면체를 모두 찾아 기호를 쓰시오.

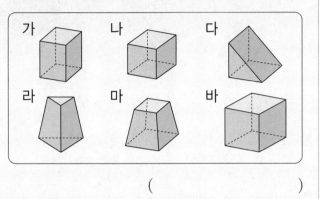

가   나   다
라   마   바

(   )

유형 코칭

• 정육면체의 특징

① 6개의 정사각형으로 둘러싸인 도형입니다.
② 면의 크기는 모두 같습니다.
③ 모서리의 길이는 모두 같습니다.

7 정육면체와 직육면체를 각각 모두 찾아 기호를 쓰시오.

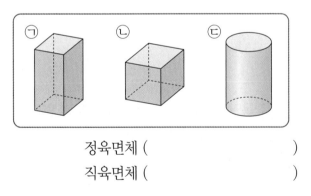

ㄱ   ㄴ   ㄷ

정육면체 (   )

직육면체 (   )

8 성연이의 말이 맞으면 '예', 틀리면 '아니요'를 쓰시오.

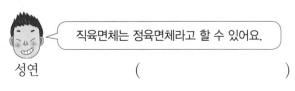

직육면체는 정육면체라고 할 수 있어요.

성연   (   )

9 정육면체를 보고 □ 안에 알맞은 수를 써넣으시오.

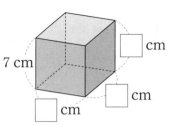

7 cm
□ cm
□ cm
□ cm

10 정육면체와 직육면체의 공통점을 찾아 기호를 쓰시오.

㉠ 면의 모양은 정사각형입니다.

㉡ 모서리의 수는 12개입니다.

㉢ 면의 모양과 크기는 모두 같습니다.

(   )

11 직육면체와 정육면체의 차이점을 쓰려고 합니다. 빈칸에 알맞게 써넣으시오.

	직육면체	정육면체
면의 모양	직사각형	
모서리의 길이		

12 아래의 정육면체에서 보이지 않는 면과 보이지 않는 모서리는 모두 몇 개입니까?

(   )

유형 **3** 직육면체에서 평행한 면

직육면체에서 면 ㄴㅂㅅㄷ과 평행한 면을 쓰시오.

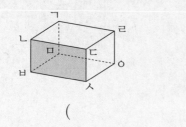

(   )

유형 코칭

• 직육면체에서 계속 늘여도 만나지 않는 두 면을 서로 평행하다고 합니다.
• 직육면체에는 3쌍의 평행한 면이 있고 이 각각은 모두 밑면이 될 수 있습니다.

---

13 직육면체에서 색칠한 면과 평행한 면을 찾아 빗금을 그으시오.

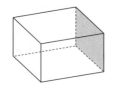

14 정육면체에서 면 ㄱㅁㅇㄹ과 평행한 면은 몇 개입니까?

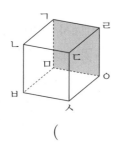

(   )

---

15 직육면체에서 서로 평행한 면은 모두 몇 쌍입니까?

(   )

16 직육면체의 성질을 바르게 말한 것을 찾아 기호를 쓰시오.

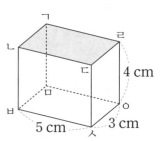

┌─────────────────────────────────┐
│ ㉠ 서로 평행한 면은 1쌍입니다.   │
│ ㉡ 서로 평행한 면은 모양과 크기가 같습니다. │
│ ㉢ 서로 평행한 면은 만납니다.   │
└─────────────────────────────────┘

(   )

17 직육면체에서 면 ㄱㄴㄷㄹ과 평행한 면의 모서리 길이의 합을 구하시오.

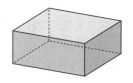

식 _____

답 _____

유형 4 직육면체에서 수직인 면

다음 설명이 맞으면 ○표, 틀리면 ×표 하시오.

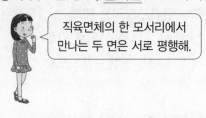

직육면체의 한 모서리에서 만나는 두 면은 서로 평행해.

(   )

유형 코칭

• 직육면체의 성질
① 한 면에 수직인 면은 4개씩입니다.
② 한 모서리에서 만나는 두 면은 서로 수직입니다.
③ 한 꼭짓점에서 만나는 면은 모두 3개입니다.

18 직육면체에서 꼭짓점 ㄷ과 만나는 면을 모두 찾아 쓰시오.

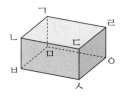

_____

_____

19 직육면체에서 면 ㄷㅅㅇㄹ을 밑면이라고 할 때, 옆면을 모두 찾아 쓰시오.

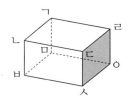

_____

_____

20 직육면체에서 면 ㄴㅂㅁㄱ과 수직으로 만나지 <u>않는</u> 면은 어느 것입니까? ·············· (   )

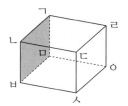

① 면 ㄴㅂㅅㄷ   ② 면 ㄱㄴㄷㄹ
③ 면 ㅁㅂㅅㅇ   ④ 면 ㄷㅅㅇㄹ
⑤ 면 ㄱㅁㅇㄹ

21 직육면체를 보고 ☐ 안에 알맞은 수를 써넣으시오.

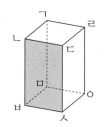

면 ㄴㅂㅅㄷ과 평행한 면은 ☐개이고, 면 ㄴㅂㅅㄷ과 수직인 면은 ☐개입니다.

22 다음은 직육면체의 성질에 대해 <u>잘못</u> 설명한 것입니다. 밑줄 친 부분을 바르게 고치시오.

(1) 한 면과 수직으로 만나는 면은 <u>2개</u>입니다.

(   )

(2) 한 꼭짓점에서 만나는 면은 모두 <u>4개</u>입니다.

(   )

개념 3 　직육면체의 겨냥도를 알아볼까요

1. 직육면체의 겨냥도 알아보기

   직육면체의 **겨냥도**: 오른쪽과 같이
   직육면체 모양을 잘 알 수 있도록
   나타낸 그림

   위 직육면체에서

	보이는 부분	보이지 않는 부분
면의 수(개)	3	3
모서리의 수(개)	9	3
꼭짓점의 수(개)	7	1

2. 직육면체의 겨냥도 그리는 방법

   ① 보이는 모서리는 실선으로 그립니다.

   ② 보이지 않는 모서리는 점선으로 그립니다.

3. 직육면체의 겨냥도를 잘못 그린 경우

   예 　이유 보이지 않는 모서리를 실선으로 그렸습니다.

   　이유 보이는 모서리 중에서 3개를 점선으로 그렸습니다.

개념 확인하기

[1~2] 직육면체 모양을 잘 알 수 있도록 그리는 방법을 알아보려고 합니다. 물음에 답하시오.

1 직육면체에서 보이는 모서리는 실선으로, 보이지 않는 모서리는 점선으로 그리시오.

2 □ 안에 알맞은 말을 써넣으시오.

> 위와 같이 직육면체 모양을 잘 알 수 있도록 나타낸 그림을 직육면체의 [　　　](이)라고 합니다.

3 직육면체의 겨냥도를 바르게 그린 것에 ○표 하시오.

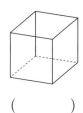　　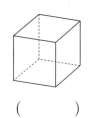

(　　)　　　(　　)

4 그림에서 빠진 부분을 그려 넣어 직육면체의 겨냥도를 완성하시오.

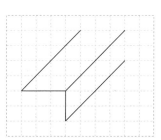

개념 다지기

1 직육면체의 겨냥도에서 각 모서리를 어떻게 그려야 하는지 선으로 이으시오.

보이는 모서리 •   • 점선

보이지 않는 모서리 •   • 실선

2 직육면체의 겨냥도를 바르게 그린 것을 찾아 기호를 쓰시오.

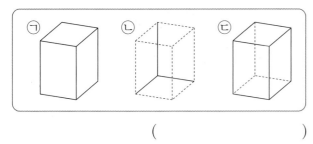

(   )

3 2가지 직육면체의 겨냥도를 그린 것입니다. 그림에서 빠진 부분을 그려 넣어 겨냥도를 완성하시오.

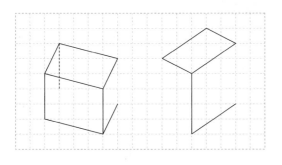

[4~5] 오른쪽 직육면체를 보고 물음에 답하시오.

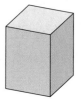

4 면, 모서리, 꼭짓점이 가장 많이 보일 때는 각각 몇 개입니까?

면 (   ), 모서리 (   ),

꼭짓점 (   )

5 면, 모서리, 꼭짓점이 보이지 않는 것은 각각 몇 개입니까?

면 (   ), 모서리 (   ),

꼭짓점 (   )

[6~7] 직육면체의 겨냥도를 <u>잘못</u> 그린 것입니다. 물음에 답하시오.

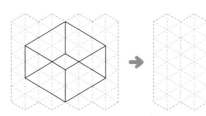

6 잘못 그린 이유를 바르게 말한 사람은 누구입니까?

세라
보이는 모서리를 실선으로 그렸기 때문이야.

보이지 않는 모서리를 실선으로 그렸기 때문이야.

다영

(   )

7 직육면체의 겨냥도를 빈 곳에 바르게 그리시오.

개념 4 정육면체의 전개도를 알아볼까요 / 직육면체의 전개도를 알아볼까요

1. 정육면체의 전개도

(1) 정육면체의 **전개도**: 정육면체의 모서리를 잘라서 펼친 그림

예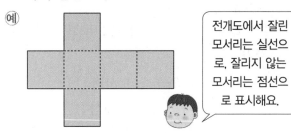

> 전개도에서 잘린 모서리는 실선으로, 잘리지 않는 모서리는 점선으로 표시해요.

(2) 정육면체의 전개도의 특징

① 정사각형 6개로 이루어져 있습니다.

② 접었을 때 마주 보며 평행한 면이 서로 3쌍 있습니다.

③ 접었을 때 한 면과 수직인 면이 4개입니다.

④ 접었을 때 서로 겹치는 부분이 없습니다.

⑤ 접었을 때 겹치는 선분의 길이가 같습니다.

⑥ 모든 모서리의 길이가 같습니다.

2. 직육면체의 전개도

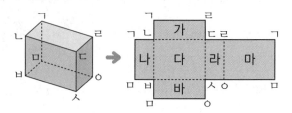

전개도를 접었을 때

(1) 서로 평행한 면: 면 가와 면 바, 면 나와 면 라, 면 다와 면 마

> 서로 평행한 3쌍의 면은 각각 모양과 크기가 서로 같고, 만나는 모서리와 꼭짓점이 없어요.

(2) 면 가와 수직인 면: 면 나, 면 다, 면 라, 면 마

> 만나는 면끼리는 서로 수직이고, 만나는 모서리끼리는 길이가 같아요.

(3) 한 꼭짓점에서 만나는 모서리는 3개, 한 꼭짓점에서 만나는 면은 3개입니다.

개념 확인하기

[1~2] 정육면체 모양의 상자의 모서리를 잘라서 펼친 모양입니다. ☐ 안에 알맞은 말을 써넣으시오.

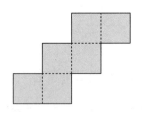

1 모서리를 잘라서 펼친 후 잘린 모서리는 ☐ (으)로, 잘리지 않는 모서리는 ☐ (으)로 나타낸 그림입니다.

2 위와 같이 정육면체의 모서리를 잘라서 펼친 그림을 정육면체의 ☐ (이)라고 합니다.

[3~4] 직육면체의 전개도입니다. 물음에 답하시오.

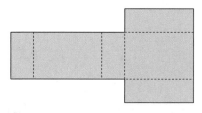

3 직육면체의 전개도에는 모양과 크기가 같은 면이 몇 쌍 있습니까?

( )

4 알맞은 말에 ○표 하시오.

접었을 때 겹치는 면이 (있고 , 없고) 만나는 모서리의 길이가 (같습니다 , 다릅니다).

개념 다지기

1 정육면체의 전개도를 접었을 때 면 가와 평행한 면에 ○표 하시오.

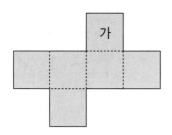

2 정육면체의 전개도에서 빠진 부분을 그려 넣으시오.

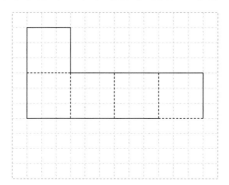

3 직육면체의 전개도를 그리는 방법입니다. 옳은 것은 ○표, 틀린 것은 ×표 하시오.

(1) 서로 평행한 면은 모양과 크기를 서로 같게 그립니다. ······························· (   )

(2) 잘린 모서리는 점선, 잘리지 않는 모서리는 실선으로 표시합니다. ············· (   )

4 직육면체의 전개도를 모두 찾아 기호를 쓰시오.

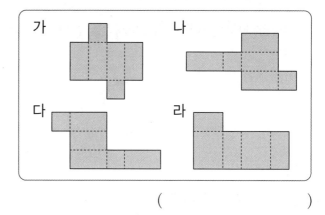

(   )

5 직육면체의 전개도를 그린 것입니다. ☐ 안에 알맞은 수를 써넣으시오.

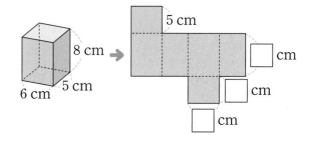

6 오른쪽 직육면체를 보고 전개도를 완성하시오.

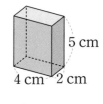

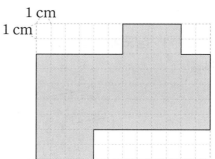

유형 5 직육면체의 겨냥도

직육면체에서 보이지 않는 모서리를 점선으로 그리시오.

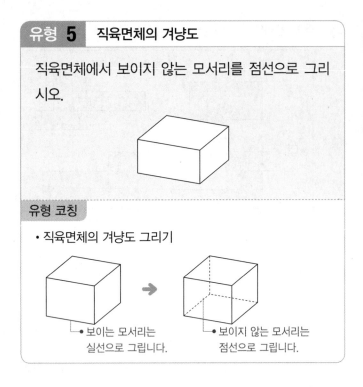

유형 코칭

• 직육면체의 겨냥도 그리기

• 보이는 모서리는 실선으로 그립니다.   • 보이지 않는 모서리는 점선으로 그립니다.

1 직육면체의 겨냥도를 바르게 그린 것을 찾아 기호를 쓰시오.

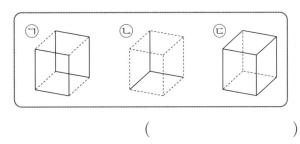

(   )

2 직육면체의 겨냥도에서 잘못 그린 모서리를 찾아 ◯표 하시오.

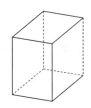

3 직육면체의 겨냥도에 빠진 부분이 있습니다. 빠진 부분을 그리시오.

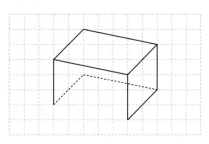

서술형

4 직육면체의 겨냥도를 잘못 그린 것입니다. 그 이유를 쓰시오.

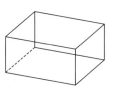

이유 _____

_____

_____

5 직육면체의 겨냥도를 그리려고 합니다. 실선으로 그려야 하는 모서리는 점선으로 그려야 하는 모서리보다 몇 개 더 많습니까?

(   )

유형 6　정육면체의 전개도

정육면체의 전개도에 ○표 하시오.

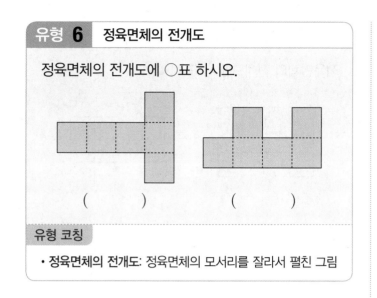

(　　　)　　　　(　　　)

유형 코칭

• 정육면체의 전개도: 정육면체의 모서리를 잘라서 펼친 그림

6 정육면체의 전개도에서 크기가 같은 정사각형은 모두 몇 개입니까?

(　　　　　　　　)

[7~8] 전개도를 접어서 정육면체를 만들었습니다. 물음에 답하시오.

7 색칠한 면과 평행한 면에 색칠하시오.

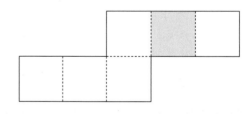

8 색칠한 면과 수직인 면에 모두 색칠하시오.

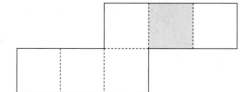

9 정육면체의 전개도를 접었을 때 면 ㉮와 마주 보는 면을 찾아 쓰시오.

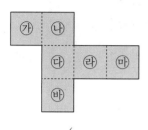

(　　　　　　　　　　)

10 정육면체의 모서리를 잘라서 정육면체의 전개도를 만들었습니다. □ 안에 알맞은 기호를 써넣으시오.

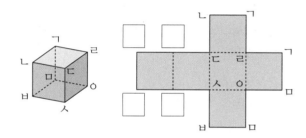

11 전개도를 접어서 정육면체를 만들었을 때 겹쳐지는 선분끼리 선으로 이으시오.

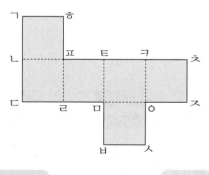

선분 ㄴㄷ　•　　•　선분 ㅌㅍ

선분 ㄹㅁ　•　　•　선분 ㅊㅈ

선분 ㅎㅍ　•　　•　선분 ㅂㅁ

12 정육면체의 전개도는 모두 몇 개입니까?

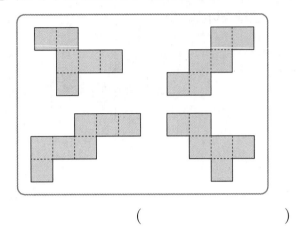

(   )

13 한 모서리의 길이가 2 cm인 정육면체의 전개도를 그리시오.

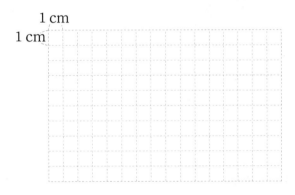

14 |보기|와 같이 무늬(●) 3개가 그려져 있는 정육면체를 만들 수 있도록 전개도에 무늬(●) 1개를 그리시오.

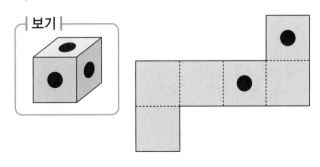

유형 7   직육면체의 전개도

직육면체의 전개도에 ○표 하시오.

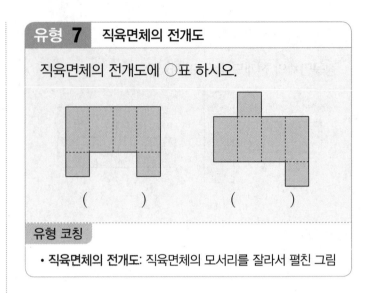

(   )   (   )

유형 코칭

• **직육면체의 전개도**: 직육면체의 모서리를 잘라서 펼친 그림

[15~16] 직육면체의 전개도를 그리는 방법을 바르게 설명한 것에 ○표, 그렇지 <u>않은</u> 것에 ×표 하시오.

15

> 직육면체의 잘린 모서리는 점선으로 그립니다.

(   )

16

> 접었을 때 만나는 모서리의 길이가 같게 그립니다.

(   )

17 직육면체의 전개도에서 모양과 크기가 같은 면은 모두 몇 쌍입니까?

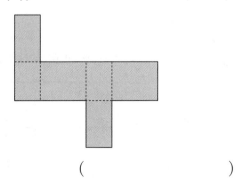

(   )

18 직육면체에서 색칠한 면과 수직인 면을 전개도에서 모두 찾아 색칠하시오.

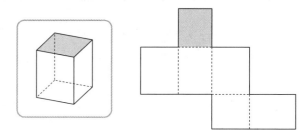

19 전개도를 접어서 직육면체를 만들었을 때 주어진 선분과 겹쳐지는 선분을 찾아 쓰시오.

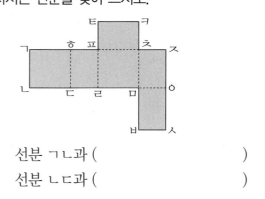

선분 ㄱㄴ과 (　　　　　　　)

선분 ㄴㄷ과 (　　　　　　　)

20 직육면체의 전개도를 잘못 그린 것입니다. 그 이유를 바르게 말한 사람은 누구입니까?

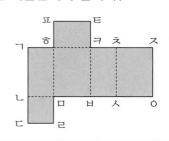

> 지율: 전개도를 접었을 때 겹치는 면이 있어.
>
> 지후: 서로 평행한 면 중에서 모양과 크기가 같지 않은 면이 있어.

(　　　　　　　)

21 왼쪽 직육면체의 전개도를 그린 것입니다. ㉠과 ㉡의 길이를 각각 구하시오.

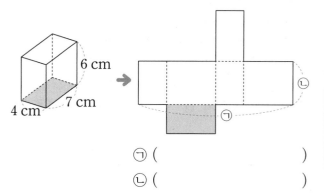

㉠ (　　　　　　　　　　)

㉡ (　　　　　　　　　　)

[22~23] 직육면체의 겨냥도를 보고 전개도를 그리시오.

22

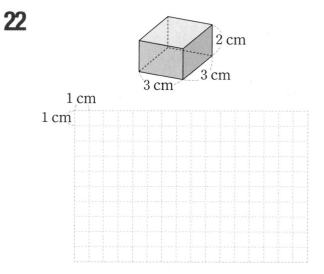

23

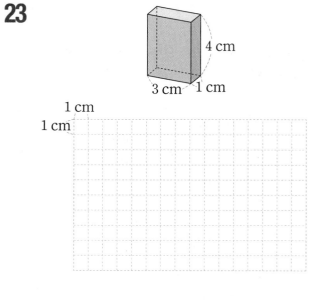

2 STEP 응용 유형의 힘

응용 유형 1 평행한 면, 수직인 면 찾기

- 직육면체에서 서로 마주 보고 있는 면은 평행합니다.
- 한 모서리에서 만나는 두 면은 서로 수직입니다.

1 직육면체에서 면 ㄱㄴㄷㄹ과 평행한 면을 찾아 쓰시오.

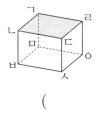

(   )

2 직육면체에서 면 ㄴㅂㅅㄷ과 평행한 면을 찾아 쓰시오.

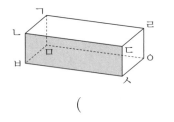

(   )

3 직육면체에서 면 ㄷㅅㅇㄹ과 수직인 면을 모두 찾아 쓰시오.

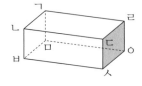

_____

_____

응용 유형 2 직육면체의 겨냥도 그리기

① 보이는 모서리는 실선으로 그립니다.
② 보이지 않는 모서리는 점선으로 그립니다.

[4~5] 그림에서 빠진 부분을 그려 넣어 직육면체의 겨냥도를 완성하시오.

4

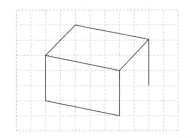

5

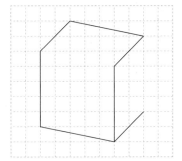

[6~7] 직육면체 모양의 물건을 보고 겨냥도를 그린 것입니다. 빠진 부분을 그려 넣어 겨냥도를 완성하시오.

6

 →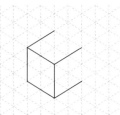

7

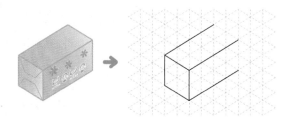

응용 유형 3　잘못 그려진 정육면체의 전개도 고치기

정육면체 전개도의 특징
① 정사각형 6개로 이루어져 있습니다.
② 모든 모서리의 길이가 같습니다.
③ 접었을 때 서로 겹치는 부분이 없습니다.
④ 접었을 때 한 면과 수직인 면이 4개입니다.

8 정육면체의 전개도가 아닙니다. 면 1개만 옮겨 정육면체의 전개도가 될 수 있도록 고치시오.

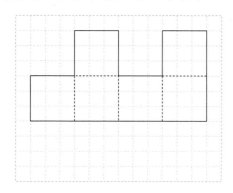

9 정육면체의 전개도가 아닙니다. 면 1개만 옮겨 정육면체의 전개도가 될 수 있도록 고치시오.

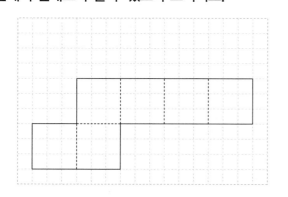

응용 유형 4　정육면체의 모든 모서리 길이의 합 구하기

• 정육면체는 정사각형 6개로 둘러싸인 도형이므로 모든 모서리의 길이가 같습니다.
• 정육면체의 모서리는 모두 12개입니다.

10 한 모서리의 길이가 6 cm인 정육면체의 모든 모서리 길이의 합을 구하시오.

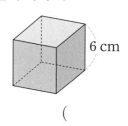
6 cm

(　　　　　　　)

11 한 모서리의 길이가 9 cm인 정육면체의 모든 모서리 길이의 합을 구하시오.

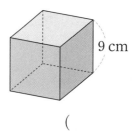
9 cm

(　　　　　　　)

12 한 모서리의 길이가 7 cm인 정육면체의 모든 모서리 길이의 합을 구하시오.

(　　　　　　　)

응용 유형 5 주사위의 눈 그리기

- 주사위의 마주 보는 면의 눈의 수의 합은 7입니다. 그러므로 1과 6, 2와 5, 3과 4가 짝이 되어 마주 보아야 합니다.
- 주사위는 정육면체 모양이므로 서로 마주 보고 있는 두 면이 서로 평행합니다.

[13~15] 주사위의 마주 보는 면의 눈의 수의 합은 7입니다. 정육면체 전개도의 빈 곳에 주사위의 눈을 알맞게 그려 넣으시오.

13

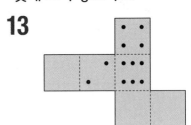

14

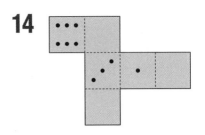

15

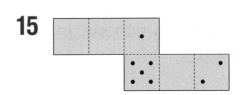

응용 유형 6 직육면체의 모든 모서리의 길이의 합 구하기

- 직육면체는 직사각형 6개로 둘러싸인 도형입니다.
- 직육면체에서 길이가 같은 모서리는 4개씩 있습니다.

[16~18] 주어진 직육면체의 모든 모서리의 길이의 합을 구하시오.

16

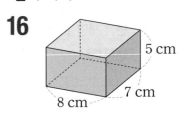

(   )

17

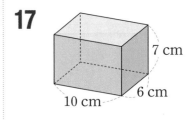

(   )

18

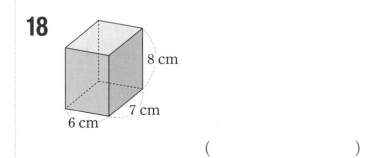

(   )

응용 유형 7 상자를 묶는 데 사용한 끈의 길이 구하기

① 끈을 주어진 모서리의 길이만큼씩 몇 번 사용했는지 알아봅니다.

8 cm씩 2번
4 cm씩 2번
6 cm씩 4번

② ①에서 구한 길이의 합에 매듭으로 사용한 끈의 길이를 더하여 구합니다.

19 직육면체 모양의 선물 상자를 그림과 같이 끈으로 한 바퀴씩 둘러 묶었습니다. 매듭으로 사용한 끈의 길이가 20 cm일 때 사용한 전체 끈의 길이는 몇 cm입니까?

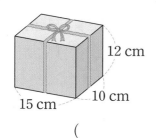

(　　　　　)

20 예지는 윤아에게 줄 선물을 다음과 같은 직육면체 모양의 상자에 넣고 상자를 리본으로 한 바퀴씩 둘러 묶었습니다. 매듭으로 사용한 리본의 길이가 35 cm일 때 사용한 전체 리본의 길이는 몇 cm입니까?

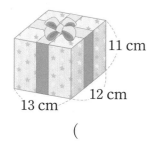

(　　　　　)

응용 유형 8 직육면체의 전개도에서 선 긋기

직육면체에 그어진 선과 만나는 꼭짓점을 확인하여 전개도에서 각 꼭짓점의 위치를 찾아 선을 그립니다.

[21~22] 왼쪽과 같이 직육면체의 면에 선을 그었습니다. 이 직육면체의 모서리를 잘라 전개도를 만들었을 때 전개도에 나타나는 선을 바르게 그으시오.

21

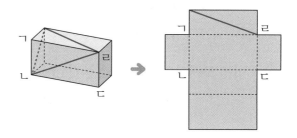

22

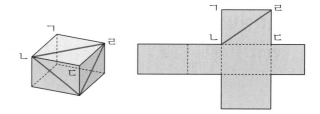

23 왼쪽과 같이 직육면체의 전개도에 선을 그었습니다. 이 전개도를 접어 오른쪽 직육면체를 만들었을 때 직육면체에 나타나는 선을 바르게 그으시오.

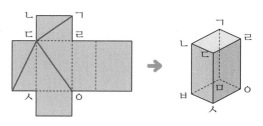

문제 해결력 **서술형**

1-1 오른쪽 직육면체에서 보이는 모서리의 길이의 합은 몇 cm입니까?

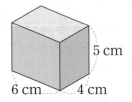

5 cm
6 cm   4 cm

(1) 길이별로 보이는 모서리는 각각 몇 개입니까?

6 cm (   )

4 cm (   )

5 cm (   )

(2) 보이는 모서리의 길이의 합은 몇 cm입니까?

(   )

바로 쓰는 **서술형**

1-2 직육면체에서 보이는 모서리의 길이의 합은 몇 cm인지 풀이 과정을 쓰고 답을 구하시오. [5점]

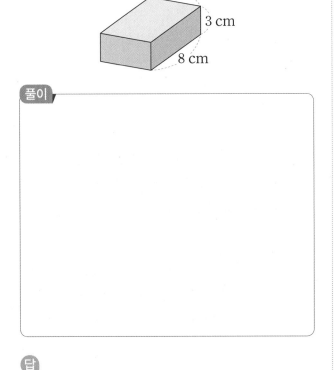

6 cm
3 cm
8 cm

풀이

답 _____

문제 해결력 **서술형**

2-1 직육면체의 전개도입니다. 선분 ㄱㄷ의 길이는 몇 cm입니까?

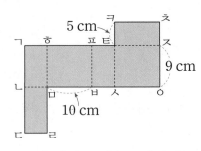

5 cm
9 cm
10 cm

(1) 선분 ㄱㄴ의 길이는 몇 cm입니까?

(   )

(2) 선분 ㄴㄷ의 길이는 몇 cm입니까?

(   )

(3) 선분 ㄱㄷ의 길이는 몇 cm입니까?

(   )

바로 쓰는 **서술형**

2-2 직육면체의 전개도를 보고 선분 ㅅㅈ의 길이는 몇 cm인지 풀이 과정을 쓰고 답을 구하시오. [5점]

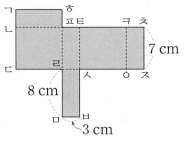

7 cm
8 cm
3 cm

풀이

답 _____

문제 해결력 **서술형**

3-1 다음은 모든 모서리의 길이의 합이 84 cm인 정육면체입니다. 색칠한 면의 네 변의 길이의 합은 몇 cm입니까?

⑴ 정육면체의 모서리는 모두 몇 개입니까?

( )

⑵ 정육면체의 한 모서리의 길이는 몇 cm입니까?

( )

⑶ 색칠한 면의 네 변의 길이의 합은 몇 cm입니까?

( )

바로 쓰는 **서술형**

3-2 다음은 모든 모서리의 길이의 합이 96 cm인 정육면체입니다. 색칠한 면의 네 변의 길이의 합은 몇 cm인지 풀이 과정을 쓰고 답을 구하시오. [5점]

풀이

답 _____

문제 해결력 **서술형**

4-1 직육면체 모양의 선물 상자를 오른쪽 그림과 같이 묶는 데 사용한 끈의 길이가 148 cm 였습니다. 매듭에 사용한 끈의 길이는 몇 cm입니까?

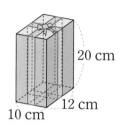

20 cm
12 cm
10 cm

⑴ 끈을 10 cm, 12 cm, 20 cm씩 각각 얼마만큼 사용했는지 구하시오.

┌ 10 cm씩 [ ]번 ➡ [ ] cm
├ 12 cm씩 [ ]번 ➡ [ ] cm
└ 20 cm씩 [ ]번 ➡ [ ] cm

⑵ ⑴에서 구한 끈의 길이의 합은 몇 cm입니까?

( )

⑶ 매듭에 사용한 끈의 길이는 몇 cm입니까?

( )

바로 쓰는 **서술형**

4-2 직육면체 모양의 선물 상자를 오른쪽 그림과 같이 묶는 데 사용한 끈의 길이가 120 cm였습니다. 매듭에 사용한 끈의 길이는 몇 cm인지 풀이 과정을 쓰고 답을 구하시오. [5점]

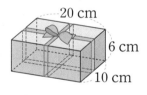

20 cm
6 cm
10 cm

풀이

답 _____

1 직육면체에서 면과 면이 만나는 선분을 무엇이라고 합니까?

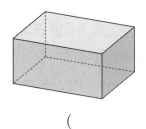

( )

2 □ 안에 알맞은 말을 써넣으시오.

> 정사각형 6개로 둘러싸인 도형을
> _____(이)라고 합니다.

3 직육면체에서 보이는 꼭짓점을 모두 찾아 ·으로 표시하시오.

4 직육면체에서 색칠한 면과 평행한 면을 찾아 빗금을 그으시오.

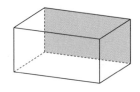

5 직육면체의 겨냥도를 바르게 그린 것은 어느 것입니까? ·········· ( )

①   ②   ③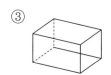

④ 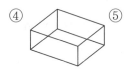 ⑤

[6~7] 직육면체를 보고 물음에 답하시오.

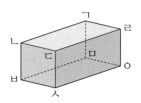

6 서로 평행한 면을 찾아 쓰시오.

면 ㄱㄴㄷㄹ과 면 _____ ,

면 ㄴㅂㅁㄱ과 면 _____ ,

면 ㄴㅂㅅㄷ과 면 _____

7 면 ㄷㅅㅇㄹ과 수직인 면은 모두 몇 개입니까?

( )

8 오른쪽 직육면체에서 모서리 ㉮와 길이가 같은 모서리는 ㉮를 포함하여 모두 몇 개입니까?

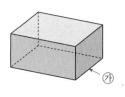

( )

9 직육면체의 겨냥도를 잘못 그린 것입니다. 바르게 그려 보시오.

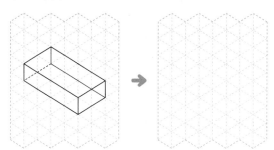

10 직육면체의 전개도를 보고 □ 안에 알맞은 수를 써넣으시오.

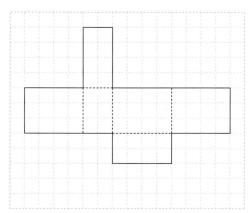

11 직육면체의 전개도가 아닙니다. 면 1개만 바르게 그려 직육면체의 전개도가 될 수 있도록 고치시오.

12 직육면체와 정육면체의 성질에 대해 잘못 설명한 것입니다. 밑줄 친 부분을 바르게 고치시오.

⑴ 정육면체의 꼭짓점은 6개입니다.

(　　　　　　　　　)

⑵ 직육면체는 모든 모서리의 길이가 같습니다.

(　　　　　　　　　)

13 전개도를 접어서 직육면체를 만들었을 때 면 ⑩와 수직인 면을 모두 찾아 쓰시오.

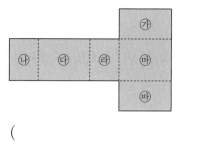

(　　　　　　　　　　　　)

14 직육면체에서 ㉠, ㉡, ㉢에 알맞은 수를 순서대로 쓴 것은 어느 것입니까? ·········· (　　　)

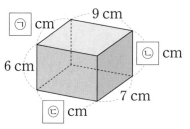

	㉠	㉡	㉢			㉠	㉡	㉢
①	6,	7,	9		②	9,	6,	7
③	6,	9,	7		④	7,	9,	6
⑤	7,	6,	9					

15 가로가 16 cm, 세로가 12 cm인 직사각형 모양의 종이가 있습니다. 색칠한 부분을 오려 내고 남은 종이를 접어서 직육면체를 만들려고 합니다. 직육면체의 전개도를 완성하시오.

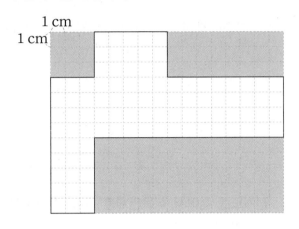

16 직육면체의 면, 모서리, 꼭짓점은 모두 몇 개입니까?

(　　　　　　　　)

17 한 모서리의 길이가 3 cm인 정육면체의 전개도를 두 가지 방법으로 그리시오.

1 cm
1 cm

18 모든 모서리 길이의 합이 108 cm인 정육면체가 있습니다. 이 정육면체의 한 모서리 길이는 몇 cm입니까?

(　　　　　　　　)

서술형
19 직육면체와 정육면체의 공통점과 차이점을 1가지씩 쓰시오.

공통점 _____

_____

차이점 _____

_____

서술형
20 직육면체의 모든 모서리 길이의 합은 몇 cm인지 풀이 과정을 쓰고 답을 구하시오.

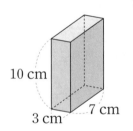

10 cm
3 cm　7 cm

풀이 _____

_____

_____

_____

답 _____

월	일	요일	이름

☆ 5단원에서 배운 내용을 친구들에게 설명하듯이 써 봐요.

☆ 5단원에서 배운 내용이 실생활에서 어떻게 쓰이고 있는지 찾아 써 봐요.

👩 칭찬 & 격려해 주세요.

➜ QR코드를 찍으면
예시 답안을 볼 수
있어요.

6 평균과 가능성

개념 카툰 ① 평균 알아보기

아다다다다!!

1회는 18초, 2회는 15초, 3회는 12초 걸렸어.

그럼 내 100 m 달리기 기록의 평균은 몇 초지?

평균 기록을 구하려면 (기록의 합)÷(횟수)를 하면 돼.

기록을 모두 더하면 45이고 이걸 3으로 나누면……

15가 되네. 너의 100 m 달리기 기록의 평균은 15초야.

$45 \div 3 = 15$

후후, 난 3초밖에 안 걸리는데~.

야! 나는 건 반칙이야!!

쌔앵

개념 카툰 ② 평균 구하기

나의 단원평가 점수의 평균은 80점이야!!

단원	1단원	2단원	3단원
점수(점)	90	80	70

어, 나도 평균이 80점인데…….

너, 3단원 점수가 몇 점인데?

단원	1단원	2단원	3단원	4단원
점수(점)	80	72		92

스파이더맨의 3단원 점수는 76점이네.

(스파이더맨의 점수의 평균)=80점

(스파이더맨의 점수의 합)=80×4=320(점)

(스파이더맨의 3단원 점수)
=320-(80+72+92)=76(점)

나처럼 다 100점 맞으면 귀찮게 평균을 구하지 않아도 한눈에 보이잖아.

너, 얄미워!

단원	1단원	2단원	3단원	4단원
점수(점)	100	100	100	100

<table>
<tr><td>

이미 배운 내용

[3–2] 6. 자료의 정리
[4–1] 5. 막대그래프
[4–2] 5. 꺾은선그래프

</td><td>

이번에 배우는 내용

✓ 평균 알아보기, 평균 구하기
✓ 평균을 이용하여 문제 해결하기
✓ 일이 일어날 가능성을 말로 표현하기
✓ 일이 일어날 가능성을 비교하기
✓ 일이 일어날 가능성을 수로 표현하기

</td><td>

앞으로 배울 내용

[6–1] 4. 비와 비율
[6–1] 5. 여러 가지 그래프

</td></tr>
</table>

개념 카툰 ③ 평균을 이용하여 문제 해결하기

크음… 매연 좀 봐. 차 없는 도시로 이사가고 싶어.

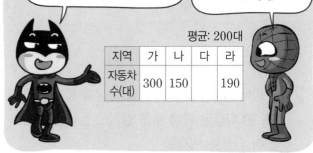

여기를 봐. 지역별 자동차 수를 나타낸 표야.

오~ 지역별 평균이 200대네.

평균: 200대

지역	가	나	다	라
자동차 수(대)	300	150		190

다 지역의 자동차 수를 모르겠는데?

평균을 이용하면 구할 수 있지.

다 지역 자동차는 160대야. 무인도엔 차가 없대. 이사가자.

너 혼자 가…….

(자동차 수의 합)
$=200×4=800$(대)
(다 지역의 자동차 수)
$=800-(300+500+190)$
$=160$(대)

개념 카툰 ④ 일이 일어날 가능성을 수로 나타내기

잡았다, 이 녀석!!

으윽, 다시는 나쁜 짓 안 할 테니 한 번만 봐주세요.

주머니 속에 흰색 구슬 1개와 검은색 구슬 1개가 들어 있다. 구슬 1개를 꺼낼 때 흰색이면 풀어 주마.

음, 가능성은 반반이네…….

흰색 구슬을 꺼낼 가능성: $\frac{1}{2}$

검은색 구슬을 꺼낼 가능성: $\frac{1}{2}$

흰색 구슬아, 제발 걸려라.

언제까지 고민할 거야. 쿨럭 쿨럭!

개념 1 평균을 알아볼까요

1. 평균의 필요성 이해하기

⑩ 두 모둠의 고리 던지기 기록 비교하기

지수네 모둠

이름	걸린 고리의 수(개)
지수	5
정우	4
준호	4
민준	3

연서네 모둠

이름	걸린 고리의 수(개)
연서	4
나은	6
송이	5

 모둠의 사람 수가 다른데 어느 모둠이 더 잘했는지 비교하려면 어떻게 해야 하지?

한 사람당 몇 개의 고리를 걸었는지 구해서 비교할 수 있어.

① 지수네 모둠은 4명이고, 모두 5＋4＋4＋3＝16(개)의 고리를 걸었습니다.

② 연서네 모둠은 3명이고, 모두 4＋6＋5＝15(개)의 고리를 걸었습니다.

③ 지수네 모둠과 연서네 모둠이 한 사람당 몇 개의 고리를 걸었는지 구해 봅니다.

(지수네 모둠)＝16÷4＝4(개)

(연서네 모둠)＝15÷3＝5(개)

➡ 연서네 모둠이 더 잘했습니다.

◆개념의 힘

지수네 모둠의 기록 5, 4, 4, 3을 모두 더해 자료의 수 4로 나눈 수 4는 지수네 모둠의 기록을 대표하는 값으로 정할 수 있습니다. 이 값을 **평균**이라고 합니다.

개념 확인하기

1 현우네 모둠과 민주네 모둠이 철봉에 매달리기 한 기록을 나타낸 것입니다. □ 안에 알맞은 수를 써넣고 알맞은 말에 ○표 하시오.

현우네 모둠의 철봉 매달리기 기록

이름	현우	서준	영은	지우
기록(초)	15	27	23	15

학생 수: □명, 기록의 합: □초

민주네 모둠의 철봉 매달리기 기록

이름	민주	강희	도현
기록(초)	24	22	26

학생 수: □명, 기록의 합: □초

➡ 어느 모둠이 더 잘했는지 알아보려면 두 모둠의 기록을 대표하는 값인 (기록의 합, 평균)으로 비교하는 것이 좋습니다.

2 누리네 학교 5학년 학급별 학생 수를 나타낸 표입니다. 한 학급당 학생 수를 정하는 올바른 방법인 것을 찾아 기호를 쓰시오.

학급별 학생 수

학급(반)	이슬	풀잎	꽃잎	햇빛
학생 수(명)	24	25	26	25

㉠ 각 학급의 학생 수 24, 25, 26, 25 중 가장 큰 수인 26으로 정합니다.

㉡ 각 학급의 학생 수 24, 25, 26, 25 중 가장 작은 수인 24로 정합니다.

㉢ 각 학급의 학생 수 24, 25, 26, 25의 평균이 25이므로 25로 정합니다.

( )

개념 다지기

[1~4] 재호와 소희의 제기차기 기록을 나타낸 표입니다. 물음에 답하시오.

재호의 제기차기 기록

회	제기차기 기록(개)
1회	12
2회	7
3회	9
4회	8

소희의 제기차기 기록

회	제기차기 기록(개)
1회	8
2회	6
3회	12
4회	9
5회	5

1 재호의 제기차기 기록의 합은 몇 개입니까?

(   )

2 소희의 제기차기 기록의 합은 몇 개입니까?

(   )

3 재호와 소희의 제기차기 기록의 평균은 각각 몇 개입니까?

재호 (   )

소희 (   )

4 재호와 소희 중 누가 더 잘했다고 볼 수 있습니까?

(   )

5 현진이네 모둠 5명이 한 달간 읽은 책은 다음과 같습니다. 현진이네 모둠 1명이 한 달간 읽은 책 수의 평균은 몇 권입니까?

현진이네 모둠이 한 달간 읽은 책 수

이름	현진	수호	지아	송희	민찬
책 수(권)	5	4	3	7	6

(   )

[6~7] 은주와 우성이네 모둠이 투호에 넣은 화살 수를 나타낸 표입니다. 물음에 답하시오.

은주네 모둠이 넣은 화살 수

이름	은주	윤호	창민	정아
넣은 화살 수(개)	6	4	3	7

우성이네 모둠이 넣은 화살 수

이름	우성	호진	예희
넣은 화살 수(개)	5	9	4

6 은주네 모둠과 우성이네 모둠이 투호에 넣은 화살 수의 평균은 각각 몇 개입니까?

은주네 모둠 (   )

우성이네 모둠 (   )

서술형

7 다음은 두 모둠의 투호 기록에 대해 잘못 설명한 것입니다. 잘못 설명한 이유를 쓰시오.

> 은주네 모둠은 총 20개의 화살을 투호에 넣었고, 우성이네 모둠은 총 18개의 화살을 투호에 넣었으므로 은주네 모둠이 더 잘했습니다.

이유 _____

_____

개념의 힘

개념 2 평균을 구해 볼까요 (1), (2)

예 줄넘기 기록의 평균 구하기

줄넘기 기록

회	1회	2회	3회	4회
줄넘기 기록(번)	9	12	11	8

1. 수를 고르게 하여 평균 구하기

(1) 모형을 옮겨 평균 구하기

1회
2회
3회
4회

➡ (줄넘기 기록의 평균)=10번

(2) ○표를 옮겨 평균 구하기

1회	○ ○ ○ ○ ○ ○ ○ ○ ○	
2회	○ ○ ○ ○ ○ ○ ○ ○ ○ ○ ○ ○	
3회	○ ○ ○ ○ ○ ○ ○ ○ ○ ○ ○	
4회	○ ○ ○ ○ ○ ○ ○ ○	

➡ (줄넘기 기록의 평균)=10번   10번

2. 여러 가지 방법으로 평균 구하기

방법1 평균을 예상한 후, 수를 옮기고 짝 지어 평균 구하기

① 평균을 10번으로 예상합니다.

② 수를 옮기고 짝 지어 수를 고르게 하면 (9, 11), (12, 8)입니다.

③ (9, 11)과 (12, 8)의 평균은 각각 10입니다.

➡ (줄넘기 기록의 평균)=10번

방법2 자료의 값을 모두 더하여 자료의 수로 나누어 평균 구하기

① (자료의 값을 모두 더한 수)
　=9+12+11+8=40(번)

② 자료의 수는 4개입니다.

③ (평균)=40÷4=10(번)

↑개념의 힘

(평균)=(자료의 값을 모두 더한 수)÷(자료의 수)

개념 확인하기

1 민주의 공 던지기 기록을 나타낸 표입니다. 모형을 이용하여 공 던지기 기록의 평균을 구할 때 □ 안에 알맞은 수를 써넣으시오.

민주의 공 던지기 기록

회	1회	2회	3회	4회
기록(m)	8	8	12	8

1회
2회
3회
4회

3회의 12개에서 □개를 덜어 1회, 2회, 4회에

각각 □개씩 옮겼습니다.

➡ (공 던지기 기록의 평균)= □ m

[2~3] 다음 자료의 평균을 두 가지 방법으로 구하려고 합니다. 물음에 답하시오.

| 18 | 20 | 18 | 16 |

2 평균을 예상한 후, 수를 옮기고 짝 지어 자료의 값을 고르게 하여 평균을 구하시오.

평균을 18로 예상한 후

(18, 18), (□ , □)(으)로 수를 짝 지어

수를 고르게 하여 구한 평균은 □ 입니다.

3 자료의 값을 모두 더하여 자료의 수로 나누어 평균을 구하시오.

(18+20+18+16)÷4= □ ÷4= □

개념 다지기

[1~3] 연수의 볼링 핀 쓰러뜨리기 기록을 나타낸 표를 보고 평균을 구하려고 합니다. 물음에 답하시오.

연수의 볼링 핀 쓰러뜨리기 기록

회	1회	2회	3회	4회
쓰러뜨린 볼링 핀의 수(개)	4	8	10	6

1 쓰러뜨린 볼링 핀 수의 평균을 예상하면 몇 개입니까?

(　　　　　　　)

2 위 **1**에서 예상한 평균을 기준으로 ○표를 옮겨 ○ 수를 고르게 해 보시오.

		○	
		○	
	○	○	
	○	○	
	○	○	○
	○	○	○
○	○	○	○
○	○	○	○
○	○	○	○
○	○	○	○
1회	2회	3회	4회

3 쓰러뜨린 볼링 핀 수의 평균은 몇 개입니까?

(　　　　　　　)

[4~5] 정우네 모둠이 가지고 있는 구슬 수를 나타낸 표를 보고 구슬 수의 평균을 구하려고 합니다. 물음에 답하시오.

정우네 모둠이 가진 구슬 수

이름	정우	민하	예리	준혁
구슬 수(개)	8	9	9	10

4 평균을 예상한 후, 수를 옮기고 짝 지어 보시오.

예상한 평균: ☐ 개

수를 짝 짓기: (☐, ☐), (☐, ☐)

5 구슬 수의 평균은 몇 개입니까?

(　　　　　　　)

6 민지네 모둠이 지난 주말에 운동한 시간을 나타낸 표입니다. 운동 시간의 평균을 구하시오.

민지네 모둠이 운동한 시간

이름	민지	준호	상화	빈우
운동 시간(분)	80	90	80	70

(운동 시간의 평균)=(80+90+80+70)÷☐

　　　　　　　　＝320÷☐=☐(분)

7 현수와 친구 3명이 과수원에서 딴 사과 수를 나타낸 표입니다. 딴 사과 수의 평균은 몇 개입니까?

딴 사과의 수

이름	현수	미호	준하	지현
딴 사과의 수(개)	5	3	2	2

(　　　　　　　)

개념의 힘

1. 평균 비교하기

예 제기차기 기록을 나타낸 표를 보고 대표 모둠 정하기

모둠 친구 수와 제기차기 기록

모둠	모둠 1	모둠 2	모둠 3	모둠 4
모둠 친구 수(명)	3	2	4	5
기록의 합(개)	21	18	12	10
평균(개)	7	9	3	2

21÷3=7
18÷2=9
12÷4=3
10÷5=2

> 각 모둠의 친구 수가 다르니까 기록의 합으로 가장 잘한 모둠을 알 수 없어.

➡ 모둠 2의 제기차기 기록의 평균이 가장 높으므로 대표 모둠을 모둠 2로 정하면 좋겠습니다.

2. 평균을 이용하여 모르는 자료의 값 구하기

+개념의

> 모르는 자료의 값을 구하려면 먼저 평균을 이용해서 자료의 값을 모두 더한 수를 구합니다.
> (자료의 값을 모두 더한 수)=(평균)×(자료의 수)

예 지수의 단원평가 점수의 평균이 80점일 때 3단원의 점수 구하기

단원평가 점수

단원	1단원	2단원	3단원	4단원
점수(점)	82	72		92

(단원평가 점수의 합)=(평균)×(단원의 수)
=80×4=320(점)
➡ (3단원의 점수)=320-(82+72+92)
=74(점)

개념 확인하기

[1~2] 친구들이 다트 놀이를 하여 얻은 점수를 나타낸 표입니다. 물음에 답하시오.

던진 다트의 수와 얻은 점수의 합

이름	정연	현수	신혜
다트의 수(개)	5	9	6
점수의 합(점)	15	36	36

1 다트 1개당 얻은 점수의 평균을 각각 구하시오.

정연: 15÷3=☐(점)

현수: ☐÷9=☐(점)

신혜: ☐÷6=☐(점)

2 다트를 가장 잘한 사람은 누구입니까?

( )

[3~4] 도준이네 모둠이 어제 책을 읽은 시간을 나타낸 표입니다. 도준이네 모둠이 어제 책을 읽은 시간의 평균이 45분일 때 물음에 답하시오.

도준이네 모둠이 책을 읽은 시간

이름	도준	현우	지은	서현
시간(분)	35	40	55	

3 도준이네 모둠이 어제 책을 읽은 시간의 합은 몇 분입니까?

( )

4 서현이가 어제 책을 읽은 시간은 몇 분입니까?

( )

개념 다지기

[1~2] 민지네 반에서 독서왕 모둠을 정하려고 합니다. 모둠 친구 수와 도서 대출 책 수를 나타낸 표를 보고 물음에 답하시오.

모둠 친구 수와 도서 대출 책 수

모둠	모둠 1	모둠 2	모둠 3	모둠 4
모둠 친구 수(명)	5	4	6	7
도서 대출 책 수(권)	15	20	24	21

1 모둠별 도서 대출 책 수의 평균을 구하시오.

도서 대출 책 수의 평균

모둠	모둠 1	모둠 2	모둠 3	모둠 4
도서 대출 책 수의 평균(권)	3			3

2 독서왕 모둠은 어느 모둠입니까?

(　　　)

[3~4] 민재네 모둠의 몸무게를 나타낸 표입니다. 민재네 모둠의 몸무게의 평균이 47 kg일 때 물음에 답하시오.

민재네 모둠의 몸무게

이름	민재	지나	진우	영서
몸무게(kg)	50	45	48	

3 민재네 모둠 학생들의 몸무게의 합은 몇 kg입니까?

(　　　)

4 영서의 몸무게는 몇 kg입니까?

(　　　)

[5~8] 다희와 정후의 제자리멀리뛰기 기록을 나타낸 표입니다. 다희와 정후의 기록의 평균이 같을 때 물음에 답하시오.

다희의 제자리멀리뛰기 기록

회	1회	2회	3회	4회
기록(cm)	96	104	100	92

정후의 제자리멀리뛰기 기록

회	1회	2회	3회
기록(cm)	103		92

5 다희의 제자리멀리뛰기 기록의 평균은 몇 cm입니까?

(　　　)

6 정후의 제자리멀리뛰기 기록의 평균은 몇 cm입니까?

(　　　)

7 정후의 제자리멀리뛰기 기록의 합은 몇 cm입니까?

(　　　)

8 정후의 2회 기록은 몇 cm입니까?

(　　　)

6 단원

평균과 가능성

1 STEP 기본 유형의 힘

유형 1 평균 알아보기

선영이가 3월부터 5월까지 운동을 한 횟수를 나타낸 표입니다. 선영이는 운동을 한 달에 평균 몇 회한 것입니까?

선영이가 운동을 한 횟수

월	3월	4월	5월
횟수(회)	18	16	14

(평균)=(18+16+14)÷ ☐ = ☐ (회)

유형 코칭

• 평균: 자료의 값을 모두 더한 수를 자료의 수로 나눈 값

[1~3] 선미네 모둠과 슬기네 모둠이 고리던지기를 하여 넣은 고리 수를 나타낸 표입니다. 물음에 답하시오.

선미네 모둠이 넣은 고리 수

이름	선미	수호	택연	수민
넣은 고리 수(개)	6	7	10	9

슬기네 모둠이 넣은 고리 수

이름	슬기	아린	문별
넣은 고리 수(개)	8	12	7

1 선미네 모둠이 넣은 고리 수의 평균은 몇 개입니까?

( )

2 슬기네 모둠이 넣은 고리 수의 평균은 몇 개입니까?

( )

3 어느 모둠이 더 잘했다고 볼 수 있습니까?

( )

유형 2 평균 구하기

지난 주 월요일부터 금요일까지 최저 기온을 나타낸 표입니다. 물음에 답하시오.

요일별 최저 기온

요일	월	화	수	목	금
기온(℃)	5	8	2	4	6

(1) 지난 주 요일별 최저 기온을 막대그래프로 나타내고, 막대의 높이를 고르게 나타내시오.

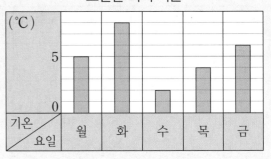

요일별 최저 기온

(2) 지난 주 요일별 최저 기온의 평균을 구하시오.

( )

유형 코칭

• 여러 가지 방법으로 평균 구하기
방법 1 각 자료의 값이 고르게 되도록 수를 옮겨 구하기
방법 2 자료의 값을 모두 더하고 자료의 수로 나누어 구하기

---

4 성호가 4일 동안 마신 물의 양을 나타낸 표를 보고 성호가 마신 물의 양의 평균을 구하려고 합니다. ☐ 안에 알맞은 수를 써넣으시오.

성호가 4일 동안 마신 물의 양

요일	월	화	수	목
물의 양(mL)	220	300	250	330

(성호가 마신 물의 양의 평균)

= (☐ + ☐ + ☐ + ☐) ÷ 4

= ☐ ÷ 4 = ☐ (mL)

[5~7] 어느 야구팀이 경기를 4번 했을 때 얻은 점수를 나타낸 표입니다. 물음에 답하시오.

경기별 얻은 점수

경기	첫 번째	두 번째	세 번째	네 번째
얻은 점수(점)	2	1	4	5

5 첫 번째 경기부터 네 번째 경기까지 얻은 점수를 종이띠로 나타내면 다음과 같습니다. 종이띠를 겹치지 않게 이어 붙이면 ⚾가 모두 몇 개가 됩니까?

첫 번째 ⚾⚾　　두 번째 ⚾

세 번째 ⚾⚾⚾⚾　　네 번째 ⚾⚾⚾⚾⚾

➡ ⚾⚾⚾⚾⚾⚾⚾⚾⚾⚾⚾⚾

(　　　　　　)

6 이어 붙인 종이띠를 반으로 접고, 다시 반으로 접어 4등분이 되도록 하였습니다. 접혀서 나뉜 종이띠에는 ⚾이 몇 개씩 있습니까?

⚾⚾⚾⚾⚾⚾ ➡ ⚾⚾⚾

(　　　　　　)

7 이 야구팀이 경기를 4번 했을 때 얻은 점수의 평균은 몇 점입니까?

(　　　　　　)

8 민주네 모둠의 몸무게를 나타낸 표입니다. 민주네 모둠의 몸무게의 평균과 같은 몸무게인 사람은 누구입니까?

민주네 모둠의 몸무게

이름	민주	지민	소영	지원
몸무게(kg)	25	30	28	29

(　　　　　　)

9 진규네 반 과녁 맞히기 선수의 기록을 나타낸 표입니다. 평균을 5점으로 예상할 때 5점을 기준으로 ○ 표를 옮겨 보고, 평균은 몇 점인지 구하시오.

진규네 반 과녁 맞히기 선수의 기록

회	1회	2회	3회	4회	5회
기록(점)	7	5	4	6	3

○				
○			○	
○	○		○	
○	○	○	○	
○	○	○	○	○
○	○	○	○	○
○	○	○	○	○
1회	2회	3회	4회	5회

평균 (　　　　　　)

창의 · 융합

10 어느 농구 팀이 경기를 3번 했을 때 얻은 점수를 나타낸 표입니다. 이 농구 팀이 네 경기 동안 얻은 점수의 평균이 세 경기 동안 얻은 점수의 평균보다 높으려면 네 번째 경기에서 몇 점을 얻어야 하는지 예상하여 알맞은 말에 ○표 하시오.

경기별 얻은 점수

경기	첫 번째	두 번째	세 번째
얻은 점수(점)	78	64	89

이 농구 팀이 네 번째 경기에서는 (75점 , 76점 , 77점)보다 (높은 , 낮은) 점수를 얻어야 합니다.

유형 3 평균을 구하여 문제 해결하기

다현이네 가족과 지효네 가족은 체험 농장에서 다음과 같이 고구마를 캤습니다. 캔 고구마 양의 평균을 구하여 어느 가족이 더 잘 캤는지 쓰시오.

캔 고구마의 양

가족	가족 수(명)	캔 고구마의 양(kg)
다현이네 가족	6	72
지효네 가족	4	56

( )

유형 코칭

• 자료의 수가 다른 두 집단을 비교할 때에는 반드시 평균을 구하여 비교합니다.
• 자료의 합이 클수록 반드시 평균이 큰 것은 아닙니다.

[11~12] 정은이와 재민이가 접은 종이학의 수를 나타낸 표입니다. 물음에 답하시오.

정은이가 접은 종이학 수

요일	월	화	수	목	금
종이학 수(개)	12	12	15	14	12

재민이가 접은 종이학 수

요일	월	수	금
종이학 수(개)	13	16	19

11 정은이와 재민이가 접은 종이학은 하루 평균 몇 개인지 각각 구하시오.

정은 ( )

재민 ( )

12 하루에 종이학을 누가 더 많이 접었다고 할 수 있습니까?

( )

---

13 성훈이네 모둠의 100 m 달리기 기록을 나타낸 표입니다. 성훈이는 성훈이네 모둠에서 100 m 달리기가 빠른 편입니까? 느린 편입니까?

성훈이네 모둠의 100 m 달리기 기록

이름	성훈	윤재	은지	재령
기록(초)	21	20	18	21

( )

14 민선이네 학교에서 제기차기 대회를 하였습니다. 민선이의 제기차기 기록을 나타낸 표입니다. 제기차기 기록의 평균이 30개 이상이면 예선을 통과할 수 있다고 할 때 민선이는 예선을 통과할 수 있습니까, 없습니까?

민선이의 제기차기 기록

회	1회	2회	3회	4회
기록(개)	28	25	30	33

( )

15 서유가 5일 동안 독서한 시간과 운동한 시간을 기록한 표입니다. 서유는 독서와 운동 중 어느 것을 하루 평균 몇 분 더 많이 했습니까?

요일별 독서 시간과 운동 시간

요일	월	화	수	목	금
독서 시간(분)	25	20	35	40	30
운동 시간(분)	50	35	40	55	20

( ), ( )

유형 4 평균을 이용하여 모르는 자료의 값 구하기

어느 지역의 과수원별 귤 생산량을 조사하여 나타낸 표입니다. 귤 생산량의 평균이 81 kg일 때 다 과수원의 귤 생산량은 몇 kg입니까?

귤 생산량

과수원	가	나	다	라
생산량(kg)	90	96		72

(   )

유형 코칭

(전체 자료의 값을 모두 더한 수)=(평균)×(자료의 수)
➡ (모르는 자료의 값)
  =(전체 자료의 값을 모두 더한 수)−(나머지 자료 값의 합)

16 어느 학교의 5학년 학급별 여학생 수를 나타낸 표입니다. 여학생 수의 평균이 15명일 때 3반의 여학생은 몇 명인지 빈칸에 알맞은 수를 써넣으시오.

학급별 여학생 수

학급	1반	2반	3반
여학생 수(명)	14	16	

17 지수의 팔굽혀펴기 기록을 나타낸 표입니다. 팔굽혀펴기 기록의 평균이 18회일 때 2회의 기록은 몇 회입니까?

지수의 팔굽혀펴기 기록

회	1회	2회	3회	4회
기록(회)	16		18	18

(   )

18 평균이 주어진 수와 같을 때 빈칸에 알맞은 수를 써넣으시오.

평균: 28

1회	2회	3회	4회	5회	6회
16	32	24	12	44	

19 동호네 모둠의 몸무게의 평균은 40 kg입니다. 동호의 몸무게는 평균보다 무겁습니까? 가볍습니까?

동호네 모둠의 몸무게

이름	동호	준영	미진	재경
몸무게(kg)		46	37	43

(   )

20 모둠 1과 모둠 2가 불우 이웃돕기를 하기 위해 물건을 기부했습니다. 모둠 1에는 4명이 있고, 모둠 1이 기부한 물건의 무게의 합은 52 kg입니다. 모둠 1과 모둠 2가 기부한 물건의 무게의 평균이 같다고 할 때 빈칸에 알맞은 수를 써넣으시오.

모둠 2가 기부한 물건의 무게

이름	지석	세영	희연	유이	한서
무게(kg)	9	14		11	16

6
단원

평균과 가능성

개념 4 일이 일어날 가능성을 말로 표현해 볼까요 / 일이 일어날 가능성을 비교해 볼까요

1. 일이 일어날 가능성 알아보기

• **가능성**: 어떠한 상황에서 특정한 일이 일어나길 기대할 수 있는 정도

• 가능성의 정도는 불가능하다, ~아닐 것 같다, 반반이다, ~일 것 같다, 확실하다 등으로 표현할 수 있습니다.

2. 일이 일어날 가능성을 말로 표현하기

일이 일어날 가능성을 생각해 보고, 알맞게 표현한 곳에 ◯표 하기

일＼가능성	불가능하다	~아닐 것 같다	반반이다	~일 것 같다	확실하다
고양이가 알을 낳을 것입니다.	◯				
계산기에 '6+4='를 누르면 10이 나올 것입니다.					◯

3. 일이 일어날 가능성을 비교해 보기

> 지은: 주사위를 던지면 2부터 5까지의 수가 나올 거야.
> 재석: 가을이 지나면 겨울이 올 거야.
> 은수: 내일은 오늘보다 기온이 높을 거야.
> 서연: 내년에는 13월이 있을 거야.

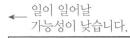

← 일이 일어날 가능성이 낮습니다.　　일이 일어날 가능성이 높습니다. →

| ~아닐 것 같다 | ~일 것 같다 |

불가능하다　　　　반반이다　　　지은　　확실하다
↓　　　　　　　　↓　　　　　　　　　　　↓
서연　　　　　　　은수　　　　　　　　　재석

• 일이 일어날 가능성은 왼쪽으로 갈수록 낮고 오른쪽으로 갈수록 높습니다.

개념 확인하기

[1~2] 소희가 사는 지역의 일기 예보를 보고 물음에 답하시오.

날짜	오늘		내일		모레	
	오전	오후	오전	오후	오전	오후
날씨	☀	☁	☁	☂	☂	☂

1 알맞은 말에 ◯표 하시오.

> 내일 오전에는 구름이 많아 해가 보이지 않지만 비가 (올 , 오지 않을) 것이고 내일 오후에는 비가 (올 , 오지 않을) 것입니다.

2 소희가 사는 지역은 내일 오후에 비가 올 가능성이 있습니까, 없습니까?

(　　　　　　　)

[3~4] 친구들이 말한 일이 일어날 가능성을 생각해 보고, 알맞게 표현한 곳에 ◯표 하시오.

3 지아

> 빨간 구슬 1개와 파란 구슬 1개가 들어 있는 주머니에서 구슬을 1개 꺼내면 빨간 구슬일 거야.

불가능하다	반반이다	확실하다

4 성연

> 주사위를 굴려서 나온 주사위의 눈의 수는 8일 거야.

불가능하다	반반이다	확실하다

개념 다지기

[1~3] |보기|에서 일이 일어날 가능성을 말로 표현한 것을 찾아 쓰시오.

┤보기├
불가능하다　반반이다　~일 것 같다　확실하다

1
토끼가 날개를 펴고 하늘을 날 것입니다.

(　　　　　　　)

2
1과 2가 쓰여진 2장의 수 카드 중에서 한 장을 뽑으면 2가 나올 것입니다.

(　　　　　　　)

3
계산기로 3 + 4 = 를 누르면 7이 나올 것입니다.

(　　　　　　　)

4 일이 일어날 가능성을 생각해 보고, 알맞게 표현한 곳에 ○표 하시오.

가능성 일	불가능 하다	반반 이다	확실 하다
(1) 동전을 던지면 숫자 면이나 그림 면이 나올 것입니다.			
(2) 두 자연수를 더하면 짝수일 것입니다.			

5 일이 일어날 가능성이 '확실하다'인 경우의 기호를 쓰시오.

㉠ 2개의 주사위를 던져서 나온 눈의 수의 합이 15일 것입니다.
㉡ 구슬이 들어 있는 주머니에서 비둘기가 나올 것입니다.
㉢ 귤만 들어 있는 상자에서 과일을 꺼냈을 때 귤일 것입니다.

(　　　　　　　)

6 일이 일어날 가능성이 '아닐 것 같다'인 경우를 고르시오. ⋯⋯⋯⋯⋯⋯⋯⋯⋯⋯ (　　　　)
① 내일 해는 동쪽에서 뜰 것입니다.
② 횡단보도에서 초록 신호등이 꺼지면 빨간 신호등이 켜질 것입니다.
③ 고양이가 크면 호랑이가 될 것입니다.
④ 엄마는 차보다 빨리 달릴 것입니다.
⑤ 흰 바둑돌 1개와 검은 바둑돌 1개가 든 상자에서 바둑돌 1개를 꺼냈을 때 흰 바둑돌이 나올 것입니다.

창의·융합
7 |조건|에 알맞은 회전판이 되도록 색칠하시오.

┤조건├
• 화살이 빨간색에 멈출 가능성이 가장 높습니다.
• 화살이 파란색에 멈출 가능성과 노란색에 멈출 가능성은 비슷합니다.

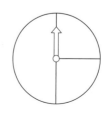

개념 5 일이 일어날 가능성을 수로 표현해 볼까요

1. 일이 일어날 가능성을 수로 표현하기

일이 일어날 가능성이 '불가능하다'이면 0, '반반이다'이면 $\frac{1}{2}$, '확실하다'이면 1로 표현합니다.

(예) 회전판 돌리기를 할 때 화살이 멈출 가능성을 0부터 1까지의 수로 표현하기

① 화살이 빨간색이나 파란색에 멈출 가능성은 '확실하다'입니다. ➡ 1

② 화살이 빨간색에 멈출 가능성은 '반반이다'입니다. ➡ $\frac{1}{2}$

③ 화살이 노란색에 멈출 가능성은 '불가능하다'입니다. ➡ 0

◆개념의 힘

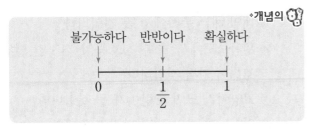

2. 일이 일어날 가능성을 나타내기

(예) 2개의 바둑돌이 들어 있는 주머니에서 바둑돌 1개를 꺼낼 때 일이 일어날 가능성을 ↓로 나타내기

(1) 검은 바둑돌이 2개 들어 있는 주머니

㉠ 바둑돌이 흰색일 가능성 ➡ 0

㉡ 바둑돌이 검은색일 가능성 ➡ 1

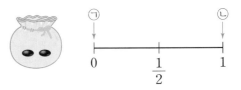

(2) 검은 바둑돌 1개와 흰 바둑돌 1개가 들어 있는 주머니

㉠ 바둑돌이 검은색일 가능성 ➡ $\frac{1}{2}$

㉡ 바둑돌이 흰색일 가능성 ➡ $\frac{1}{2}$

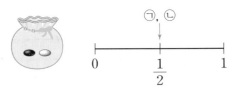

개념 확인하기

1 회전판 돌리기를 하고 있습니다. 일이 일어날 가능성을 0부터 1까지의 수 중에서 어떤 수로 표현할 수 있는지 알맞게 이으시오.

| 화살이 빨간색에 멈출 것입니다. | · | · | 0 |

| 화살이 검은색에 멈출 것입니다. | · | · | $\frac{1}{2}$ |

| | | · | 1 |

[2~3] 상자 속에 축구공 1개와 농구공 1개가 있습니다. 상자에서 공 1개를 꺼낼 때 물음에 답하시오.

2 축구공을 꺼낼 가능성을 ↓로 나타내시오.

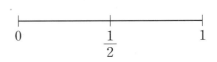

3 야구공을 꺼낼 가능성을 ↓로 나타내시오.

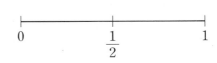

개념 다지기

1 100원짜리 동전 1개를 던질 때 오른쪽과 같은 그림 면이 나올 가능성을 말과 수로 나타내려고 합니다. 알맞은 것에 ○표 하시오.

┌─── 말 ───┐
│ 확실하다 │
│ 반반이다 │
│ 불가능하다 │
└──────────┘

┌─── 수 ───┐
│ $\frac{1}{2}$ │
│ 0 │
│ 1 │
└──────────┘

[2~4] 회전판 돌리기를 하고 있습니다. 일이 일어날 가능성이 '불가능하다'이면 0, '반반이다'이면 $\frac{1}{2}$, '확실하다'이면 1로 표현할 때, 물음에 답하시오.

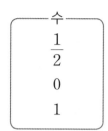

2 가 회전판을 돌릴 때 화살이 빨간색에 멈출 가능성을 ↓로 나타내시오.

3 나 회전판을 돌릴 때 화살이 빨간색에 멈출 가능성을 ↓로 나타내시오.

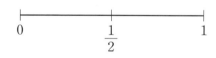

4 다 회전판을 돌릴 때 화살이 빨간색에 멈출 가능성을 ↓로 나타내시오.

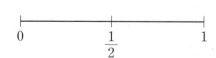

5 주머니에 사과 2개가 들어 있습니다. 주머니에서 과일 1개를 꺼낼 때 사과일 가능성을 0부터 1까지의 수로 표현하시오.

(   )

6 지후가 말한 일이 일어날 가능성을 0부터 1까지의 수로 표현하시오.

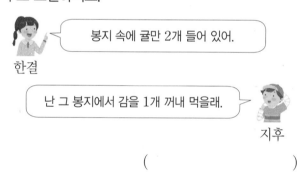

봉지 속에 귤만 2개 들어 있어.

한결

난 그 봉지에서 감을 1개 꺼내 먹을래.

지후

(   )

7 오른쪽 횡단보도 신호등에는 정지 신호와 보행자 신호가 있습니다. 켜진 신호가 보행자 신호일 가능성을 말과 수로 표현하시오.

말 (   )

수 (   )

6단원 평균과 가능성

1 STEP 기본 유형의 힘

유형 5 일이 일어날 가능성을 말로 표현하기

성연이가 한 말을 읽고 일이 일어날 가능성에 대하여 알맞은 곳에 ○표 하시오.

성연

> 내 동생은 12월 32일에 태어날 거야.

성연이가 한 말이 일어날 가능성은
(확실하다, 반반이다, 불가능하다)입니다.

유형 코칭

• 가능성: 어떠한 상황에서 특정한 일이 일어나길 기대할 수 있는 정도
• 가능성의 정도는 불가능하다, ~아닐 것 같다, 반반이다, ~일 것 같다, 확실하다 등으로 표현할 수 있습니다.

1 일이 일어날 가능성에 대하여 알맞게 표현한 곳에 ○표 하시오.

일 \ 가능성	불가능하다	반반이다	확실하다
주사위를 던질 때 0의 눈이 나올 것입니다.			
10과 20이 쓰인 2장의 수 카드 중에서 1장 뽑으면 10이 나올 것입니다.			

2 일이 일어날 가능성이 '확실하다'인 것을 찾아 기호를 쓰시오.

> ㉠ 다음 주 일요일에 비가 올 것입니다.
> ㉡ 검은색 공 3개가 들어 있는 주머니에서 꺼낸 공은 검은색일 것입니다.

(   )

3 일이 일어날 가능성을 생각해 보고 알맞게 표현한 곳에 ○표 하시오.

> 내일 하늘에서 선녀가 내려올 것입니다.

불가능하다	~아닐 것 같다	반반이다	~일 것 같다	확실하다

4 일이 일어날 가능성을 생각해 보고 알맞게 표현한 것을 찾아 이으시오.

고래가 걸어 다닐 것입니다.	오리가 물에 뜰 것입니다.

•   •   •

확실하다	반반이다	불가능하다

5 일기 예보를 보고 바르게 말한 사람은 누구인지 쓰시오.

날짜	오늘		내일	
	오전	오후	오전	오후
날씨	☔	☔	⛅	☀

> 우영: 내일은 비가 올 가능성이 커.
> 지훈: 내일은 구름이 있지만 곧 맑아질 가능성이 커.

(   )

유형 6　일이 일어날 가능성을 비교하기

지아와 준서가 말하는 일이 일어날 가능성을 판단하여 해당하는 칸에 이름을 써넣으시오.

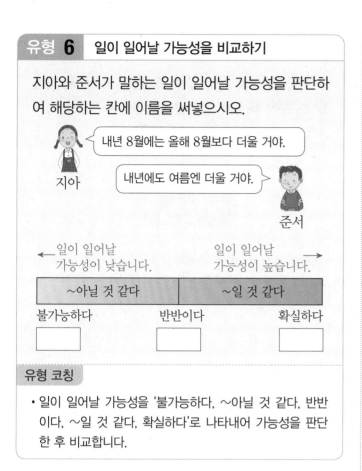

지아 : 내년 8월에는 올해 8월보다 더울 거야.

준서 : 내년에도 여름엔 더울 거야.

← 일이 일어날　　　　　　일이 일어날 →
　가능성이 낮습니다.　　　가능성이 높습니다.

~아닐 것 같다	~일 것 같다
불가능하다	반반이다	확실하다

유형 코칭

• 일이 일어날 가능성을 '불가능하다, ~아닐 것 같다, 반반이다, ~일 것 같다, 확실하다'로 나타내어 가능성을 판단한 후 비교합니다.

[6~8] 그림을 보고, 일이 일어날 가능성을 판단하여 해당하는 칸의 기호를 쓰시오.

← 일이 일어날　　　　　　일이 일어날 →
　가능성이 낮습니다.　　　가능성이 높습니다.

~아닐 것 같다	~일 것 같다
불가능하다	반반이다	확실하다
㉠	㉡	㉢

6 오늘이 1월 31일이니까 내일은 2월 1일일 것입니다.

(　　　　　)

7 내일은 오늘보다 기온이 높을 것입니다.

(　　　　　)

8 내일 하루는 25시간일 것입니다.

(　　　　　)

[9~12] 정국, 지민, 채영, 혜리, 수진이는 빨간색과 파란색을 사용하여 회전판을 만들어 돌리기를 하고 있습니다. 물음에 답하시오.

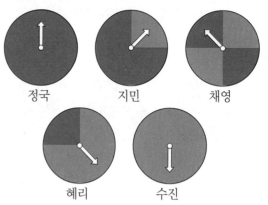

정국　　　지민　　　채영

혜리　　　수진

9 화살이 파란색에 멈추는 것이 불가능한 회전판은 누가 만들었습니까?

(　　　　　)

10 화살이 파란색에 멈추는 것이 확실한 회전판은 누가 만들었습니까?

(　　　　　)

11 화살이 빨간색에 멈출 가능성과 파란색에 멈출 가능성이 비슷한 회전판은 누가 만들었습니까?

(　　　　　)

12 화살이 파란색에 멈출 가능성이 높은 회전판을 만든 친구부터 순서대로 이름을 쓰시오.

(　　　　　)

13 |조건|에 알맞은 회전판의 기호를 쓰시오. (단, 경계선에 멈출 경우는 생각하지 않습니다.)

| 조건 |
화살이 빨간색에 멈출 가능성은 초록색에 멈출 가능성의 2배입니다.

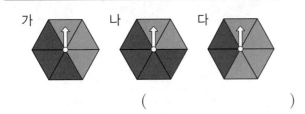

가　나　다

(　　　　　)

[14~15] 5학년 친구들이 말한 일이 일어날 가능성을 비교하여 물음에 답하시오.

지은: 겨울은 여름보다 추울 거야.
서진: 내 필통에 있는 연필 수는 짝수일 거야.
찬열: 12월의 다음 달은 13월일 거야.

14 일이 일어날 가능성이 '불가능하다'인 경우를 말한 친구 이름을 쓰고, 일이 일어날 가능성이 '확실하다'가 되도록 친구의 말을 바꿔 보시오.

(　　　　　)

_____

_____

15 일이 일어날 가능성이 높은 순서대로 친구의 이름을 쓰시오.

(　　　　　)

유형 7 일이 일어날 가능성을 수로 표현하기

당첨 제비만 2개 들어 있는 제비뽑기 상자에서 제비 1개를 뽑을 때 일이 일어날 가능성을 수로 표현하려고 합니다. 알맞은 것끼리 이으시오.

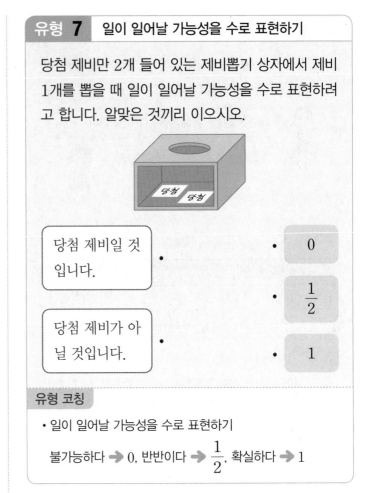

당첨 제비일 것입니다.　•

•　0

•　$\dfrac{1}{2}$

당첨 제비가 아닐 것입니다.　•

•　1

유형 코칭

• 일이 일어날 가능성을 수로 표현하기

불가능하다 ➡ 0, 반반이다 ➡ $\dfrac{1}{2}$, 확실하다 ➡ 1

[16~17] 500원짜리 동전이 2개 들어 있는 지갑에서 동전 1개를 꺼내려고 합니다. 물음에 답하시오.

16 꺼낸 동전이 500원일 가능성을 0부터 1까지의 수로 표현하시오.

(　　　　　)

17 꺼낸 동전이 100원일 가능성을 0부터 1까지의 수로 표현하시오.

(　　　　　)

[18~19] 지호네 모둠이 회전판 돌리기를 하고 있습니다. 일이 일어날 가능성이 '불가능하다'이면 0, '반반이다'이면 $\frac{1}{2}$, '확실하다'이면 1로 표현할 때, 물음에 답하시오.

18 회전판을 돌릴 때 화살이 '벌칙'에 멈출 가능성을 ↓로 나타내시오.

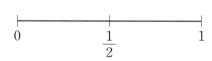

19 회전판을 돌릴 때 화살이 '꽝'에 멈출 가능성을 ↓로 나타내시오.

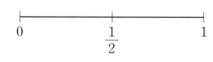

20 경호는 진실 게임을 하고 있습니다. 경호가 한 말이 진실일 가능성을 0부터 1까지의 수로 표현하시오.

나는 채소를 정말 좋아해.

경호

(   )

[21~22] 주사위를 한 번 굴릴 때 일이 일어날 가능성에 대하여 물음에 답하시오.

21 주사위의 눈의 수가 다음과 같이 나올 가능성을 ↓로 나타내시오.

(1) 짝수가 나올 것입니다.

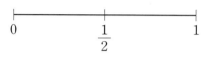

(2) 7 이상의 수가 나올 것입니다.

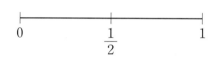

22 주사위의 눈의 수가 6 이하인 수가 나올 가능성을 말과 수로 표현하시오.

말 (   )
수 (   )

23 상자에 초록 구슬 3개와 빨간 구슬 3개가 들어 있습니다. 세형이가 상자에서 구슬을 1개 꺼낼 때 빨간색일 가능성과 회전판의 화살이 빨간색에 멈출 가능성이 같도록 회전판을 색칠하시오.

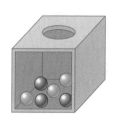
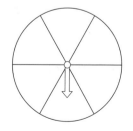

응용 유형 1 평균 구하기

(평균)=(자료의 값을 모두 더한 수)÷(자료의 수)

1 다음 수들의 평균을 구하시오.

| 17 | 7 | 15 | 14 | 22 | 9 |

( )

2 지예의 훌라후프 돌리기 기록을 나타낸 표를 보고 평균을 구하시오.

훌라후프 돌리기 기록

회	1회	2회	3회	4회	5회
기록(번)	45	38	49	52	56

( )

3 정민이가 5일 동안 읽은 독서량을 나타낸 표입니다. 정민이는 하루에 평균 몇 쪽을 읽었습니까?

정민이의 5일 동안의 독서량

요일	월	화	수	목	금
독서량(쪽)	24	16	31	19	25

( )

응용 유형 2 가능성을 수로 표현하기

- 일이 일어날 가능성을 0부터 1까지의 수로 표현하기
  확실하다 → 1, 반반이다 → $\frac{1}{2}$, 불가능하다 → 0

4 오른쪽 회전판을 돌릴 때 화살이 파란색에 멈출 가능성을 0부터 1까지의 수로 표현하시오. (단, 경계선에 멈추는 경우는 생각하지 않습니다.)

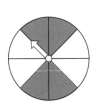

( )

[5~6] 고리를 1개 던져 막대에 걸었을 때 일이 일어날 가능성에 대하여 물음에 답하시오. (단, 고리가 걸리지 않는 경우는 생각하지 않습니다.)

5 보라색 막대에 걸릴 가능성을 0부터 1까지의 수로 표현하시오.

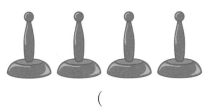

( )

6 빨간색 막대에 걸릴 가능성을 ↓로 나타내시오.

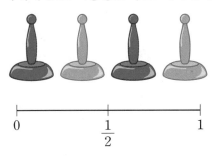

0      $\frac{1}{2}$ 1

응용 유형 3　일이 일어날 가능성 비교하기

방법 1 회전판에서 해당하는 색의 넓이를 비교합니다.
➡ 넓을수록 가능성이 큽니다.
방법 2 일이 일어날 가능성을 각각 수로 나타냅니다.
➡ 가능성을 0부터 1까지의 수로 나타내어 크기를 비교합니다.

7 화살이 노란색에 멈출 가능성이 높은 회전판부터 순서대로 기호를 쓰시오.

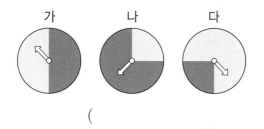

가　나　다

(　　　　　　　)

8 화살이 빨간색에 멈출 가능성이 높은 회전판부터 순서대로 기호를 쓰시오.

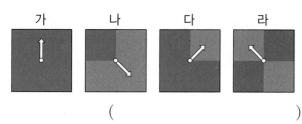

가　나　다　라

(　　　　　　　)

9 주머니에서 공 1개를 꺼낼 때 흰색일 가능성이 높은 주머니부터 순서대로 기호를 쓰시오.

㉠ 흰색 공 3개가 있는 주머니
㉡ 흰색 공 2개와 검은색 공 2개가 있는 주머니
㉢ 검은색 공 5개가 있는 주머니

(　　　　　　　)

응용 유형 4　가능성이 같도록 회전판 색칠하기

① 일이 일어날 가능성을 수로 표현합니다.
② ①에서 표현한 수만큼의 가능성이 되도록 회전판을 색칠합니다.

10 당첨 제비만 6개 들어 있는 제비뽑기 상자에서 제비 1개를 뽑을 때 당첨 제비일 가능성과 회전판을 돌릴 때 화살이 파란색에 멈출 가능성이 같도록 회전판을 색칠하시오.

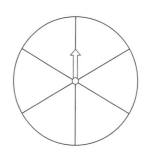

11 민호가 구슬의 개수 맞히기를 하고 있습니다. 구슬 4개가 들어 있는 주머니에서 1개 이상의 구슬을 꺼낼 때 구슬의 개수가 홀수일 가능성과 회전판을 돌릴 때 화살이 빨간색에 멈출 가능성이 같도록 회전판을 색칠하시오.

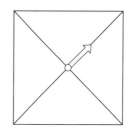

6 단원

평균과 가능성

① 평균을 이용하여 전체 자료 값의 합을 구합니다.
② ①에서 구한 값과 주어진 자료들의 합의 관계를 알아봅니다.
③ ②의 내용을 이용하여 마지막 자료의 값을 구합니다.

12 어느 지역의 마을별 인구 수를 나타낸 표입니다. 네 마을의 인구 수의 평균이 595명 이상이라면 라 마을의 인구는 최소 몇 명입니까?

마을별 인구 수

마을	가	나	다	라
인구 수(명)	550	740	480	

(   )

13 공장에서 5개월 동안 생산한 차의 수를 나타낸 표입니다. 한 달 평균 207대 이상의 차를 생산했다면 5월에 생산한 차는 최소 몇 대입니까?

생산한 차의 수

월	1월	2월	3월	4월	5월
차의 수(대)	195	182	213	226	

(   )

14 경호가 4일 동안 게임을 한 시간을 나타낸 표입니다. 경호가 하루 평균 38분 이하로 게임을 했다면 마지막 날에 게임을 최대 몇 분 한 것입니까?

경호의 게임 시간

요일	월	화	수	목
시간(분)	30분	45분	40분	

(   )

(추가된 자료의 값)
= (처음 평균) + (늘어난 평균) × (늘어난 후 자료의 수)

15 영화 동아리 회원의 나이를 나타낸 표입니다. 새로운 회원 한 명이 더 들어와서 나이의 평균이 한 살 늘어났습니다. 새로운 회원의 나이는 몇 살입니까?

영화 동아리 회원의 나이

이름	현수	민호	가은	지혜
나이(살)	10	14	12	16

(   )

16 농구 동아리 회원의 나이를 나타낸 표입니다. 새로운 회원 한 명이 더 들어와서 나이의 평균이 한 살 늘어났습니다. 새로운 회원의 나이는 몇 살입니까?

농구 동아리 회원의 나이

이름	지수	은호	강준	수현
나이(살)	13	15	14	18

(   )

17 영우의 4일 동안의 팔굽혀펴기 기록을 나타낸 표입니다. 금요일에 팔굽혀펴기를 하여 기록의 평균이 2회 늘었다면 금요일에 한 팔굽혀펴기 기록은 몇 회입니까?

영우의 팔굽혀펴기 기록

요일	월	화	수	목
기록(회)	25	20	30	25

(   )

응용 유형 7 평균을 이용하여 모르는 항목 구하기

① 자료의 평균을 구합니다.
② 구한 평균을 이용하여 자료 값을 모두 더한 수를 구합니다.
(자료 값을 모두 더한 수)=(평균)×(자료의 수)
③ 모르는 항목의 수를 구합니다.

18 성민이와 지우의 제기차기 기록을 나타낸 표입니다. 성민이와 지우의 기록의 평균이 같다고 할 때 지우의 5회 기록은 몇 개입니까?

성민이의 제기차기 기록

회	1회	2회	3회	4회
기록(개)	8	8	7	9

지우의 제기차기 기록

회	1회	2회	3회	4회	5회
기록(개)	9	10	8	8	

(　　　　　　　　)

19 우진이와 민호의 100 m 달리기 기록을 나타낸 표입니다. 우진이와 민호의 기록의 평균이 같다고 할 때 우진이의 2회 기록은 몇 초입니까?

우진이의 100 m 달리기 기록

회	1회	2회	3회	4회
기록(초)	14		15	13

민호의 100 m 달리기 기록

회	1회	2회	3회	4회	5회
기록(초)	14	13	15	14	14

(　　　　　　　　)

응용 유형 8 평균을 이용하여 세 수 구하기

• ㉠과 ㉡의 평균이 ★이라고 하면 $\frac{㉠+㉡}{2}=★$이므로 ㉠+㉡=2×★입니다.
• (㉠+㉡)+(㉡+㉢)+(㉢+㉠)=2×(㉠+㉡+㉢)으로 나타낼 수 있습니다.

20 세 자연수 ㉠, ㉡, ㉢이 있습니다. ㉠과 ㉡의 평균은 12, ㉡과 ㉢의 평균은 15, ㉢과 ㉠의 평균은 14입니다. ㉠, ㉡, ㉢의 값을 각각 구하시오.

㉠ (　　　　　　　　)
㉡ (　　　　　　　　)
㉢ (　　　　　　　　)

21 세 자연수 가, 나, 다가 있습니다. 가와 나의 평균은 22, 나와 다의 평균은 25, 다와 가의 평균은 24입니다. 가, 나, 다의 값을 각각 구하시오.

가 (　　　　　　　　)
나 (　　　　　　　　)
다 (　　　　　　　　)

3 STEP 서술형의 힘

문제 해결력 **서술형**

1-1 영은이네 모둠의 몸무게를 나타낸 표입니다. 영은이네 모둠에서 몸무게가 평균보다 가벼운 학생의 이름을 모두 쓰시오.

영은이네 모둠의 몸무게

이름	영은	진희	희주	미호	혜진
몸무게(kg)	37	44	40	38	36

(1) 영은이네 모둠의 몸무게의 합은 몇 kg입니까?

(   )

(2) 영은이네 모둠의 몸무게의 평균은 몇 kg입니까?

(   )

(3) 영은이네 모둠에서 몸무게가 평균보다 가벼운 학생의 이름을 모두 쓰시오.

(   )

바로 쓰는 **서술형**

1-2 수현이네 모둠의 키를 나타낸 표입니다. 수현이네 모둠에서 평균보다 키가 큰 학생의 이름을 모두 쓰려고 합니다. 풀이 과정을 쓰고 답을 구하시오. [5점]

수현이네 모둠의 키

이름	수현	승호	강희	효진	지수
키(cm)	153	146	160	154	152

풀이

답 _____

문제 해결력 **서술형**

2-1 주머니에 귤이 8개, 사과가 6개 들어 있습니다. 그중 귤 2개를 먹었습니다. 먹고 남은 과일 중에서 한 개를 꺼낼 때 귤일 가능성을 0부터 1까지의 수로 표현하시오.

(1) 귤 2개를 먹고 남은 과일은 각각 몇 개입니까?

귤 (   )

사과 (   )

(2) 먹고 남은 과일 중에서 한 개를 꺼낼 때 귤일 가능성을 0부터 1까지의 수로 표현하시오.

(   )

바로 쓰는 **서술형**

2-2 주머니에 빨간색 구슬이 6개, 파란색 구슬이 3개 들어 있습니다. 그중 빨간색 구슬 3개를 친구에게 주었습니다. 남은 구슬 중에서 한 개를 꺼낼 때 빨간색일 가능성을 0부터 1까지의 수로 표현하는 풀이 과정을 쓰고 답을 구하시오. [5점]

풀이

답 _____

문제 해결력 **서술형**

3-1 다음과 같은 수 카드를 상자에 넣고 1장을 뽑을 때 짝수일 가능성을 수로 표현하시오.

| 1 | 3 | 5 | 7 | 9 |

(1) 짝수가 쓰여진 카드는 몇 장 있습니까?

( )

(2) 수 카드를 1장 뽑을 때 짝수일 가능성을 수로 표현하시오.

( )

바로 쓰는 **서술형**

3-2 다음과 같은 수 카드를 상자에 넣고 1장을 뽑을 때 홀수일 가능성을 수로 표현하려고 합니다. 풀이 과정을 쓰고 답을 구하시오. [5점]

| 1 | 2 | 3 | 6 | 7 | 8 |

풀이

답 _____

문제 해결력 **서술형**

4-1 도현이네 모둠 남학생과 여학생이 모은 헌 종이 무게의 평균을 각각 나타낸 표입니다. 도현이네 모둠 전체 학생이 모은 헌 종이 무게의 평균은 몇 kg입니까?

헌 종이 무게의 평균

남학생 5명	41 kg
여학생 3명	33 kg

(1) 남학생 5명이 모은 헌 종이는 모두 몇 kg입니까?

( )

(2) 여학생 3명이 모은 헌 종이는 모두 몇 kg입니까?

( )

(3) 도현이네 모둠 전체 학생이 모은 헌 종이 무게의 평균은 몇 kg입니까?

( )

바로 쓰는 **서술형**

4-2 송주네 반 남학생과 여학생의 윗몸 말아 올리기 기록의 평균을 각각 나타낸 표입니다. 송주네 반 전체 학생의 윗몸 말아 올리기 기록의 평균은 몇 회인지 풀이 과정을 쓰고 답을 구하시오. [5점]

윗몸 말아 올리기 기록의 평균

남학생 10명	38회
여학생 8명	29회

풀이

답 _____

6 단원

평균과 가능성

[1~2] 5일 동안 어느 박물관의 입장객 수를 나타낸 표입니다. 물음에 답하시오.

박물관의 입장객 수

요일	월	화	수	목	금
입장객 수(명)	97	85	92	87	94

1 하루 입장객 수의 평균은 몇 명입니까?

(평균)＝(97＋85＋92＋☐＋☐)÷☐

＝☐(명)

2 금요일의 입장객 수는 하루 입장객 수의 평균에 비해 많은 편입니까, 적은 편입니까?

( )

3 일이 일어날 가능성을 생각해 보고, 알맞게 표현한 것에 ○표 하시오.

> 주사위를 1개 던졌을 때 눈의 수는 2의 배수가 나올 것입니다.

불가능하다	반반이다	확실하다

4 지후가 말한 일이 일어날 가능성을 나타낸 곳을 찾아 기호를 쓰시오.

주사위 1개를 던질 때 나온 눈의 수는 7보다 작은 수일 것입니다.

지후

← 일이 일어날 가능성이 낮습니다.   일이 일어날 가능성이 높습니다. →

~아닐 것 같다	~일 것 같다

불가능하다   반반이다   확실하다
↓   ↓   ↓
㉠   ㉡   ㉢

( )

5 어느 지역에 1월 한 달 동안 온 눈의 양을 나타낸 표입니다. 1월 한 달 동안 온 눈의 양을 막대그래프로 나타내고, 막대의 높이를 고르게 해 평균을 구하시오.

1월 한 달 동안 온 눈의 양

주	첫째 주	둘째 주	셋째 주	넷째 주
눈의 양(cm)	10	8	7	3

1월 한 달 동안 온 눈의 양

( )

[6~7] 이레와 수빈이의 제기차기 기록을 나타낸 표입니다. 물음에 답하시오.

이레의 제기차기 기록

회	기록(개)
1회	13
2회	11
3회	13
4회	15

수빈이의 제기차기 기록

회	기록(개)
1회	13
2회	12
3회	11

6 이레와 수빈이의 제기차기 기록의 평균은 각각 몇 개인지 구하시오.

이레 ( ), 수빈 ( )

7 이레와 수빈이 중 누가 더 잘했다고 할 수 있습니까?

( )

8 일이 일어날 가능성이 '확실하다'인 경우를 모두 고르시오. ······ (　　)

① 햄스터가 크면 다람쥐가 될 것입니다.

② 내일 아침에 비가 올 것입니다.

③ 호랑이와 여우가 싸우면 여우가 이길 것입니다.

④ 3시에는 시계의 긴바늘과 짧은바늘이 직각을 이룰 것입니다.

⑤ 오늘이 화요일이니까 내일은 수요일일 것입니다.

9 상자에 빨간색 구슬 4개가 들어 있습니다. 상자에서 구슬 1개를 꺼낼 때 파란색일 가능성을 ↓로 나타내시오.

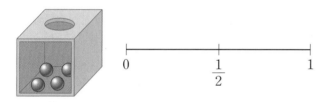

10 다음 카드를 뒤집어서 섞은 후 한 장을 뽑을 때 ◆ 카드를 뽑을 가능성을 0부터 1까지의 수로 표현하시오.

(　　)

11 오른쪽 회전판에 화살 1개를 던져서 파란색을 맞힐 가능성을 0부터 1까지의 수로 표현하시오. (단, 맞히지 못하거나 경계선에 맞히는 경우는 생각하지 않습니다.)

(　　)

12 일이 일어날 가능성이 '반반이다'인 경우를 말한 친구의 이름을 쓰시오.

> 현주: 어제는 일요일이었으니까 내일은 월요일 일 거야.
>
> 해인: 오늘 해는 서쪽으로 질 거야.
>
> 진호: 평균 기온은 내년 8월이 올해 8월보다 더 높을 거야.

(　　)

13 네 수의 평균이 39일 때 □ 안에 알맞은 수를 써넣으시오.

$$45,\ 19,\ \boxed{},\ 26$$

14 만두를 미정이는 한 시간 동안 60개, 연수는 15분 동안 30개를 빚었습니다. 1분 동안 누가 만두를 더 많이 빚은 셈입니까?

(　　)

15 은진이네 모둠의 50 m 달리기 기록을 나타낸 표입니다. 은진이네 모둠의 50 m 달리기 기록의 평균이 11초일 때 가장 빠른 사람의 이름을 쓰시오.

은진이네 모둠의 50 m 달리기 기록

이름	은진	희재	영민	서우
기록(초)	11	11		12

(　　)

16 각각 단추를 1개씩 꺼낼 때 일이 일어날 가능성이 높은 순서대로 기호를 쓰시오.

> ⊙ 빨간색 단추 1개와 파란색 단추 1개가 있는 주머니에서 단추 1개를 꺼낼 때 파란색 단추일 것입니다.
>
> ⓒ 빨간색 단추가 2개 있는 주머니에서 단추 1개를 꺼낼 때 파란색 단추일 것입니다.
>
> ⓒ 빨간색 단추가 2개 있는 주머니에서 단추 1개를 꺼낼 때 빨간색 단추일 것입니다.

( )

17 준호네 학교 5학년은 한 학급당 학생 수가 평균 26명입니다. 4반 학생 중 남학생은 15명일 때 4반의 여학생은 몇 명입니까?

준호네 학교 5학년의 학생 수

학급	1반	2반	3반	4반
학생 수(명)	27	24	25	

( )

18 소라네 과수원에서는 사과나무 한 그루에 사과가 평균 65개씩 열렸습니다. 소라네 과수원에 있는 사과나무는 54그루입니다. 사과 한 개에 500원씩 받고 모두 팔았다면 사과를 판 돈은 모두 얼마입니까?

( )

서술형

19 1부터 10까지의 자연수가 쓰여진 10장의 수 카드 중에서 1장을 뽑을 때 카드의 수가 2의 배수일 가능성을 0부터 1까지의 수로 표현하려고 합니다. 풀이 과정을 쓰고 답을 구하시오.

풀이 _____

_____

_____

_____

답 _____

서술형

20 문영이의 원반 던지기 기록을 재었더니 3회까지 기록의 평균이 12 m였습니다. 4회까지 기록의 평균이 13 m가 되려면 4회의 기록은 몇 m이어야 하는지 풀이 과정을 쓰고 답을 구하시오.

풀이 _____

_____

_____

_____

답 _____

월	일	요일	이름

☆ 6단원에서 배운 내용을 친구들에게 설명하듯이 써 봐요.

☆ 6단원에서 배운 내용이 실생활에서 어떻게 쓰이고 있는지 찾아 써 봐요.

👩 **칭찬 & 격려해 주세요.**

➡ QR코드를 찍으면 예시 답안을 볼 수 있어요.

수학의 힘을 더! 완벽하게 만들어주는

보충 자료를 받아보시겠습니까?

YES	NO

#차원이_다른_클라쓰
#강의전문교재
#초등교재

수학교재

●수학리더 시리즈
– 수학리더 [연산]	예비초~6학년/A·B단계
– 수학리더 [개념]	1~6학년/학기별
– 수학리더 [기본]	1~6학년/학기별
– 수학리더 [유형]	1~6학년/학기별
– 수학리더 [기본＋응용]	1~6학년/학기별
– 수학리더 [응용·심화]	1~6학년/학기별
신간 수학리더 [최상위]	3~6학년/학기별

●독해가 힘이다 시리즈 *문제해결력
– 수학도 독해가 힘이다	1~6학년/학기별
신간 초등 문해력 독해가 힘이다 문장제 수학편	1~6학년/단계별

●수학의 힘 시리즈
– 수학의 힘 알파[실력]	3~6학년/학기별
– 수학의 힘 베타[유형]	1~6학년/학기별

●Go! 매쓰 시리즈
– Go! 매쓰(Start) *교과서 개념	1~6학년/학기별
– Go! 매쓰(Run A/B/C) *교과서+사고력	1~6학년/학기별
– Go! 매쓰(Jump) *유형 사고력	1~6학년/학기별

●계산박사
	1~12단계

월간교재

●NEW 해법수학	1~6학년
●해법수학 단원평가 마스터	1~6학년 / 학기별
●월간 무등생평가	1~6학년

전과목교재

●리더 시리즈
– 국어	1~6학년/학기별
– 사회	3~6학년/학기별
– 과학	3~6학년/학기별

수학의 힘

정답 및 풀이

5·2

α 실력

기본 실력서

★ 개념+기본+응용+서술형 유형

정답 및 풀이
포인트 ❸가지

▶ 빠른 정답과 혼자서도 이해할 수 있는 친절한 문제 풀이

▶ 문제 해결에 필요한 핵심 내용 또는
  틀리기 쉬운 내용을 담은 참고 및 주의 사항

▶ 모범 답안 및 단계별 채점 기준과 배점 제시로
  실전 서술형 문항 완벽 대비

연산의 힘

2쪽	1. 수의 범위와 어림하기

1 3, 5, 4.1, 2.56에 ◯표

2 0.43, 6.7, 7에 ◯표

3 11, 9.24, 15에 ◯표

4 26, 15, 19, 20.7에 ◯표

5 (수직선: 15 16 17 18 19 20 21 22 23 24 25)

6 (수직선: 7 8 9 10 11 12 13 14 15 16 17)

7 (수직선: 2 3 4 5 6 7 8 9 10 11 12)

8 (수직선: 12 13 14 15 16 17 18 19 20 21 22)

9 (수직선: 1 2 3 4 5 6 7 8 9 10 11)

3쪽	

1 5.5, 4, 8에 ◯표

2 9.4, 5.4, 11.9에 ◯표

3 15, 12.4, 15.2에 ◯표

4 6, 15, 5.1에 ◯표

5 (수직선: 15 16 17 18 19 20 21 22 23 24 25)

6 (수직선: 7 8 9 10 11 12 13 14 15 16 17)

7 (수직선: 1 2 3 4 5 6 7 8 9 10 11)

8 (수직선: 10 11 12 13 14 15 16 17 18 19 20)

9 (수직선: 24 25 26 27 28 29 30 31 32 33 34)

4쪽	

1 128, 130, 121에 ◯표

2 2550, 2508, 2595에 ◯표

3 131, 135, 133에 ◯표

4 2699, 2604, 2600에 ◯표

5 5700   **6** 900

7 18000   **8** 100000

9 7160   **10** 23800

5쪽	2. 분수의 곱셈

1 $\dfrac{3 \times \overset{1}{\cancel{5}}}{\underset{2}{\cancel{10}}}$, $\dfrac{3}{2}$, $1\dfrac{1}{2}$

2 $\dfrac{5 \times \overset{4}{\cancel{8}}}{\underset{3}{\cancel{6}}}$, $\dfrac{20}{3}$, $6\dfrac{2}{3}$

3 $4, 9, \dfrac{36}{5}, 7\dfrac{1}{5}$

4 $11, \dfrac{\boxed{11} \times \overset{2}{\cancel{4}}}{\underset{1}{\cancel{2}}}, 22$

5 $7, 3, 7, 3, \dfrac{21}{5}, 4\dfrac{1}{5}$

6 $\dfrac{1}{4}, \dfrac{1}{4}, 12, 2, 13\dfrac{1}{2}$

7 $1\dfrac{5}{7}$ **8** $16\dfrac{1}{2}$

9 55 **10** $6\dfrac{2}{3}$

11 $4\dfrac{1}{2}$ **12** $17\dfrac{3}{5}$

13 $19\dfrac{4}{5}$ **14** 49

6쪽	

1 $\dfrac{8 \times 3}{\underset{1}{\cancel{4}}}^{\boxed{2}}, 6$

2 $\dfrac{10 \times 5}{\underset{3}{\cancel{6}}}^{\boxed{5}}, \dfrac{25}{3}, 8\dfrac{1}{3}$

3 $\dfrac{14 \times 3}{\underset{4}{\cancel{8}}}^{\boxed{7}}, \dfrac{21}{4}, 5\dfrac{1}{4}$

4 $3, 9, 3, 9, 27, 3\dfrac{6}{7}$

5 $\dfrac{3}{10}, 20, \dfrac{5 \times \boxed{3}}{\boxed{10}}, 21\dfrac{1}{2}$

6 $1\dfrac{1}{5}$

7 $2\dfrac{1}{2}$

8 18

9 $2\dfrac{1}{2}$

10 $3\dfrac{1}{3}$

11 $10\dfrac{1}{2}$

12 $37\dfrac{1}{2}$

13 $1\dfrac{1}{3}$

7쪽	

1 $5, 6, \dfrac{1}{30}$

2 $2, 7, \dfrac{1}{14}$

3 $\dfrac{\overset{1}{\cancel{2}} \times \boxed{1}}{\boxed{3} \times \underset{2}{\cancel{4}}}, \dfrac{1}{6}$

4 $\dfrac{\overset{1}{\cancel{5}} \times 1}{\boxed{7} \times \underset{3}{\cancel{15}}}, \dfrac{1}{21}$

5 $9, 2, \dfrac{1}{18}$

6 $\dfrac{\overset{1}{\cancel{3}} \times 1}{\boxed{11} \times \underset{3}{\cancel{9}}}, \dfrac{1}{33}$

7 $\dfrac{1}{72}$

8 $\dfrac{2}{15}$

9 $\dfrac{1}{14}$

10 $\dfrac{1}{30}$

11 $\dfrac{1}{55}$

12 $\dfrac{1}{21}$

13 $\dfrac{1}{40}$

14 $\dfrac{1}{117}$

15 $\dfrac{1}{38}$

16 $\dfrac{1}{24}$

8쪽

1 $\dfrac{\overset{1}{4}\times\overset{\boxed{3}}{9}}{\underset{\boxed{5}}{15}\times\underset{4}{16}}$, $\dfrac{3}{20}$

2 $\dfrac{\overset{\boxed{3}}{9}\times\overset{1}{5}}{\underset{\boxed{2}}{10}\times\underset{\boxed{2}}{6}}$, $\dfrac{3}{4}$

3 $\dfrac{\boxed{11}\times\overset{1}{2}}{\underset{\boxed{6}}{12}\times\boxed{3}}$, $\dfrac{11}{18}$

4 $\dfrac{\overset{1}{4}\times\overset{1}{3}}{\underset{\boxed{3}}{9}\times\underset{\boxed{5}}{20}}$, $\dfrac{1}{15}$

5 1, $\dfrac{1}{27}$　　6 3, $\dfrac{3}{40}$

7 $\dfrac{7}{24}$　　8 $\dfrac{11}{27}$

9 $\dfrac{2}{13}$　　10 $\dfrac{8}{35}$

11 $\dfrac{2}{19}$　　12 $\dfrac{1}{72}$

13 $\dfrac{1}{11}$　　14 $\dfrac{1}{20}$

9쪽

1 $\dfrac{\overset{\boxed{2}}{12}}{\boxed{5}}\times\dfrac{\boxed{7}}{\underset{1}{6}}$, $\dfrac{14}{5}$, $2\dfrac{4}{5}$

2 $\dfrac{5}{3}$, $\dfrac{8}{5}$, $\dfrac{8}{3}$, $2\dfrac{2}{3}$

3 $\dfrac{22}{\underset{1}{13}}^{\boxed{11}}$, 11

4 $\dfrac{\boxed{21}}{\underset{1}{10}}\times\dfrac{\overset{1}{10}}{\boxed{3}}$, 7

5 $\dfrac{\overset{3}{21}}{\underset{\boxed{2}}{4}}\times\dfrac{\boxed{9}}{\underset{1}{7}}^{18}$, $\dfrac{27}{2}$, $13\dfrac{1}{2}$

6 $\dfrac{\overset{\boxed{18}}{36}}{\underset{1}{7}}\times\dfrac{\overset{\boxed{3}}{21}}{\underset{1}{2}}$, 54

7 $13\dfrac{4}{5}$　　8 $5\dfrac{2}{5}$

9 $4\dfrac{1}{7}$　　10 $3\dfrac{3}{16}$

11 $18\dfrac{1}{3}$　　12 $28\dfrac{1}{3}$

13 $13\dfrac{2}{7}$　　14 6

10쪽　4. 소수의 곱셈

1 17.8　　2 1.24

3 $4, 4, 20, 2$

4 $7, 7, 21, 2.1$

5 $95, 95, 380, 38$

6 $215, 215, 1720, 17.2$

7 3.5　　8 20

9 5.84　　10 0.24

11 40.6　　12 19.2

11쪽

1 $27, 27, 270, 27$

2 $425, 425, 2550, 25.5$

3 $8, 8, 72, 7.2$

4 $48, 48, 576, 5.76$

5 $520, 5.2$

6 $900, 90$

7 $246, 2.46$

8 $682, 68.2$

9 5.92　　10 44

11 32.5　　12 1.98

13 42.6　　14 3.3

12쪽

1 $112, 0.112$

2 $216, 0.216$

3 $3025, 3.025$

4 $130, 0.13$

5 $43, 7, 301, 0.301$

6 $28, 31, 868, 8.68$

7 $14, 321, 4494, 4.494$

8 0.378　　9 3.6

10 60.75　　11 0.117

12 2.73　　13 0.784

13쪽

1 $121.2, 1212, 12120$

2 $6.8, 68, 680$

3 $31.41, 314.1, 3141$

4 $5.4, 0.54, 0.054$

5 $75, 7.5, 0.75$

6 $37.4, 3.74, 0.374$

7 $162, 1.62$

8 $372, 0.372$

9 $88, 0.088$

10 $645, 6.45$

11 $260, 0.26$

12 $630, 0.63$

14쪽　6. 평균과 가능성

1 $162, 158, 183, 177, 680, 170$

2 $44, 38, 41, 123, 41$

3 $18, 21, 15, 54, 18$

4 $220, 203, 254, 175, 852, 213$

5 31　　6 20

7 86　　8 18

9 318　　10 124

15쪽

1 20

2 93　　3 45

4 29　　5 41

6 44　　7 13

8 58

16쪽

1 ─┼─────↓─────┼─ 0 ½ 1

2 ─┼─────────────↓ 0 ½ 1

3 ↓─────────────┼─ 0 ½ 1

4 ─┼─────────────↓ 0 ½ 1

5 1　　6 0

7 $\dfrac{1}{2}$　　8 0

9 0　　10 1

1 단원 수의 범위와 어림하기

8~9쪽 개념의 힘

개념 확인하기

1 42

2 (1) 초과 (2) 이하

3 19, 17, 38에 ○표

4 ㉡

개념 다지기

1 11, 12, 13에 ○표 / 14, 15, 16에 △표

2 (1) 민규, 상규 (2) 4권, 6권

3 ┣─┼─┼─●─┼─┼─┨
   5 6 7 8 9 10 11

4 (1) 46 이상인 수 (2) 22 미만인 수

5 (1) ┣─┼─●─┼─┼─┨
    13 14 15 16 17 18 19
   (2) ┣─┼─┼─●─┼─┨
    14 15 16 17 18 19 20

6 ㉠

10~11쪽 개념의 힘

개념 확인하기

1 밴텀급

2 33.8 kg, 34 kg에 ○표

3 ( )
   (○)
   ( )

4 이상, 미만

개념 다지기

1 현주, 영광

2 꼬마 비행기, 다람쥐통

3 ㉡   **4** ⑤

5 (1) ┣─┼─┼─┼─┼─●─┼─┨
    7 8 9 10 11 12 13 14
   (2) ┣─●─┼─┼─┼─●─┼─┨
    25 26 27 28 29 30 31 32

6 6개

12~15쪽 1STEP 기본 유형의 힘

유형 1 7, 8, 9

1 지아

2 18, 20.4, 25에 ○표

3 10.7, 32, 29에 ○표

4 ③, ④

5 51.3 kg, 49.8 kg

6 (1) ┣─┼─┼─┼─●─┼─┼─┨
    9 10 11 12 13 14 15 16
   (2) ┣─┼─┼─●─┼─┼─┼─┨
    19 20 21 22 23 24 25 26

7 (1) 23 이하인 수 (2) 59 이상인 수

8 25세, 19세, 36세에 ○표

9 지훈, 윤빈, 해수

유형 2 28.4, 21.9, 29에 ○표

10 (1) 윤재, 정아 (2) 2명

11 38, 43에 ○표 / 19, 8에 △표

12 18, 19, 20

13 2개   **14** 은영, 성희

15 (1) ┣─┼─●─┼─┼─┼─┨
    15 16 17 18 19 20 21
   (2) ┣─┼─●─┼─┼─┼─┨
    28 29 30 31 32 33 34

16 ④   **17** 미만

18 ㉣

유형 3 10, 11, 12, 13

19 ④   **20** 3개

21 ┣─●─┼─┼─┼─●─┼─┨
   25 26 27 28 29 30 31 32

22 29 초과 32 미만인 수

23 ㉠, ㉢   **24** 울산

16~17쪽 개념의 힘

개념 확인하기

1 예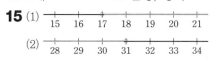

2 300개   **3** 124개

4 12400원

개념 다지기

1 380에 ○표

2 0, 9400

3 (1) 560 (2) 700

4 (1) 3000 (2) 5000

5 (1) 4.69 (2) 2.51

6 283   **7** 4530

18~19쪽 개념의 힘

개념 확인하기

1 (1) 2430, 2430 (2) 2400, 2400

2 (1) 6190 (2) 6000

3 (1) 3 (2) 3

개념 다지기

1 (1)
   ┣─────────↓──────────┨
   2580   2585   2590
   (2) 약 2590명

2 (1) 1400 (2) 2400

3 (1) 4.96 (2) 8.72

4 ( )(○)( )

5 준후   **6** 9대

7 460 kg

20~23쪽 1STEP 기본 유형의 힘

유형 4 540에 ○표

1 35620, 35700, 36000

2 2.77

3 403, 478에 ○표

4 ㉡

5 171, 180   **6** 2488

유형 5 170

7 5300, 5300, 5000

8 8.2   **9** ㉡

10 ①, ③   **11** 5799

12 9

유형 6 540

13 51030, 51000, 51000

14 7.64   **15** 3 cm

16 세라

17 135, 144   **18** 5, 6, 7, 8, 9

유형 7 16대

19 (1) 버림 (2) 900개

20 650000명

21 1350000원

22 정은

23 올림, 반올림 / 수호

24~27쪽 2STEP 응용 유형의 힘

1 ㉠, ㉡   **2** ㉡, ㉢

3 ㉠, ㉢   **4** 6개

5 11개   **6** ㉠

7 7상자, 54개   **8** 31상자, 2개

9 19상자, 37개

10 23대   **11** 50개

12 24대   **13** 6500

14 1480   **15** 9500

16 445, 446, 447, 448, 449, 450, 451, 452, 453, 454

17 355, 356, 357, 358, 359, 360, 361, 362, 363, 364

18 10개   **19** 8000원

20 60000원

21 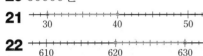 30   40   50

22 610   620   630

23 110   120   130

28~29쪽   3 STEP 서술형의 힘

1-1 (1) 3000   (2) 2480   (3) 520

1-2 풀이 참고, 810

2-1 (1) 5 g 이하   (2) 경호, 성연

2-2 풀이 참고, 다영, 수호

3-1 (1) 3450원   (2) 버림에 ○표   (3) 3000원

3-2 풀이 참고, 28000원

4-1 (1) 280 cm   (2) 2.8 m   (3) 3 m

4-2 풀이 참고, 4 m

30~32쪽   단원평가

1 미만

2 46, 34, 30, 43, 31.6

3 25.5, 27   **4** 510

5 5   6   7   8   9   10   11

6 44 이상 47 미만인 수

7 8.19

8 3620, 3610, 3610

9 희진, 현정   **10** ㉡, ㉢

11 >   **12** 6 cm

13 ㉠, ㉢   **14** 1000원

15 3개   **16** 6 m

17 36명   **18** 99000

19 풀이 참고, 2명

20 풀이 참고, 108000명

---

2 단원 분수의 곱셈

36~37쪽   개념의 힘

개념 확인하기

1 (1) 2   (2) 4, 4, 2

2 (1) 2, 6, $1\frac{1}{5}$ (2) 3, 3, 15, $2\frac{1}{7}$

3 19, 19, $6\frac{1}{3}$

개념 다지기

1 (1) 8, $1\frac{3}{5}$ (2) 3, 3, 3, 3, $3\frac{3}{8}$

2 (1) $2\frac{1}{10}$ (2) $5\frac{7}{9}$

3 (1) $\dfrac{3}{10} \times 8 = \dfrac{3 \times \overset{4}{8}}{\underset{5}{10}} = \dfrac{12}{5} = 2\frac{2}{5}$

   (2) $\dfrac{7}{8} \times 6 = \dfrac{7 \times \overset{3}{6}}{\underset{4}{8}} = \dfrac{21}{4} = 5\frac{1}{4}$

4 $26\frac{1}{2}$

5

6 $\dfrac{3}{7} \times 5 = 2\frac{1}{7}$, $2\frac{1}{7}$ L

38~39쪽   개념의 힘

개념 확인하기

1 (1) 1   (2) 5, 10

2 (1) 3, 7, 21, $10\frac{1}{2}$

   (2) 3, 3, 21, $10\frac{1}{2}$

3 3, 13, 2, 39, $19\frac{1}{2}$

개념 다지기

1 (1) 7, 7   (2) 3, 6, 7

2 (1) $13\frac{1}{3}$ (2) $15\frac{3}{4}$

---

3 (1) $5\frac{3}{5}$ (2) $3\frac{1}{3}$

4

5 $\dfrac{2}{3}$에 ○표

6 $32\frac{2}{3}$ cm²

40~43쪽   1 STEP 기본 유형의 힘

유형 1   3, 4

1 (1) 4   (2) $5\frac{1}{3}$ **2** (1) $4\frac{2}{3}$ (2) $5\frac{1}{3}$

3 ㉡   **4**

5 $9\frac{1}{3}$

6 $\dfrac{13}{20} \times 5 = 3\frac{1}{4}$, $3\frac{1}{4}$ L

유형 2 $6\frac{2}{3}$

7 (1) $11\frac{1}{2}$ (2) $32\frac{2}{3}$

8 $2\frac{1}{7} \times 14 = (2 \times 14) + \left(\dfrac{1}{\underset{1}{7}} \times \overset{2}{14}\right)$
$\qquad\qquad = 28 + 2 = 30$

9 $20\frac{5}{9}$ **10** >

11 ㉡, $2\frac{1}{3} \times 5 = \dfrac{7}{3} \times 5 = \dfrac{7 \times 5}{3}$
$\qquad\qquad = \dfrac{35}{3} = 11\frac{2}{3}$

12 $9\frac{1}{5} \times 4 = 36\frac{4}{5}$, $36\frac{4}{5}$ cm

유형 3 $7\frac{1}{2}$

13 (1) $3\frac{1}{8}$ (2) $4\frac{1}{2}$

14 (1) $4\frac{2}{3}$ (2) $9\frac{3}{4}$

15 ㉡   **16** 경호

17 $20 \times \dfrac{3}{5} = 12$, 12개

유형 4 13

18 (1) $12\dfrac{1}{4}$ (2) $16\dfrac{1}{4}$

19 (1) $14\dfrac{2}{3}$ (2) $20\dfrac{2}{5}$

20 $10 \times 3\dfrac{1}{4} = \overset{5}{\cancel{10}} \times \dfrac{13}{\underset{2}{\cancel{4}}} = \dfrac{5 \times 13}{2}$

$$= \dfrac{65}{2} = 32\dfrac{1}{2}$$

21 $6 \times 1\dfrac{2}{3}$에 ◯표, $6 \times \dfrac{9}{10}$에 △표

22 $36 \times 1\dfrac{1}{4} = 45$, 45 kg

44~45쪽 개념의 힘

개념 확인하기

1 (1) 4, 3, 12

(2) 3, 5, $\dfrac{2}{15}$

2 (1) 6, 5, $\dfrac{1}{30}$

(2) 2, 9, $\dfrac{7}{18}$

3 (1) $\dfrac{1}{32}$

(2) 1, 2, $\dfrac{1}{12}$

개념 다지기

1 4, 8

2 (1) $\dfrac{1}{12}$ (2) $\dfrac{8}{27}$

3 $\dfrac{1}{21}$

4 <

5 $\dfrac{1}{10}$, $\dfrac{3}{35}$

6 $\dfrac{5}{9} \times \dfrac{1}{10} = \dfrac{\overset{1}{\cancel{5}} \times 1}{9 \times \underset{2}{\cancel{10}}} = \dfrac{1}{18}$

7 $\dfrac{1}{36}$

8 $\dfrac{10}{13} \times \dfrac{1}{2} = \dfrac{5}{13}$, $\dfrac{5}{13}$

46~47쪽 개념의 힘

개념 확인하기

1 (1) 2, 3, $\dfrac{4}{15}$ (2) $\dfrac{1}{6}$, $\dfrac{1}{24}$

2 (1) 4, 9, 1, 3, $\dfrac{1}{3}$

(2) 2, 6, 5, 36, $\dfrac{5}{36}$

3 (1) 2, 2, $\dfrac{3}{4}$ (2) 2, 1, 1, 1, $\dfrac{2}{9}$

개념 다지기

1 1, 1, $\dfrac{1}{5}$, 10

2 ⊗ (선 긋기)

3 (1) $\dfrac{4}{5}$ (2) $\dfrac{2}{9}$

4 $\dfrac{4}{33}$ **5** 아라

6 $\dfrac{5}{8} \times \dfrac{6}{7} = \dfrac{15}{28}$, $\dfrac{15}{28}$ m

---

48~49쪽 개념의 힘

개념 확인하기

1 (1) 35 (2) 35, $3\dfrac{8}{9}$

2 5, 11, 5, 11, 55, $2\dfrac{13}{21}$

3 6, 6, 1, $\dfrac{12}{5}$, $2\dfrac{2}{5}$

개념 다지기

1 11, 5, $\dfrac{55}{12}$, $4\dfrac{7}{12}$

2 (1) $2\dfrac{2}{9}$ (2) $4\dfrac{1}{11}$

3 $5 \times \dfrac{3}{8} = \dfrac{5}{1} \times \dfrac{3}{8} = \dfrac{15}{8} = 1\dfrac{7}{8}$

4 2 **5** $4\dfrac{1}{6}$

6 $2\dfrac{3}{4} \times \dfrac{4}{5} = 2\dfrac{1}{5}$, $2\dfrac{1}{5}$ kg

7 $10\dfrac{2}{5}$

50~53쪽 **1**$_{\text{STEP}}$ 기본 유형의 힘

유형 5 $\dfrac{1}{12}$

1 (1) $\dfrac{1}{30}$ (2) $\dfrac{5}{48}$

2 $\dfrac{2}{33}$ **3** $\dfrac{3}{28}$

4 다영 **5** ㉡

6 4, 5 (또는 5, 4)

7 $\dfrac{1}{6} \times \dfrac{2}{3} = \dfrac{1}{9}$, $\dfrac{1}{9}$

유형 6 $\dfrac{7}{16}$

8 (1) $\dfrac{9}{16}$ (2) $\dfrac{2}{3}$

9 (1) $\dfrac{9}{25} \times \dfrac{5}{12} = \dfrac{\overset{3}{\cancel{9}} \times \overset{1}{\cancel{5}}}{\underset{5}{\cancel{25}} \times \underset{4}{\cancel{12}}} = \dfrac{3}{20}$

(2) $\dfrac{13}{18} \times \dfrac{12}{17} = \dfrac{13 \times \overset{2}{\cancel{12}}}{\underset{3}{\cancel{18}} \times 17} = \dfrac{26}{51}$

10 (위에서부터) $\dfrac{5}{54}$, $\dfrac{1}{18}$

11 ㉠

12 $\dfrac{3}{16} \times \dfrac{8}{15} = \dfrac{1}{10}$, $\dfrac{1}{10}$ m

유형 7 $\dfrac{1}{90}$

13 (1) $\dfrac{3}{16}$ (2) $\dfrac{1}{270}$

14 $\dfrac{\overset{2}{\cancel{4}}}{7} \times \dfrac{1}{\underset{1}{\cancel{3}}} \times \dfrac{\overset{3}{\cancel{9}}}{\underset{5}{\cancel{10}}} = \dfrac{6}{35}$

15 $\dfrac{3}{70}$

16 >

17 $\dfrac{5}{24} \times \dfrac{1}{2} \times \dfrac{2}{3} = \dfrac{5}{72}$, $\dfrac{5}{72}$

유형 8 $3\dfrac{1}{5}$

18 (1) 3 (2) $3\dfrac{1}{2}$

19 (1) $\dfrac{7}{15}$ (2) $1\dfrac{5}{9}$

20 $2\dfrac{2}{3} \times 2\dfrac{1}{8} = \dfrac{\overset{1}{\cancel{8}}}{3} \times \dfrac{17}{\underset{1}{\cancel{8}}}$

$\qquad\qquad = \dfrac{17}{3} = 5\dfrac{2}{3}$

21 (○)( )
22 2
23 $10\dfrac{1}{8} \times 12\dfrac{4}{9} = 126$, 126 cm^2

54~57쪽 **2**$_{STEP}$ **응용 유형의 힘**

1 $<$　　　　**2** $>$

3 $\dfrac{5}{9} \times \dfrac{3}{8}$에 ○표

4 $4 \times 2\dfrac{1}{12} = \overset{1}{\cancel{4}} \times \dfrac{25}{\underset{3}{\cancel{12}}} = \dfrac{25}{3} = 8\dfrac{1}{3}$

5 모범 답안 분자와 분모를 약분해야 하는데 분모끼리 약분하여 계산했습니다. / $\dfrac{5}{54}$

6 모범 답안 대분수를 가분수로 바꾸기 전에 약분하여 계산했습니다. / $30\dfrac{2}{3}$

7 나　　　　**8** 가
9 ㉠　　　　**10** 2, 3, 4
11 2, 3　　　　**12** 3개
13 $22\dfrac{1}{20}$
14 $10\dfrac{10}{21}$
15 $17\dfrac{1}{2}$
16 $\dfrac{5}{32}$
17 $\dfrac{7}{24}$
18 22쪽　　　　**19** 14명
20 20명　　　　**21** 14명
22 $3\dfrac{1}{3}$ km
23 $16\dfrac{2}{3}$ km

58~59쪽 **3**$_{STEP}$ **서술형의 힘**

1 -1 (1) 6개　(2) 6, $7\dfrac{1}{2}$

　　　(3) $7\dfrac{1}{2}$ m

1 -2 풀이 참고, $26\dfrac{1}{2}$ cm

2 -1 (1) $\dfrac{1}{45}$, $\dfrac{1}{42}$　(2) $\dfrac{1}{44}$, $\dfrac{1}{43}$

　　　(3) 2개

2 -2 풀이 참고, 5개

3 -1 (1) $\square + \dfrac{5}{8} = 4\dfrac{3}{8}$

　　　(2) $3\dfrac{3}{4}$

　　　(3) $2\dfrac{11}{32}$

3 -2 풀이 참고, $1\dfrac{1}{7}$

4 -1 (1) $\dfrac{3}{4}$　(2) $1\dfrac{1}{2}$　(3) $1\dfrac{1}{8}$배

4 -2 풀이 참고, $\dfrac{5}{6}$배

60~62쪽 **단원평가**

1 (○)( )　**2** 다영
3 4, 5, 20, $6\dfrac{2}{3}$　**4** $\dfrac{5}{21}$
5 $2\dfrac{2}{5}$　　　　**6** $\dfrac{1}{15}$, $\dfrac{1}{60}$
7 $9\dfrac{5}{7}$　　　　**8** ㉠
9 ㉠　　　　**10** $\dfrac{2}{7}$
11 $2\dfrac{2}{5}$ kg　　**12** 14살
13 4 cm^2　　**14** ㉡, ㉢, ㉠
15 태현　　　　**16** $\dfrac{1}{5}$
17 8　　　　**18** $7\dfrac{7}{10}$
19 풀이 참고, 45장
20 풀이 참고, $\dfrac{3}{70}$

---

3 단원 **합동과 대칭**

66~67쪽 **개념의 힘**

개념 확인하기

1 다　　　　**2** 합동
3 ( )(○)　**4** ( )(○)

개념 다지기

1 ③
2 다, 라
3 (○)( )( )
4 나
5 예

6 나, 라
7 예

68~69쪽 **개념의 힘**

개념 확인하기

1 ㄹ　　　　**2** ㅂㄹ
3 ㄹㅁㅂ　　　**4** 변 ㅁㅂ
5 각 ㅅㅇㅁ

개념 다지기

1 ㅇ,ㅅ,ㅂ,ㅁ
2 ㅇㅅ, ㅅㅂ, ㅂㅁ, ㅁㅇ
3 4쌍　　　　**4** 각 ㄹㅁㅂ
5 3 cm　　　**6** ㉡
7 8 cm　　　**8** 75°

70~73쪽 **1**$_{STEP}$ **기본 유형의 힘**

유형 1 다

1 합동　　　　**2** 다와 마
3 예

4 예

5 ( )(○)( )

6 ㉠과 ㉢, ㉡과 ㉣

유형 2 나

7 가

8 예    **9** 예

10 ③

11 예

12 가와 나, 다와 마, 바와 사

유형 3 ㉡

13 점 ㄹ   **14** 변 ㅁㅂ

15 각 ㅁㅂㄹ

16 각 ㄹㅁㅂ, 각 ㅁㄹㅂ, 각 ㅂㄹㅁ

17 6쌍, 6쌍   **18** 성연

유형 4 11

19 (1) 8 cm (2) 30°

20 7, 50   **21** 95°

22 6 cm   **23** 19 cm

24 148 m

74~75쪽 개념의 힘

개념 확인하기

1 (1) 가 (2) 선대칭도형

2 대칭축   **3** (○)( )

4 ㉠

개념 다지기

1 ( )(○)
(○)( )

2 가   **3** 3개

4 (1)

(2)

5 (1) 점 ㅇ (2) 변 ㅅㅂ (3) 각 ㄱㅇㅅ

6 2개

76~77쪽 개념의 힘

개념 확인하기

1 ㄱㅂ, ㅂㅁ, ㅁㄹ, 같습니다에 ○표

2 ㄱㅂㅁ, ㅂㅁㄹ, 같습니다에 ○표

3

개념 다지기

1 ㅁㅂ, ㄹㅅ

2 예 수직으로 만납니다.

3 7 cm   **4** 65°

5 (왼쪽에서부터) (1) 90, 8
(2) 11, 30

6 (1)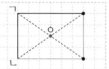

(2)

7 3 cm

78~79쪽 개념의 힘

개념 확인하기

1 (1) 점대칭도형 (2) 대칭의 중심

2 ( )(○)   **3** ㅁ

4 ( )(○)( )

개념 다지기

1 ( )(×)( )

2 점 ㄴ   **3** 나, 다, 바

4 1개

5 (1) 점 ㅅ (2) 변 ㅁㅂ (3) 각 ㅅㅈㄱ

6 2개

80~81쪽 개념의 힘

개념 확인하기

1 ㄹㅁ, 같습니다에 ○표

2 ㅁㅂㄱ, 같습니다에 ○표

3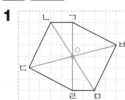

4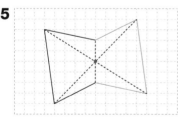

개념 다지기

1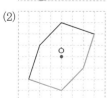

2 ㄹㅇ, ㅁㅇ, ㅂㅇ

3 5 cm   **4** 110°

5

6 (1)

(2)

7 6 cm   **8** 8 cm

유형5 가

1 선대칭도형

2 ㉢

3 (1) (2)

4 점 ㅁ, 변 ㄱㅂ, 각 ㅂㅁㄹ

5 아영

6 5개

유형6 변 ㄹㄷ

7 (1) 변 ㅂㅁ (2) 각 ㄱㅂㅁ

8 90°

9 (1) 8 cm (2) 80° (3) 5 cm

10 (위에서부터) 9, 80

11 (위에서부터) 60, 10

12 90°

13 8 cm

14 55°

유형7

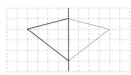

15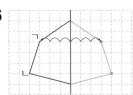

16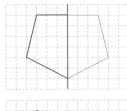

17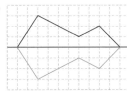

유형8 ( )(○)

18 나 **19** ㉡

20 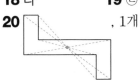 , 1개

21 ㉢

22 (1) 점 ㄹ (2) 변 ㅁㅂ (3) 각 ㅂㄱㄴ

23 다

유형9 10 cm

24 (1) 변 ㄹㄷ (2) 각 ㄹㅁㅂ

25 3개

26 (위에서부터) 7, 14

27 50

28 (1) 14 cm (2) 34 cm

29 (1) 7 cm (2) 34 cm

30 60° **31** 4 cm

유형10

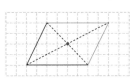

32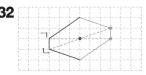

33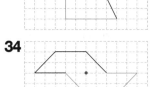

34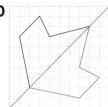

1 4개 **2** 8개

3 가 **4** 가

5 10 cm **6** 13 cm

7 14 cm **8** 75°

9 115° **10** 115°

11 46 cm **12** 74 cm

13 50 cm **14** 55°

15 65° **16** 105°

17 130° **18** 115°

19 25° **20** 84 cm²

21 60 cm² **22** 112 cm²

23 512 cm² **24** 243 cm²

25 1000 cm²

1-1 (1) 7 cm (2) 13 cm (3) 29 cm

1-2 풀이 참고, 38 cm

2-1 (1) 115° (2) 360° (3) 100°

2-2 풀이 참고, 115°

3-1 (1) 7 cm, 5 cm (2) 12 cm
(3) 6 cm

3-2 풀이 참고, 7 cm

4-1 (1)

(2) 6 cm (3) 12 cm²

4-2 풀이 참고, 60 cm²

1 다 **2** 가, 라

3 ( )(×)( )

4 다

5 예

6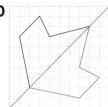

7 ③

8 9, 50

9 (위에서부터) 25, 5

10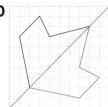

11 지아 **12** 2, 1, 3

13 ㉢ **14** 5가지

15 4 cm, 12 cm

16 25°

17 6 cm

18 112 cm²

19 풀이 참고, 30 cm

20 풀이 참고, 120°

4단원 소수의 곱셈

100~101쪽 개념의 힘

개념 확인하기

1 (1) 1.2 (2) 1.2
2 4, 4, 36, 3.6
3 16, 48, 4.8
4 152, 152, 912, 9.12

개념 다지기

1 $0.9 \times 3 = 0.9 + 0.9 + 0.9 = 2.7$
2 28, 28, 84, 8.4
3 (1) 3.2 (2) 4.02
4 다은
5 (예) 4.7은 0.1이 47개이므로 4.7×4는
0.1이 47×4=188(개)입니다.
➡ 4.7×4=18.8
6 (1) 18.6 (2) 28.52
7 ㉡
8 $0.9 \times 4 = 3.6$, 3.6 km

102~103쪽 개념의 힘

개념 확인하기

1 5, 5, 15, 1.5
2 (1) 1.5 (2) 1.5
3 1.8, 4.8
4 (1) 168, 16.8 (2) 3105, 31.05

개념 다지기

1 (1) 18, 18, 576, 5.76
(2) 23, 23, 184, 18.4
2 10.5
3 (1) 1.12 (2) 577.8
4 46.8
5 $6 \times 1.14 = 6 \times \dfrac{114}{100} = \dfrac{6 \times 114}{100}$
$= \dfrac{684}{100} = 6.84$
6 ㉡
7 $2 \times 1.5 = 3$, 3 km

104~107쪽 1STEP 기본 유형의 힘

유형 1 (1) 0.72 (2) 0.87
1 1.5

2 $0.7 \times 4 = \dfrac{7}{10} \times 4 = \dfrac{7 \times 4}{10} = \dfrac{28}{10}$
$= 2.8$
3 0.6, 5.4
4 윤지   **5** ④
6 $0.4 \times 6 = 2.4$, 2.4 kg

유형 2 (1) 17.7 (2) 6.55
7 5.2, 5.2
8 (1) $4.1 \times 9 = \dfrac{41}{10} \times 9 = \dfrac{41 \times 9}{10}$
$= \dfrac{369}{10} = 36.9$
(2) $3.21 \times 13 = \dfrac{321}{100} \times 13$
$= \dfrac{321 \times 13}{100}$
$= \dfrac{4173}{100} = 41.73$
9 ㉠
10 $4.61 \times 7 = \dfrac{461}{100} \times 7 = \dfrac{461 \times 7}{100}$
$= \dfrac{3227}{100} = 32.27$
11 <
12 $1.85 \times 5 = 9.25$, 9.25 km

유형 3 3.2
13 $24 \times 0.04 = 24 \times \dfrac{4}{100} = \dfrac{24 \times 4}{100}$
$= \dfrac{96}{100} = 0.96$
14 (1) 4.8 (2) 4.65
(3) 3.6 (4) 0.84
15 >   **16** ㉢
17 ③
18 $41 \times 0.38 = 15.58$, 약 15.58 kg

유형 4 6.39
19 128, 12.8
20 (1) 184, 18.4 (2) 1625, 16.25
(3) 2096, 20.96
21 ㉡
22 14.4, 77.76
23 있습니다에 ○표
24 $26 \times 1.4 = 36.4$, 36.4 L

108~109쪽 개념의 힘

개념 확인하기

1 (1) 0.01 (2) 27, 0.27 (3) 0.27
2 (1) 173, 43, 7439, 7.439
(2) 7.439 (3) 7.439

개념 다지기

1 5, 9, 45, 0.45
2 45, 0.45
3 9408, 8.96, 9.408
4 (1) 4.35 (2) 6.572
5 (위에서부터) 0.25, 0.09
6 ·────·   **7** (1) 14.57
   ·   ·   (2) 1.457
   ·────·
8 $0.9 \times 0.6 = 0.54$, 0.54 m^2

110~111쪽 개념의 힘

개념 확인하기

1 (1) 15.46 (2) 154.6 (3) 1546
/ 오른에 ○표
2 (1) 49.2 (2) 4.92 (3) 0.492
3 (1) 0.84 (2) 0.084 (3) 0.0084

개념 다지기

1 ③
2 (1) 4.35 (2) 7.072 (3) 6.572
3 (1) 19240 (2) 1.924
4 (○)   **5** ( )(○)
( )   **6** (1) 0.7 (2) 0.033
7 $1.5 \times 1.2 = 1.8$, 1.8 m

112~115쪽 1STEP 기본 유형의 힘

유형 5 0.12
1 (1) $0.7 \times 0.9 = \dfrac{7}{10} \times \dfrac{9}{10}$
$= \dfrac{63}{100} = 0.63$
(2) $0.8 \times 0.23 = \dfrac{8}{10} \times \dfrac{23}{100}$
$= \dfrac{184}{1000} = 0.184$

2 (1) 0.56 (2) 0.186 **3** $<$
4 9.4, 0.3 (또는 0.94, 3) **5** ㉡
6 $0.12 \times 0.8 = 0.096$, 0.096 kg

유형 6 4.32

7 $2.4 \times 3.6 = \frac{24}{10} \times \frac{36}{10} = \frac{864}{100} = 8.64$

8 (위에서부터) 100, 1000, 5.424

9
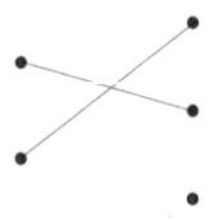

10 6.273, 예 1.23×5.1을 1.2의 5배 정도로 어림하면 6보다 큰 값이기 때문입니다.

11 25.788

12 $1.75 \times 1.2 = 2.1$, 2.1 kg

유형 7 (1) 13.59, 135.9, 1359
(2) 350.2, 35.02, 3.502

13 (1) 514.9 (2) 1.327

14
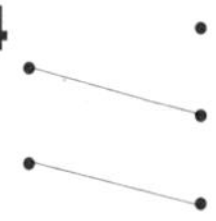

15 ㉠
16 100
17 $>$

18 $92.76 \times 10 = 927.6$, 927.6 m

유형 8 (1) 9.03 (2) 0.0903 (3) 0.903

19 (위에서부터) 0.01, 0.001, 0.195

20 ㉡

21

22 (1) 0.26 (2) 0.09

23 예 1.5는 1보다 큰 수이니까 8.4×1.5는 8.4보다 큰 값이어야 돼.

116~119쪽 2STEP 응용 유형의 힘

1 14.56 cm **2** 19.2 cm
3 16.8 cm **4** 25.12 cm
5 0.54 **6** 27.6
7 100 **8** 0.001
9 4, 5, 6에 ○표 **10** 7개
11 8 **12** 6
13 10.5시간 **14** 13.2시간
15 17.5시간 **16** 2개
17 3개 **18** 7.584
19 201 **20** 143
21 39.2 m^2 **22** 69.75 m^2
23 8.64 m^2 **24** 57.4 cm
25 244.2 cm **26** 207.3 cm

120~121쪽 3STEP 서술형의 힘

1-1 (1) 100 cm (2) 26.7 cm (3) 민지
1-2 풀이 참고, 도진
2-1 (1) 0.4 (2) 0.6 (3) 21.36 m
2-2 풀이 참고, 1.55 m^2
3-1 (1) 15개 (2) 14군데 (3) 1.4 km
3-2 풀이 참고, 4.56 km
4-1 (1) 4.2 kg (2) 16.8 kg (3) 1.4 kg
4-2 풀이 참고, 2.1 kg

122~124쪽 단원평가

1 1.2, 1.2

2 (1) $0.6 \times 9 = \frac{6}{10} \times 9 = \frac{6 \times 9}{10} = \frac{54}{10} = 5.4$

(2) $3.12 \times 6 = \frac{312}{100} \times 6 = \frac{312 \times 6}{100} = \frac{1872}{100} = 18.72$

3 (1) 2.5 (2) 11.34
4 ㉡
5 26.7, 267, 2670
6 지율
7 (1) 399.6 (2) 3.996
8 $<$ **9** 3.068
10 1.12 **11** ㉣
12 $6 \times 0.7 = 4.2$, 4.2 m
13 8
14 $1.2 \times 3 = 3.6$, 3.6 L
15 2.088 **16** 28, 10
17 47, 0.05 (또는 4.7, 0.5)
18 0.65 m **19** 엔, 풀이 참고
20 풀이 참고, 33.5 km

5 단원 직육면체

128~129쪽 개념의 힘

개념 확인하기

1 직육면체
2 ㉠ / ㉢ / ㉡
3 정육면체
4 ( )(○)

개념 다지기

1 나, 마
2 6개
3 정사각형
4 (1), (2), (3)
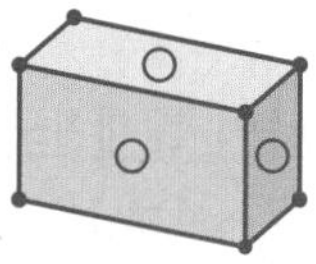

5 (1) × (2) ○ (3) ○
6 6, 12, 8
7 ㉡ / 예 면과 면이 만나는 선분을 모서리라고 합니다.
다른 답 모서리와 모서리가 만나는 점을 꼭짓점이라고 합니다.

130~131쪽 개념의 힘

개념 확인하기

1
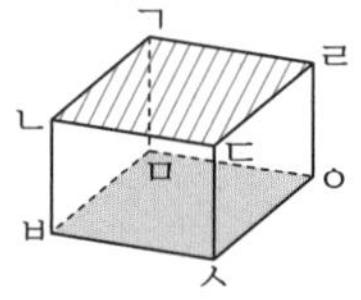

2 면 ㄱㄴㄷㄹ
3 4개
4 4개

개념 다지기

1 ( )(○)
2 ㅁㅂㅅㅇ, ㄴㅂㅅㄷ, ㄴㅂㅁㄱ
3 3쌍
4 ㄴㅂㅁㄱ, ㄱㄴㄷㄹ, ㄷㅅㅇㄹ, ㅁㅂㅅㅇ
5 ②, ⑤
6 준서
7 1개 / 4개

132~135쪽 1STEP 기본 유형의 힘

유형 1 (위에서부터) 꼭짓점, 면, 모서리

1 ③, ⑤   **2** 직사각형

3 6개   **4** ㉠

5 3, 9, 7

6 모범 답안 직육면체는 6개의 직사각형으로 이루어져 있으나 주어진 도형은 그렇지 않습니다. 2개의 사다리꼴과 4개의 직사각형으로 이루어져 있습니다.

유형 2 나, 바

7 ㉡ / ㉠, ㉡   **8** 아니요

9 (위에서부터) 7, 7, 7

10 ㉡

11 (위에서부터) 정사각형
/ 모범 답안 모서리의 길이가 다릅니다.
/ 모범 답안 모서리의 길이가 모두 같습니다.

12 6개

유형 3 면 ㄱㅁㅇㄹ

13
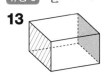

14 1개   **15** 3쌍

16 ㉡

17 5+3+5+3=16, 16 cm

유형 4 ×

18 면 ㄱㄴㄷㄹ, 면 ㄴㅂㅅㄷ,
면 ㄷㅅㅇㄹ

19 면 ㄱㄴㄷㄹ, 면 ㄴㅂㅅㄷ,
면 ㅂㅅㅇㅁ, 면 ㄱㅁㅇㄹ

20 ④   **21** 1, 4

22 (1) 4개 (2) 3개

136~137쪽 개념의 힘

개념 확인하기

1

2 겨냥도   **3** (   )(○)

4

개념 다지기

1
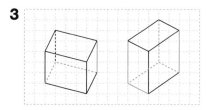

2 ㉢

3

4 3개 / 9개 / 7개

5 3개 / 3개 / 1개

6 다영

7
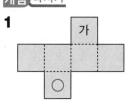

138~139쪽 개념의 힘

개념 확인하기

1 실선, 점선

2 전개도

3 3쌍

4 없고에 ○표, 같습니다에 ○표

개념 다지기

1
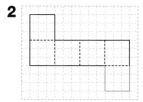

2

3 (1) ○ (2) ×

4 가, 나

5 (위에서부터) 8, 5, 6

6
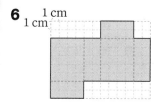

140~143쪽 1STEP 기본 유형의 힘

유형 5
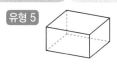

1 ㉢

2

3
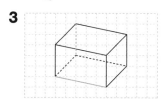

4 모범 답안 보이지 않는 모서리를 점선으로 그려야 하는데 보이지 않는 모서리 중에서 2개를 실선으로 그렸습니다.

5 6개

유형 6 (○)(   )

6 6개

7
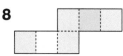

8
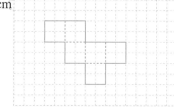

9 면 ㉣

10 (위에서부터) ㄱ, ㄴ / ㅁ, ㅂ

11
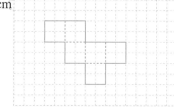

12 3개

13 예

14

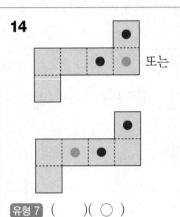

또는

유형 7 ( )(○)

15 ×　　　　**16** ○

17 3쌍

18

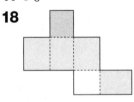

19 선분 ㅈㅇ / 선분 ㅇㅅ

20 지후

21 22 cm / 6 cm

22 예 1 cm
　　　1 cm

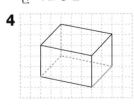

23 예 1 cm
　　　1 cm

144~147쪽　**2**STEP　**응용 유형의 힘**

1 면 ㅁㅂㅅㅇ　　**2** 면 ㄱㅁㅇㄹ

3 면 ㄱㄴㄷㄹ, 면 ㄴㅂㅅㄷ, 면 ㅂㅅㅇㅁ, 면 ㄱㅁㅇㄹ

4

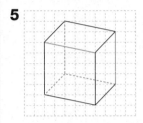

5

6

7

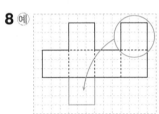

8 예

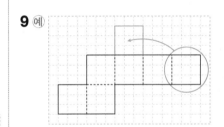

9 예

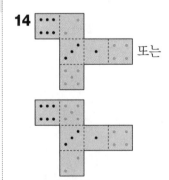

10 72 cm

11 108 cm

12 84 cm

13

14

또는

15

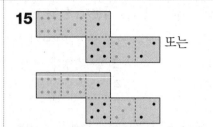

또는

16 80 cm　　　**17** 92 cm

18 84 cm　　　**19** 118 cm

20 129 cm

21

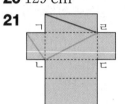

22

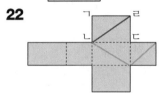

23

148~149쪽　**3**STEP　**서술형의 힘**

1 -1 (1) 3개 / 3개 / 3개　(2) 45 cm

1 -2 풀이 참고, 51 cm

2 -1 (1) 9 cm　(2) 10 cm　(3) 19 cm

2 -2 풀이 참고, 11 cm

3 -1 (1) 12개　(2) 7 cm　(3) 28 cm

3 -2 풀이 참고, 32 cm

4 -1 (1) 2, 20 / 2, 24 / 4, 80
　　　　(2) 124 cm　(3) 24 cm

4 -2 풀이 참고, 36 cm

150~152쪽　**단원평가**

1 모서리　　　**2** 정육면체

3

4  **5** ②

6 ㅁㅂㅅㅇ, ㄷㅅㅇㄹ, ㄱㅁㅇㄹ

7 4개 **8** 4개

9

10 (위에서부터) 3, 6

11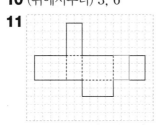

12 (1) 8개 (2) 정육면체

13 면 ㉮, 면 ㉯, 면 ㉰, 면 ㉲

14 ⑤

15
1 cm
1 cm

16 26개

17 예
1 cm
1 cm

18 9 cm

19 공통점 모범 답안 면이 6개입니다.
차이점 모범 답안 직육면체는 모서리의 길이가 다르지만 정육면체는 모서리의 길이가 모두 같습니다.

20 풀이 참고, 80 cm

6 단원 평균과 가능성

156~157쪽 개념의 힘

개념 확인하기

1 4, 80 / 3, 72 / 평균에 ○표

2 ㉢

개념 다지기

1 36개 **2** 40개

3 9개, 8개 **4** 재호

5 5권 **6** 5개, 6개

7 풀이 참고

158~159쪽 개념의 힘

개념 확인하기

1 3, 1 / 9 **2** 20, 16, 18

3 72, 18

개념 다지기

1 예 7개

2 예

3 7개

4 예 9 / (9, 9), (8, 10)
또는 (8, 10), (9, 9)

5 9개 **6** 4, 4, 80

7 3개

160~161쪽 개념의 힘

개념 확인하기

1 5 / 36, 4 / 36, 6

2 신혜 **3** 180분

4 50분

개념 다지기

1 5, 4 **2** 모둠 2

3 188 kg **4** 45 kg

5 98 cm **6** 98 cm

7 294 cm **8** 99 cm

162~165쪽 1 STEP 기본 유형의 힘

유형 1 3, 16

1 8개 **2** 9개

3 슬기네 모둠

유형 2 (1) 예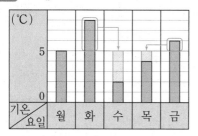

(2) 5 ℃

4 220, 300, 250, 330, 1100, 275

5 12개 **6** 3개

7 3점 **8** 소영

9 예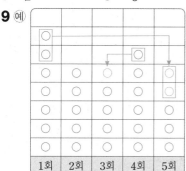

/ 5점

10 77점에 ○표, 높은에 ○표

유형 3 지효네 가족

11 13개, 16개 **12** 재민

13 느린 편입니다. **14** 없습니다.

15 운동, 10분

유형 4 66 kg

16 15 **17** 20회

18 40 **19** 가볍습니다.

20 15

166~167쪽 개념의 힘

개념 확인하기

1 오지 않을에 ○표, 올에 ○표

2 있습니다.

3 반반이다에 ○표

4 불가능하다에 ○표

개념 다지기

1 불가능하다   **2** 반반이다

3 확실하다

4 (1) 확실하다에 ○표

    (2) 반반이다에 ○표

5 ㉢   **6** ④

7 예

(파란색과 노란색의 위치가 바뀌어도
정답입니다.)

168~169쪽   **개념의 힘**

개념 확인하기

1

2

0     $\frac{1}{2}$ 1

3

0     $\frac{1}{2}$ 1

개념 다지기

1 반반이다에 ○표, $\frac{1}{2}$에 ○표

2

0     $\frac{1}{2}$ 1

3

0     $\frac{1}{2}$ 1

4

0     $\frac{1}{2}$ 1

5 1   **6** 0

7 반반이다, $\frac{1}{2}$

170~173쪽   **1** STEP **기본 유형의 힘**

유형 5   불가능하다에 ○표

1 (위에서부터) 불가능하다에 ○표,

    반반이다에 ○표

2 ㉡

3 불가능하다에 ○표

4   **5** 지훈

유형 6   지아   준서

6 ㉢   **7** ㉡

8 ㉠   **9** 정국

10 수진   **11** 채영

12 수진, 혜리, 채영, 지민, 정국

13 나

14 찬열 / 예 12월의 다음 달은 1월일

    거야.

15 지은, 서진, 찬열

유형 7

16 1   **17** 0

18

0     $\frac{1}{2}$ 1

19

0     $\frac{1}{2}$ 1

20 $\frac{1}{2}$

21 (1)

0     $\frac{1}{2}$ 1

    (2)

0     $\frac{1}{2}$ 1

22 확실하다, 1

23 예

174~177쪽   **2** STEP **응용 유형의 힘**

1 14   **2** 48번

3 23쪽   **4** $\frac{1}{2}$

5 1

6

0     $\frac{1}{2}$ 1

7 다, 가, 나

8 가, 다, 라, 나

9 ㉠, ㉡, ㉢

10

---

11 예

12 610명   **13** 219대

14 37분   **15** 18살

16 20살   **17** 35회

18 5개   **19** 14초

20 11, 13, 17   **21** 21, 23, 27

178~179쪽   **3** STEP **서술형의 힘**

1-**1** (1) 195 kg (2) 39 kg

     (3) 영은, 미호, 혜진

1-**2** 풀이 참고, 강희, 효진

2-**1** (1) 6개, 6개 (2) $\frac{1}{2}$

2-**2** 풀이 참고, $\frac{1}{2}$

3-**1** (1) 0장 (2) 0

3-**2** 풀이 참고, $\frac{1}{2}$

4-**1** (1) 205 kg (2) 99 kg (3) 38 kg

4-**2** 풀이 참고, 34회

180~182쪽   **단원평가**

1 87, 94, 5, 91

2 많은 편입니다.

3 반반이다에 ○표

4 ㉢

5 풀이 참고 / 7 cm

6 13개, 12개

7 이레   **8** ④, ⑤

9

0     $\frac{1}{2}$ 1

10 $\frac{1}{2}$ **11** $\frac{1}{2}$

12 진호   **13** 66

14 연수   **15** 영민

16 ㉢, ㉠, ㉡   **17** 13명

18 1755000원

19 풀이 참고, $\frac{1}{2}$

20 풀이 참고, 16 m

정답 및 풀이

1단원 수의 범위와 어림하기

Power 개념의 힘
8~11쪽

개념 1
8~9쪽

개념 확인하기

1 답 42

2 '~보다 큰 수'는 '초과'로 나타내고, '~와 같거나 작은 수' 는 '이하'로 나타냅니다. 답 (1) 초과 (2) 이하

3 16보다 큰 수는 19, 17, 38입니다.
답 19, 17, 38에 ○표

4 90에는 ○으로 나타내고 90의 왼쪽으로 선을 긋습니다.
답 ㉡

개념 다지기

1 • 13 이하인 수는 13과 같거나 작은 수이므로 11, 12, 13입니다.
 • 13 초과인 수는 13보다 큰 수이므로 14, 15, 16입니다. 답 11, 12, 13에 ○표 / 14, 15, 16에 △표

2 (1) 9보다 작은 수는 4, 6입니다.
 (2) 방학 동안 읽은 책이 9권 미만인 학생은 민규, 상규이 므로 책의 수는 4권, 6권입니다.
 답 (1) 민규, 상규 (2) 4권, 6권

3 8에는 ●으로 나타내고 8의 왼쪽으로 선을 긋습니다.
답
┼─┼─┼─┼─┼─┼─┼
5 6 7 8 9 10 11

4 (1) 46은 포함되고 46보다 큰 수 쪽으로 선을 그었으므로 46 이상인 수입니다.
 (2) 22는 포함되지 않고 22보다 작은 수 쪽으로 선을 그었 으므로 22 미만인 수입니다.
 답 (1) 46 이상인 수 (2) 22 미만인 수

5 (1) 15 이하인 수는 수직선에 ●을 사용하여 나타냅니다.
 (2) 17 초과인 수는 수직선에 ○을 사용하여 나타냅니다.
 답 (1)
┼─┼─┼─┼─┼─┼─┼
13 14 15 16 17 18 19
 (2)
┼─┼─┼─┼─┼─┼─┼
14 15 16 17 18 19 20

6 ㉠ 20 이상인 수는 20과 같거나 큰 수이므로 20이 포함 됩니다.
 ㉡ 20 미만인 수는 20보다 작은 수이므로 20이 포함되지 않습니다.
 답 ㉠

개념 2
10~11쪽

개념 확인하기

1 36 kg은 34 kg 초과 36 kg 이하인 밴텀급에 속합니다.
답 밴텀급

2 32 kg 초과 34 kg 이하인 플라이급에 속하는 몸무게는 33.8 kg, 34 kg입니다. 답 33.8 kg, 34 kg에 ○표

3 36 kg 초과 39 kg 이하이므로 36에는 ○으로, 39에는 ●으로 나타내고 36과 39 사이에 선을 긋습니다.
답 ( )
(○)

4 13과 같거나 크고 17보다 작은 수이므로 13 이상 17 미 만인 수입니다. 답 이상, 미만

개념 다지기

1 키 135 cm 이하는 탈 수 없으므로 키 135 cm 초과인 학생을 모두 찾습니다. 답 현주, 영광

2 답 꼬마 비행기, 다람쥐통

3 ㉠ 120 이상 130 미만인 수 답 ㉡

4 42 이상 45 이하인 수이므로 42와 같거나 크고 45와 같 거나 작은 수가 범위에 속합니다. 답 ⑤

5 이상, 이하는 수직선에 ●을 사용하여 나타내고, 초과, 미 만은 수직선에 ○을 사용하여 나타냅니다.
답 (1)
┼─┼─◆─┼─┼─◆─┼─┼
7 8 9 10 11 12 13 14
 (2)
◆─┼─┼─┼─◆─┼─┼─┼
25 26 27 28 29 30 31 32

6 14, 15, 16, 17, 18, 19 ➡ 6개 답 6개

1 STEP 기본 유형의 힘
12~15쪽

유형 1 답 7, 8, 9

1 14 이하인 수는 14와 같거나 작은 수입니다. 답 지아

2 18과 같거나 큰 수는 18, 20.4, 25입니다.
답 18, 20.4, 25에 ○표

3 32와 같거나 작은 수는 10.7, 32, 29입니다.
답 10.7, 32, 29에 ○표

4 26과 같거나 작은 수가 아닌 것은 ③ 31.2, ④ 29입니다.
답 ③, ④

5 몸무게가 49 kg과 같거나 무거운 학생은 선화(51.3 kg), 현석(49.8 kg)입니다.   **답** 51.3 kg, 49.8 kg

6 (1) 13을 ●으로 나타내고 오른쪽으로 선을 긋습니다.
(2) 22를 ●으로 나타내고 왼쪽으로 선을 긋습니다.

답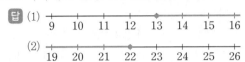

7 (1) 23은 포함되고 23보다 작은 수 쪽으로 선을 그었으므로 23 이하인 수입니다.
(2) 59는 포함되고 59보다 큰 수 쪽으로 선을 그었으므로 59 이상인 수입니다.

답 (1) 23 이하인 수 (2) 59 이상인 수

8 19세 이상은 19세와 같거나 많은 나이입니다.

답 25세, 19세, 36세에 ○표

9 키가 124 cm와 같거나 작은 학생은 지훈(123.5 cm), 윤빈(122 cm), 해수(124 cm)입니다.

답 지훈, 윤빈, 해수

유형 2 30보다 작은 수는 28.4, 21.9, 29입니다.

답 28.4, 21.9, 29에 ○표

10 (1) 봉사 활동 시간이 40시간보다 많은 학생은 윤재(43시간), 정아(42시간)입니다.   **답** (1) 윤재, 정아 (2) 2명

11 30 초과인 수는 38, 43이고 20 미만인 수는 19, 8입니다.   **답** 38, 43에 ○표 / 19, 8에 △표

12 17보다 큰 수는 18, 19, 20입니다.   **답** 18, 19, 20

13 21보다 작은 수는 20.9, 18로 모두 2개입니다.   **답** 2개

14 공 던지기 기록이 20 m보다 짧은 학생은 은영(16.4 m), 성희(13 m)입니다.   **답** 은영, 성희

15 (1) 17을 ○으로 나타내고 오른쪽으로 선을 긋습니다.
(2) 31을 ○으로 나타내고 왼쪽으로 선을 긋습니다.

답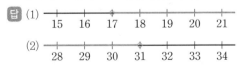

16 41을 ○으로 나타내고 오른쪽으로 선을 긋습니다.   **답** ④

17 36은 포함되지 않고 36보다 작은 수 쪽으로 선을 그었으므로 36 미만인 수입니다.   **답** 미만

18 2.2 m 초과인 것은 2.2 m보다 높은 것이므로 ㉣입니다.   **답** ㉣

유형 3 **답** 10, 11, 12, 13

19 25와 같거나 크고 34보다 작은 수가 아닌 것은 ④ 34입니다.   **답** ④

20 35보다 크고 40과 같거나 작은 수는 36, 40, 38로 모두 3개입니다.   **답** 3개

21 26과 30을 ●으로 나타낸 다음 선으로 잇습니다.

답
```
25  26  27  28  29  30  31  32
```

22 29와 32를 ○으로 나타내고 선으로 이었으므로 29 초과 32 미만인 수입니다.   **답** 29 초과 32 미만인 수

23 ㉠ 53과 같거나 크고, 55와 같거나 작은 수이므로 53이 포함됩니다.
㉡ 53보다 크고 56과 같거나 작은 수이므로 53이 포함되지 않습니다.
㉢ 52보다 크고, 55보다 작은 수이므로 53이 포함됩니다.
㉣ 50과 같거나 크고 53보다 작은 수이므로 53이 포함되지 않습니다.   **답** ㉠, ㉢

24 기온이 24 ℃보다 높고 26 ℃보다 낮은 도시는 울산(25 ℃)입니다.   **답** 울산

개념 3   16~17쪽

개념 확인하기

1 **답** 예

2 **답** 300개

3 **답** 124개

4 **답** 12400원

개념 다지기

1 371 ➡ 380
올립니다.   **답** 380에 ○표

2 **답** 0, 9400

3 구하려는 자리 아래 수를 올리고 아래 수는 모두 0으로 나타냅니다.
(1) 554 ➡ 560 (2) 608 ➡ 700
올립니다.   올립니다.   **답** (1) 560 (2) 700

4 (1) 3189 ➡ 3000 (2) 5476 ➡ 5000
　　　└➡ 버립니다.　　　└➡ 버립니다.
　　　　　　　　　　　　답 (1) 3000 (2) 5000

5 (1) 4.681 ➡ 4.69 (2) 2.503 ➡ 2.51
　　　└➡ 올립니다.　　└➡ 올립니다.　답 (1) 4.69 (2) 2.51

6 수를 각각 올림하여 십의 자리까지 나타냅니다.
　283 ➡ 290, 294 ➡ 300, 277 ➡ 280
　└➡ 올립니다.　└➡ 올립니다.　└➡ 올립니다.　답 283

7 4537 ➡ 4530
　　　└➡ 버립니다.　　　　　　　답 4530

개념 4
18~19쪽

개념 확인하기

1 답 (1) 2430, 2430 (2) 2400, 2400

2 (1) 6186 ➡ 6190
　　일의 자리 숫자가 6이므로 올립니다.
　(2) 6186 ➡ 6000
　　　└➡ 백의 자리 숫자가 1이므로 버립니다.
　　　　　　　　　　답 (1) 6190 (2) 6000

3 토마토 354개를 한 상자에 100개씩 담으면 3상자에 담고, 54개가 남습니다. 따라서 팔 수 있는 상자는 최대 3상자입니다.　답 (1) 3 (2) 3

개념 다지기

1 (1) 수직선의 눈금 한 칸의 크기는 1입니다.
　(2) 2586은 2580과 2590 중에서 2590에 더 가깝습니다.
　답 (1)

　(2) 약 2590명

2 (1) 1378 ➡ 1400 (2) 2435 ➡ 2400
　　　└➡ 올립니다.　　　└➡ 버립니다.
　　　　　　　　　　답 (1) 1400 (2) 2400

3 (1) 4.963 ➡ 4.96 (2) 8.715 ➡ 8.72
　　　└➡ 버립니다.　　└➡ 올립니다.　답 (1) 4.96 (2) 8.72

4 3176 ➡ 3000, 3642 ➡ 4000, 3408 ➡ 3000
　　└➡ 버립니다.　└➡ 올립니다.　└➡ 버립니다.
　　　　　　　　答 (　)(○)(　)

5 진서는 버림의 방법으로 어림해야 합니다.　답 준후

6 10명씩 8대에 타면 3명이 남고, 남는 3명도 타야 하므로 보트는 최소 8＋1＝9(대)가 필요합니다.　답 9대

7 467 kg을 한 봉지에 10 kg씩 담으면 46봉지까지 담을 수 있습니다. 따라서 팔 수 있는 튀김 가루는 최대 460 kg입니다.　답 460 kg

1 STEP 기본 유형의 힘
20~23쪽

유형 4 534 ➡ 540
　　　└➡ 올립니다.　　　답 540에 ○표

1 35620 ➡ 35620, 35620 ➡ 35700, 35620 ➡ 36000
　그대로 씁니다.　　└➡ 올립니다.　　└➡ 올립니다.
　　　　　　답 35620, 35700, 36000

2 2.765 ➡ 2.77
　　　└➡ 올립니다.　　　답 2.77

3 399 ➡ 400, 400 ➡ 400, 403 ➡ 500, 478 ➡ 500
　└➡ 올립니다.　그대로　└➡ 올립니다.　└➡ 올립니다.
　　　　　　씁니다.
　　　　　답 403, 478에 ○표

4 ㉠ 252 ➡ 260　㉡ 215 ➡ 300
　　　└➡ 올립니다.　　└➡ 올립니다.　답 ㉡

5 170 ➡ 170　　171 ➡ 180
　그대로 씁니다.　　└➡ 올립니다.
　180 ➡ 180　　181 ➡ 190
　그대로 씁니다.　　└➡ 올립니다.　답 171, 180

6 올림하여 백의 자리까지 나타내면 2500이므로 올림하기 전의 수는 24■■입니다. 따라서 세라의 사물함 자물쇠의 비밀번호는 2488입니다.　답 2488

유형 5 174 ➡ 170
　　　└➡ 버립니다.　　　답 170

7 5304 ➡ 5300, 5304 ➡ 5300, 5304 ➡ 5000
　└➡ 버립니다.　└➡ 버립니다.　└➡ 버립니다.
　　　　　　답 5300, 5300, 5000

8 8.243 ➡ 8.2
└➤ 버립니다.　　　　　　　　　　답 8.2

9 ㉠ 2561 ➡ 2500　　　㉡ 8073 ➡ 8000
　　└➤ 버립니다.　　　　　└➤ 버립니다.

　　㉢ 14900 ➡ 14900
　　그대로 씁니다.　　　　　　　　답 ㉡

10 ① 8735 ➡ 8000 ② 7960 ➡ 7000 ③ 8000 ➡ 8000
　　　└➤ 버립니다.　　　└➤ 버립니다.　그대로 씁니다.

　　④ 9000 ➡ 9000 ⑤ 9536 ➡ 9000
　　그대로 씁니다.　　　└➤ 버립니다.　　답 ①, ③

11 버림하여 백의 자리까지 나타내면 5700이 되는 자연수는
5700입니다. ■■에는 00부터 99까지 들어갈 수 있으
므로 이 중에서 가장 큰 자연수는 5799입니다.　답 5799

12 버림하여 십의 자리까지 나타내면 70이 된다고 하였으므
로 버림하기 전의 자연수는 70부터 79까지 수 중 하나입
니다. 경호가 처음에 생각한 자연수에 8을 곱해 나온 수이
므로 이 중에서 8의 배수를 찾으면 72이고 처음 경호가
생각한 자연수에 8을 곱했으므로 72를 8로 나누면 9입니
다. 따라서 경호가 처음에 생각한 자연수는 9입니다.
답 9

유형 **6** 536 ➡ 540
　　　└↑ 6이므로 올립니다.　　　　　답 540

13 51028 ➡ 51030, 51028 ➡ 51000,
　　　　└↑ 올립니다.　　　　　　└➤ 버립니다.
　　51028 ➡ 51000
　　　　└➤ 버립니다.　　　답 51030, 51000, 51000

14 7.643 ➡ 7.64
　　　└➤ 버립니다.　　　　　　　답 7.64

15 지우개의 실제 길이는 3.4 cm입니다.
　　3.4 ➡ 3
　　　└➤ 버립니다.　　　　　　　답 3 cm

16 8175 ➡ 8200
　　　└↑ 올립니다.　　　　　　　답 세라

17 134 ➡ 130　　　135 ➡ 140
　　└➤ 버립니다.　└↑ 올립니다.

144 ➡ 140　　145 ➡ 150
└➤ 버립니다.　└↑ 올립니다.　　　답 135, 144

18 주어진 수의 십의 자리 숫자가 8인데 반올림하여 십의 자
리까지 나타낸 수는 8790으로 십의 자리 숫자가 9가 되
었으므로 일의 자리에서 올림한 것입니다.
즉, 일의 자리에서 반올림했는데 올림한 것과 결과가 같으
려면 일의 자리 숫자가 5, 6, 7, 8, 9 중 하나여야 합니다.
답 5, 6, 7, 8, 9

유형 **7** 10명씩 15대에 타면 6명이 남고, 남은 6명도 타야 하
므로 마치는 최소 15+1=16(대) 필요합니다.
답 16대

19 (1) 100개가 안 되는 자두는 포장할 수 없으므로 버림의
방법으로 어림합니다.
　　(2) 973을 버림하여 백의 자리까지 나타냅니다.
　　　973 ➡ 900이므로 포장할 수 있는 자두는 최대 900개
　　　　　└➤ 버립니다.
　　입니다.　　　　　　　　답 (1) 버림　(2) 900개

20 651640 ➡ 650000이므로 전주시의 인구는 650000명
　　　　　└➤ 버립니다.
입니다.　　　　　　　　　　답 650000명

21 1357400 ➡ 1350000
　　　　　└➤ 버립니다.　　　　답 1350000원

22 유주는 버림의 방법으로 어림해야 합니다.　　답 정은

23 수호: 올림하여 천의 자리까지 나타내었습니다.
지아: 반올림하여 천의 자리까지 나타내었습니다.
진열된 물건값을 모두 더하면 29300원입니다. 따라서 물
건을 사는 데 필요한 돈을 어림하기에는 수호의 방법인 올
림이 더 적절합니다.　　　답 올림, 반올림 / 수호

2 STEP **응용 유형의 힘**　　　　24~27쪽

1 수의 범위를 수직선에 나타내면 다음과 같습니다.
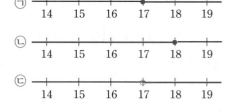
답 ㉠, ㉡

2 ㉠
```
45  46  47  48  49  50
```
㉡
```
45  46  47  48  49  50
```
㉢
```
45  46  47  48  49  50
```
답 ㉡, ㉢

3 ㉠
```
23  24  25  26  27  28
```
㉡
```
23  24  25  26  27  28
```
㉢
```
23  24  25  26  27  28
```
답 ㉠, ㉢

4 16 초과 22 이하인 자연수는 17, 18, 19, 20, 21, 22이므로 모두 6개입니다. 답 6개

5 80 이상 91 미만인 자연수는 80, 81, 82, 83, 84, 85, 86, 87, 88, 89, 90이므로 모두 11개입니다. 답 11개

6 ㉠ 38 이상 43 이하인 자연수는 38, 39, 40, 41, 42, 43이므로 6개입니다.

㉡ 27 초과 33 미만인 자연수는 28, 29, 30, 31, 32이므로 5개입니다.

따라서 수의 범위에 포함되는 자연수가 더 많은 것은 ㉠입니다. 답 ㉠

7 754 $\xrightarrow[\text{백의 자리까지}]{\text{버림하여}}$ 700

상자에 담을 수 있는 사탕은 700개이고 100개씩 담은 상자가 7상자입니다. 따라서 팔 수 있는 상자는 최대 7상자이고, 남은 사탕은 54개입니다. 답 7상자, 54개

8 312 $\xrightarrow[\text{십의 자리까지}]{\text{버림하여}}$ 310

상자에 담을 수 있는 귤은 310개이고 10개씩 담은 상자가 31상자입니다. 따라서 팔 수 있는 상자는 최대 31상자이고, 남은 귤은 2개입니다. 답 31상자, 2개

9 1937 $\xrightarrow[\text{백의 자리까지}]{\text{버림하여}}$ 1900

상자에 담을 수 있는 감자는 1900개이고 100개씩 담은 상자가 19상자입니다. 따라서 팔 수 있는 상자는 최대 19상자이고, 남은 감자는 37개입니다. 답 19상자, 37개

10 10상자씩 화물차 22대에 실어 나르면 220상자이므로 7상자가 남고, 남은 7상자도 실어 날라야 합니다. 따라서 화물차는 최소 22+1=23(대) 필요합니다. 답 23대

11 10 kg씩 자루 49개에 담으면 490 kg이므로 7 kg이 남고, 남은 7 kg도 자루에 담아야 합니다. 따라서 자루는 최소 49+1=50(개) 필요합니다. 답 50개

12 10명씩 승합차 23대에 타면 230명이므로 2명이 남고, 남은 2명도 타야 합니다.
따라서 승합차는 최소 23+1=24(대) 필요합니다. 답 24대

13 수 카드 4장으로 만들 수 있는 가장 큰 네 자리 수는 6532입니다.
6532 ➡ 6500
↳ 버립니다. 답 6500

14 수 카드 4장으로 만들 수 있는 가장 작은 네 자리 수는 1478입니다.
1478 ➡ 1480
↑ 올립니다. 답 1480

15 수 카드 4장으로 만들 수 있는 가장 큰 네 자리 수는 9543입니다.
9543 ➡ 9500
↳ 버립니다. 답 9500

16 십의 자리 숫자가 4일 때: 445, 446, 447, 448, 449
십의 자리 숫자가 5일 때: 450, 451, 452, 453, 454
답 445, 446, 447, 448, 449, 450, 451, 452, 453, 454

17 십의 자리 숫자가 5일 때: 355, 356, 357, 358, 359
십의 자리 숫자가 6일 때: 360, 361, 362, 363, 364
답 355, 356, 357, 358, 359, 360, 361, 362, 363, 364

18 십의 자리 숫자가 8일 때: 285, 286, 287, 288, 289
십의 자리 숫자가 9일 때: 290, 291, 292, 293, 294
따라서 처음의 수가 될 수 있는 자연수는 모두 10개입니다. 답 10개

19 8 kg은 5 kg 초과 10 kg 이하에 속하므로 타지역으로 무게가 8 kg인 택배를 보낼 때의 요금은 7500원입니다.
7500 ➡ 8000
↑ 올립니다. 답 8000원

20 59800 ➡ 60000
 올립니다.
 답 60000원

21 올림하여 십의 자리까지 나타내어 40이 되었다면 어떤 수는 30보다 크고 40과 같거나 작은 수입니다. 따라서 어떤 수가 될 수 있는 수의 범위는 30 초과 40 이하인 수입니다.

답

22 버림하여 십의 자리까지 나타내어 620이 되었다면 어떤 수는 620과 같거나 크고 630보다 작은 수입니다. 따라서 어떤 수가 될 수 있는 수의 범위는 620 이상 630 미만인 수입니다.

답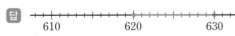

23 어떤 수를 반올림하여 십의 자리까지 나타낸 수 120은 일의 자리에서 올림하거나 버림하여 만들 수 있습니다.
 일의 자리에서 올림하여 어림수를 만들었다면 120보다 작으면서 일의 자리 숫자가 5, 6, 7, 8, 9 중 하나여야 하므로 어떤 수는 115 이상인 수입니다.
 또, 일의 자리에서 버림하여 어림수를 만들었다면 120보다 크면서 일의 자리 숫자가 0, 1, 2, 3, 4 중 하나여야 하므로 어떤 수는 125 미만인 수입니다.
 따라서 어떤 수가 될 수 있는 수의 범위는 115 이상 125 미만인 수입니다.

답

3 STEP 서술형의 힘 28~29쪽

1-1 (1) 2476 ➡ 3000 (2) 2476 ➡ 2480
 올립니다.   올립니다.
 (3) 3000 − 2480 = 520 답 (1) 3000 (2) 2480 (3) 520

1-2 [모범 답안] ❶ 5819를 버림하여 천의 자리까지 나타내기 위하여 천의 자리 아래 수인 819를 버림하면 5000이 됩니다.
 ❷ 5819를 버림하여 십의 자리까지 나타내기 위하여 십의 자리 아래 수인 9를 버림하면 5810이 됩니다.
 ❸ 두 어림수의 차는 5810 − 5000 = 810입니다.
 답 810

채점 기준		
❶ 버림하여 천의 자리까지 나타냄.	2점	
❷ 버림하여 십의 자리까지 나타냄.	2점	5점
❸ 두 어림수의 차를 구함.	1점	

2-1 답 (1) 5 g 이하 (2) 경호, 성연

2-2 [모범 답안] ❶ 보통 우편 요금이 400원인 편지의 무게 범위는 25 g 초과 50 g 이하입니다.
 ❷ 편지의 무게가 25 g 초과 50 g 이하인 친구는 다영, 수호입니다.
 답 다영, 수호

채점 기준		
❶ 보통 우편 요금이 400원인 편지의 무게 범위를 씀.	2점	
❷ 요금이 400원인 친구의 이름을 모두 씀.	3점	5점

3-1 (1) 10 × 345 = 3450(원)
 (3) 3450 ➡ 3000
 버립니다.
 답 (1) 3450원 (2) 버림에 ○표 (3) 3000원

3-2 [모범 답안] ❶ (진수가 가지고 있는 돈) = 100 × 287
 = 28700(원)
 ❷ 지폐로 바꿀 수 있는 돈이 얼마인지 구하려면 버림의 방법으로 어림해야 합니다.
 ❸ 28700 ➡ 28000
 버립니다.
 따라서 1000원짜리 지폐로 28000원까지 바꿀 수 있습니다.
 답 28000원

채점 기준		
❶ 진수가 가지고 있는 돈을 구함.	1점	
❷ 어떤 방법으로 어림해야 하는지 앎.	2점	5점
❸ 진수가 가지고 있는 돈을 1000원짜리 지폐로 최대 얼마까지 바꿀 수 있는지 구함.	2점	

4-1 (1) (잔디밭의 둘레) = 70 + 70 + 70 + 70 = 280 (cm)
 (2) 280 cm = 2.8 m
 (3) 2.8을 반올림하여 일의 자리까지 나타내면 3입니다. 따라서 잔디밭의 둘레는 3 m입니다.
 답 (1) 280 cm (2) 2.8 m (3) 3 m

4-2 [모범 답안] ❶ (꽃밭의 둘레) = 130 + 80 + 130 + 80
 = 420 (cm)
 ❷ 420 cm = 4.2 m
 ❸ 4.2를 반올림하여 일의 자리까지 나타내면 4입니다. 따라서 꽃밭의 둘레는 4 m입니다. 답 4 m

채점 기준		
❶ 꽃밭의 둘레는 몇 cm인지 구함.	1점	
❷ 꽃밭의 둘레는 몇 m인지 소수로 나타냄.	2점	5점
❸ 꽃밭의 둘레는 몇 m인지 반올림하여 일의 자리까지 나타냄.	2점	

단원평가 30~32쪽

1 ■ 미만인 수: ■보다 작은 수   답 미만

2 30과 같거나 큰 수를 모두 찾아 씁니다.
답 46, 34, 30, 43, 31.6

3 20보다 크고 28보다 작은 수를 모두 찾아 씁니다.
답 25.5, 27

4 509 ➡ 510
올립니다.   답 510

5 8에 ●으로 나타내고 오른쪽으로 선을 긋습니다.
답
|———|———|———|———|———|———|
5   6   7   8   9   10   11

6 44는 ●으로 나타내어 오른쪽으로 선을 그었으므로 44 이상인 수이고, 47은 ○으로 나타내어 왼쪽으로 선을 그었으므로 47 미만인 수입니다.   답 44 이상 47 미만인 수

7 8.192 ➡ 8.19
버립니다.   답 8.19

8 올림: 3614 ➡ 3620   버림: 3614 ➡ 3610
올립니다.   버립니다.

반올림: 3614 ➡ 3610
버립니다.   답 3620, 3610, 3610

9 45와 같거나 크고 48보다 작은 수를 찾으면 45, 46.5입니다.   답 희진, 현정

10 ㉠ 7408 ➡ 7410   ㉡ 7397 ➡ 7400
올립니다.   올립니다.

㉢ 7403 ➡ 7400   ㉣ 7306 ➡ 7310
버립니다.   올립니다.   답 ㉡, ㉢

11 1642를 반올림하여 백의 자리까지 나타내면
1642 ➡ 1600입니다.
버립니다.   답 >

12 연필의 실제 길이는 5.8 cm입니다.
5.8 ➡ 6
올립니다.   답 6 cm

13
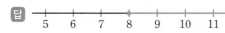
㉠
|——|——|——|——|——|
50   51   52   53   54

㉡
|——|——|——|——|——|
50   51   52   53   54

㉢
|——|——|——|——|——|
50   51   52   53   54
답 ㉠, ㉡

14 50분 동안 주차했으므로 30분 이상 1시간 미만 주차한 요금 1000원을 내야 합니다.   답 1000원

15 45보다 크고 48과 같거나 작은 자연수는 46, 47, 48입니다. ➡ 3개   답 3개

16 100 cm＝1 m이고 리본을 1 m 단위로만 판매하므로 5 m를 사면 86 cm가 부족합니다. 따라서 최소 6 m 사야 합니다.   답 6 m

17 10자루씩 학생 36명에게 나누어 주면 4자루가 남습니다. 남는 4자루는 학생들에게 나누어 줄 수 없으므로 연필을 10자루씩 받을 수 있는 학생은 최대 36명입니다.
답 36명

18 수 카드 5장으로 만들 수 있는 가장 큰 다섯 자리 수는 98320입니다.
98320 ➡ 99000
올립니다.   답 99000

19 [모범 답안] ❶ 소포 요금이 2700원인 무게의 범위는 1 kg 초과 3 kg 이하입니다.
❷ 소포의 무게가 1 kg 초과 3 kg 이하인 사람은 민정, 가영으로 모두 2명입니다.   답 2명

채점 기준		
❶ 소포 요금이 2700원인 무게의 범위를 앎.	2점	5점
❷ 소포 요금이 2700원인 사람 수를 구함.	3점	

20 [모범 답안]
❶ 58375＋49613＝107988(명)
❷ 107988을 반올림하여 천의 자리까지 나타내면
107988 ➡ 108000입니다.
올립니다.
따라서 채원이가 사는 도시의 인구는 108000명입니다.
답 108000명

채점 기준		
❶ 도시의 인구수를 구함.	2점	5점
❷ 도시의 인구는 몇천 명인지 반올림하여 나타냄.	3점	

2단원 분수의 곱셈

Power 개념의 힘 36~39쪽

개념 1 36~37쪽

개념 확인하기

1 답 (1) 2 (2) 4, 4, 2

2 답 (1) 2, 6, $1\frac{1}{5}$ (2) 3, 3, 15, $2\frac{1}{7}$

3 답 19, 19, $6\frac{1}{3}$

✅ 참고 계산 결과를 기약분수로 나타내어야 정답이지만 기약분수가 아닌 분수도 정답으로 인정합니다.

개념 다지기

1 답 (1) 8, $1\frac{3}{5}$ (2) 3, 3, 3, 3, $3\frac{3}{8}$

2 (1) $\frac{7}{10} \times 3 = \frac{7 \times 3}{10} = \frac{21}{10} = 2\frac{1}{10}$

(2) $1\frac{4}{9} \times 4 = \frac{13}{9} \times 4 = \frac{52}{9} = 5\frac{7}{9}$ 답 (1) $2\frac{1}{10}$ (2) $5\frac{7}{9}$

3 답 (1) $\frac{3}{10} \times 8 = \frac{3 \times \overset{4}{8}}{\underset{5}{10}} = \frac{12}{5} = 2\frac{2}{5}$

(2) $\frac{7}{8} \times 6 = \frac{7 \times \overset{3}{6}}{\underset{4}{8}} = \frac{21}{4} = 5\frac{1}{4}$

4 $5\frac{3}{10} \times 5 = \frac{53}{\underset{2}{10}} \times \overset{1}{5} = \frac{53}{2} = 26\frac{1}{2}$ 답 $26\frac{1}{2}$

5 답

6 답 $\frac{3}{7} \times 5 = 2\frac{1}{7}$, $2\frac{1}{7}$ L

개념 2 38~39쪽

개념 확인하기

1 답 (1) 1 (2) 5, 10

2 답 (1) 3, 7, 21, $10\frac{1}{2}$ (2) 3, 3, 21, $10\frac{1}{2}$

3 답 3, 13, 2, 39, $19\frac{1}{2}$

개념 다지기

1 답 (1) 7, 7 (2) 3, 6, 7

2 (1) $\overset{8}{\cancel{16}} \times \frac{5}{\underset{3}{\cancel{6}}} = \frac{40}{3} = 13\frac{1}{3}$

(2) $9 \times 1\frac{3}{4} = 9 \times \frac{7}{4} = \frac{63}{4} = 15\frac{3}{4}$

답 (1) $13\frac{1}{3}$ (2) $15\frac{3}{4}$

3 답 (1) $5\frac{3}{5}$ (2) $3\frac{1}{3}$

4 $4 \times \frac{3}{7}$에서는 자연수와 분자를 곱하기 때문에 $\frac{4}{7} \times 3$과 계산 결과가 같습니다.

$2\frac{2}{5} \times 3 = \frac{12}{5} \times 3 = \frac{36}{5}$이고, $3 \times 2\frac{2}{5} = 3 \times \frac{12}{5} = \frac{36}{5}$으로 곱하는 순서를 바꾸어도 계산 결과는 같습니다.

$1\frac{5}{12} \times 8$은 가분수로 바꾸어 $\frac{17}{12} \times 8$로 계산할 수 있으며 이 식을 약분하면 $\frac{17}{\underset{3}{\cancel{12}}} \times \overset{2}{\cancel{8}} = \frac{17}{3} \times 2$가 되므로

$\frac{17}{3} \times 2$와 계산 결과가 같습니다. 답

5 답 $\frac{2}{3}$에 ○표

6 (직사각형의 넓이) $= 8 \times 4\frac{1}{12} = \overset{2}{\cancel{8}} \times \frac{49}{\underset{3}{\cancel{12}}}$

$= \frac{98}{3} = 32\frac{2}{3}$ (cm²) 답 $32\frac{2}{3}$ cm²

STEP 1 기본 유형의 힘 40~43쪽

유형 1 $\frac{3}{4} \times 5 = \frac{3 \times 5}{4} = \frac{15}{4} = 3\frac{3}{4}$ 답 3, 4

1 답 (1) 4 (2) $5\frac{1}{3}$

2 답 (1) $4\frac{2}{3}$ (2) $5\frac{1}{3}$

3 답 ㉡

4 답 (교차 연결)

5 답 $9\frac{1}{3}$

6 답 $\dfrac{13}{20} \times 5 = 3\dfrac{1}{4}$, $3\dfrac{1}{4}$ L

유형 **2** $2\dfrac{2}{9} \times 3 = \dfrac{20}{9} \times \overset{1}{3} = \dfrac{20}{3} = 6\dfrac{2}{3}$ 답 $6\dfrac{2}{3}$

7 답 (1) $11\dfrac{1}{2}$ (2) $32\dfrac{2}{3}$

8 답 $2\dfrac{1}{7} \times 14 = (2 \times 14) + \left(\dfrac{1}{7} \times \overset{2}{14}\right) = 28 + 2 = 30$

9 $4\dfrac{1}{9} \times 5 = \dfrac{37}{9} \times 5 = \dfrac{185}{9} = 20\dfrac{5}{9}$ 답 $20\dfrac{5}{9}$

10 $3\dfrac{1}{10} \times 5 = \dfrac{31}{\underset{2}{10}} \times \overset{1}{5} = \dfrac{31}{2} = 15\dfrac{1}{2} \Rightarrow 15\dfrac{1}{2} \mathrel{>} 15$

답 $>$

11 답 ㉡, $2\dfrac{1}{3} \times 5 = \dfrac{7}{3} \times 5 = \dfrac{7 \times 5}{3} = \dfrac{35}{3} = 11\dfrac{2}{3}$

12 (정사각형의 둘레) $= 9\dfrac{1}{5} \times 4 = \dfrac{46}{5} \times 4$

$= \dfrac{184}{5} = 36\dfrac{4}{5}$ (cm)

답 $9\dfrac{1}{5} \times 4 = 36\dfrac{4}{5}$, $36\dfrac{4}{5}$ cm

유형 **3** $\overset{3}{9} \times \dfrac{5}{\underset{2}{6}} = \dfrac{15}{2} = 7\dfrac{1}{2}$ 답 $7\dfrac{1}{2}$

13 답 (1) $3\dfrac{1}{8}$ (2) $4\dfrac{1}{2}$

14 답 (1) $4\dfrac{2}{3}$ (2) $9\dfrac{3}{4}$

15 답 ㉡

16 1시간은 60분이므로 1시간의 $\dfrac{1}{4} \Rightarrow \overset{15}{60} \times \dfrac{1}{\underset{1}{4}} = 15$(분)

1 m는 100 cm이므로 1 m의 $\dfrac{1}{2} \Rightarrow \overset{50}{100} \times \dfrac{1}{\underset{1}{2}} = 50$ (cm)

답 경호

17 (동생에게 준 사탕의 수) $= \overset{4}{20} \times \dfrac{3}{\underset{1}{5}} = 12$(개)

답 $20 \times \dfrac{3}{5} = 12$, 12개

유형 **4** $5 \times 2\dfrac{3}{5} = \overset{1}{5} \times \dfrac{13}{\underset{1}{5}} = 13$ 답 13

18 답 (1) $12\dfrac{1}{4}$ (2) $16\dfrac{1}{4}$

19 답 (1) $14\dfrac{2}{3}$ (2) $20\dfrac{2}{5}$

20 답 $10 \times 3\dfrac{1}{4} = 10 \times \dfrac{13}{\underset{2}{4}}^{5} = \dfrac{5 \times 13}{2} = \dfrac{65}{2} = 32\dfrac{1}{2}$

21 곱하는 수가 1보다 더 크면 계산 결과가 6보다 커지고, 곱하는 수가 1보다 더 작으면 계산 결과가 6보다 작아집니다.

답 $6 \times 1\dfrac{2}{3}$에 ○표, $6 \times \dfrac{9}{10}$에 △표

22 (성훈이의 몸무게) $= 36 \times 1\dfrac{1}{4} = \overset{9}{36} \times \dfrac{5}{\underset{1}{4}} = 45$ (kg)

답 $36 \times 1\dfrac{1}{4} = 45$, 45 kg

개념의 힘 Power

44~49쪽

개념 3

44~45쪽

개념 확인하기

1 답 (1) 4, 3, 12 (2) 3, 5, $\dfrac{2}{15}$

2 답 (1) 6, 5, $\dfrac{1}{30}$ (2) 2, 9, $\dfrac{7}{18}$

3 답 (1) $\dfrac{1}{32}$ (2) 1, 2, $\dfrac{1}{12}$

개념 다지기

1 답 4, 8

2 (1) $\dfrac{1}{2} \times \dfrac{1}{6} = \dfrac{1}{2 \times 6} = \dfrac{1}{12}$

(2) $\dfrac{8}{9} \times \dfrac{1}{3} = \dfrac{8 \times 1}{9 \times 3} = \dfrac{8}{27}$ 답 (1) $\dfrac{1}{12}$ (2) $\dfrac{8}{27}$

3 $\dfrac{1}{\underset{3}{12}} \times \dfrac{\overset{1}{4}}{7} = \dfrac{1}{21}$ 답 $\dfrac{1}{21}$

4 $\dfrac{1}{8} \times \dfrac{1}{4} = \dfrac{1}{32}$이므로 $\dfrac{1}{8}$보다 작습니다. 답 $<$

5 $\dfrac{1}{5} \times \dfrac{1}{2} = \dfrac{1}{10}$, $\dfrac{1}{\underset{5}{10}} \times \dfrac{\overset{3}{6}}{7} = \dfrac{3}{35}$ 답 $\dfrac{1}{10}$, $\dfrac{3}{35}$

6 답 $\dfrac{5}{9} \times \dfrac{1}{10} = \dfrac{\overset{1}{5} \times 1}{9 \times \underset{2}{10}} = \dfrac{1}{18}$

단원 **2**

분수의 곱셈

7 $\frac{1}{3}$의 $\frac{1}{12}$ → $\frac{1}{3} \times \frac{1}{12} = \frac{1}{36}$ 답 $\frac{1}{36}$

8 $\overset{5}{\cancel{10}} \times \frac{1}{\underset{1}{\cancel{2}}} = \frac{5}{13}$ 답 $\frac{10}{13} \times \frac{1}{2} = \frac{5}{13}$, $\frac{5}{13}$

개념 4 46~47쪽

개념 확인하기

1 답 (1) 2, 3, $\frac{4}{15}$ (2) $\frac{1}{6}$, $\frac{1}{24}$

2 답 (1) 4, 9, 1, 3, $\frac{1}{3}$ (2) 2, 6, 5, 36, $\frac{5}{36}$

3 답 (1) 2, 2, $\frac{3}{4}$ (2) 2, 1, 1, 1, $\frac{2}{9}$

개념 다지기

1 답 1, 1, $\frac{1}{5}$, 10

2 $\frac{\overset{1}{\cancel{3}}}{\underset{1}{\cancel{4}}} \times \frac{\overset{1}{\cancel{4}}}{\underset{3}{\cancel{9}}} = \frac{1}{3}$, $\frac{\overset{1}{\cancel{4}}}{5} \times \frac{\overset{1}{\cancel{5}}}{\underset{4}{\cancel{16}}} = \frac{1}{4}$, $\frac{\overset{1}{\cancel{5}}}{\underset{2}{\cancel{8}}} \times \frac{\overset{1}{\cancel{4}}}{\underset{3}{\cancel{15}}} = \frac{1}{6}$

답

3 (1) $\frac{\overset{2}{\cancel{6}}}{7} \times \frac{\overset{2}{\cancel{14}}}{\underset{5}{\cancel{15}}} = \frac{4}{5}$ (2) $\frac{\overset{1}{\cancel{3}}}{\underset{1}{\cancel{4}}} \times \frac{1}{\cancel{3}} \times \frac{\overset{2}{\cancel{8}}}{9} = \frac{2}{9}$ 답 (1) $\frac{4}{5}$ (2) $\frac{2}{9}$

4 $\frac{2}{\underset{3}{\cancel{9}}} \times \frac{\overset{2}{\cancel{6}}}{11} = \frac{4}{33}$ 답 $\frac{4}{33}$

5 누리 : $\frac{\overset{2}{\cancel{4}}}{5} \times \frac{3}{\underset{5}{\cancel{10}}} = \frac{6}{25}$ 아라 : $\frac{1}{\underset{2}{\cancel{4}}} \times \frac{3}{7} \times \frac{\overset{1}{\cancel{2}}}{5} = \frac{3}{70}$ 답 아라

6 (사용한 색 테이프의 길이) = $\frac{5}{\underset{4}{\cancel{8}}} \times \frac{\overset{3}{\cancel{6}}}{7} = \frac{15}{28}$ (m)

답 $\frac{5}{8} \times \frac{6}{7} = \frac{15}{28}$, $\frac{15}{28}$ m

---

개념 5 48~49쪽

개념 확인하기

1 답 (1) 35 (2) 35, $3\frac{8}{9}$

---

2 답 5, 11, 5, 11, 55, $2\frac{13}{21}$

3 답 6, 6, 1, $\frac{12}{5}$, $2\frac{2}{5}$

개념 다지기

1 답 11, 5, $\frac{55}{12}$, $4\frac{7}{12}$

2 (1) $1\frac{3}{7} \times 1\frac{5}{9} = \frac{10}{\underset{1}{\cancel{7}}} \times \frac{\overset{2}{\cancel{14}}}{9} = \frac{20}{9} = 2\frac{2}{9}$

(2) $1\frac{1}{8} \times 3\frac{7}{11} = \frac{9}{\underset{1}{\cancel{8}}} \times \frac{\overset{5}{\cancel{40}}}{11} = \frac{45}{11} = 4\frac{1}{11}$

답 (1) $2\frac{2}{9}$ (2) $4\frac{1}{11}$

3 답 $5 \times \frac{3}{8} = \frac{5}{1} \times \frac{3}{8} = \frac{15}{8} = 1\frac{7}{8}$

4 $\frac{3}{4} \times 2\frac{2}{3} = \frac{\overset{1}{\cancel{3}}}{\cancel{4}} \times \frac{\overset{2}{\cancel{8}}}{\cancel{3}} = 2$ 답 2

5 $1\frac{1}{2} \times 2\frac{7}{9} = \frac{3}{2} \times \frac{25}{\underset{3}{\cancel{9}}} = \frac{25}{6} = 4\frac{1}{6}$ 답 $4\frac{1}{6}$

6 (선주의 가방 무게) = $2\frac{3}{4} \times \frac{4}{5} = \frac{11}{\underset{1}{\cancel{4}}} \times \frac{\overset{1}{\cancel{4}}}{5} = \frac{11}{5} = 2\frac{1}{5}$ (kg)

답 $2\frac{3}{4} \times \frac{4}{5} = 2\frac{1}{5}$, $2\frac{1}{5}$ kg

7 (다보탑의 높이) = (석가탑의 높이) × $1\frac{11}{41}$

$= 8\frac{1}{5} \times 1\frac{11}{41} = \frac{\overset{1}{\cancel{41}}}{5} \times \frac{52}{\underset{1}{\cancel{41}}}$

$= \frac{52}{5} = 10\frac{2}{5}$ (m) 답 $10\frac{2}{5}$

---

1 STEP 기본 유형의 힘 50~53쪽

유형 5 $\frac{1}{6} \times \frac{1}{2} = \frac{1}{6 \times 2} = \frac{1}{12}$ 답 $\frac{1}{12}$

1 답 (1) $\frac{1}{30}$ (2) $\frac{5}{48}$

2 $\frac{1}{9} \times \frac{6}{11} = \frac{1 \times \overset{2}{\cancel{6}}}{\underset{3}{\cancel{9}} \times 11} = \frac{2}{33}$ 답 $\frac{2}{33}$

3 $\dfrac{3}{7} \times \dfrac{1}{4} = \dfrac{3 \times 1}{7 \times 4} = \dfrac{3}{28}$ 답 $\dfrac{3}{28}$

4 경호: $\dfrac{2}{5} \times \dfrac{1}{5} = \dfrac{2 \times 1}{5 \times 5} = \dfrac{2}{25}$ 답 다영

5 ㉠ $\dfrac{1}{9} \times \dfrac{1}{2} = \dfrac{1}{9 \times 2} = \dfrac{1}{18}$ ㉡ $\dfrac{1}{4} \times \dfrac{1}{4} = \dfrac{1}{4 \times 4} = \dfrac{1}{16}$

㉢ $\dfrac{1}{3} \times \dfrac{1}{6} = \dfrac{1}{3 \times 6} = \dfrac{1}{18}$ 답 ㉡

6 $\dfrac{1}{\square} \times \dfrac{1}{\square}$ 에서 분모에 큰 수가 들어갈수록 계산 결과가 작아집니다. 따라서 두 장의 카드를 사용하여 계산 결과가 가장 작은 식을 만들려면 수 카드 4와 5를 사용해야 합니다.

답 4, 5 (또는 5, 4)

7 $\dfrac{1}{6} \times \dfrac{2}{3} = \dfrac{1 \times 2}{6 \times 3} = \dfrac{1}{9}$ 답 $\dfrac{1}{6} \times \dfrac{2}{3} = \dfrac{1}{9}$, $\dfrac{1}{9}$

유형6 $\dfrac{7}{10} \times \dfrac{5}{8} = \dfrac{7 \times 5}{10 \times 8} = \dfrac{7}{16}$ 답 $\dfrac{7}{16}$

8 답 (1) $\dfrac{9}{16}$ (2) $\dfrac{2}{3}$

9 답 (1) $\dfrac{9}{25} \times \dfrac{5}{12} = \dfrac{9 \times 5}{25 \times 12} = \dfrac{3}{20}$

(2) $\dfrac{13}{18} \times \dfrac{12}{17} = \dfrac{13 \times 12}{18 \times 17} = \dfrac{26}{51}$

10 답 (위에서부터) $\dfrac{5}{54}$, $\dfrac{1}{18}$

11 $\dfrac{3}{8}$ 에 1보다 작은 수를 곱한 것을 찾습니다. 답 ㉠

12 (사용한 리본의 길이)$=\dfrac{3}{16} \times \dfrac{8}{15} = \dfrac{1}{10}$ (m)

답 $\dfrac{3}{16} \times \dfrac{8}{15} = \dfrac{1}{10}$, $\dfrac{1}{10}$ m

유형7 $\dfrac{1}{3} \times \dfrac{1}{2} \times \dfrac{1}{15} = \dfrac{1}{90}$ 답 $\dfrac{1}{90}$

13 답 (1) $\dfrac{3}{16}$ (2) $\dfrac{1}{270}$

14 답 $\dfrac{4}{7} \times \dfrac{1}{3} \times \dfrac{9}{10} = \dfrac{6}{35}$

15 $\dfrac{1}{4} \times \dfrac{3}{7} \times \dfrac{2}{5} = \dfrac{3}{70}$ 답 $\dfrac{3}{70}$

16 $\dfrac{5}{8} \times \dfrac{2}{3} \times \dfrac{1}{5} = \dfrac{1}{12}$ ➡ $\dfrac{5}{8} \bigcirc\!\!>\dfrac{1}{12}$ 답 >

☑참고   어떤 수에 1보다 작은 수를 곱하면 곱한 결과는 어떤 수보다 작아집니다.

17 $\dfrac{5}{24} \times \dfrac{1}{2} \times \dfrac{2}{3} = \dfrac{5}{72}$ 답 $\dfrac{5}{24} \times \dfrac{1}{2} \times \dfrac{2}{3} = \dfrac{5}{72}$, $\dfrac{5}{72}$

유형8 $1\dfrac{1}{5} \times 2\dfrac{2}{3} = \dfrac{6}{5} \times \dfrac{8}{3} = \dfrac{16}{5} = 3\dfrac{1}{5}$ 답 $3\dfrac{1}{5}$

18 답 (1) 3 (2) $3\dfrac{1}{2}$

19 답 (1) $\dfrac{7}{15}$ (2) $1\dfrac{5}{9}$

20 대분수의 곱셈을 할 때에는 먼저 대분수를 가분수로 바꾼 후에 계산합니다. 답 $2\dfrac{2}{3} \times 2\dfrac{1}{8} = \dfrac{8}{3} \times \dfrac{17}{8} = \dfrac{17}{3} = 5\dfrac{2}{3}$

21 $1\dfrac{3}{7} \times 12\dfrac{1}{4} = \dfrac{10}{7} \times \dfrac{49}{4} = \dfrac{35}{2} = 17\dfrac{1}{2}$

$22 \times \dfrac{3}{4} = \dfrac{22}{1} \times \dfrac{3}{4} = \dfrac{33}{2} = 16\dfrac{1}{2}$ 답 (○)( )

22 가장 큰 수: $3\dfrac{1}{3}$, 가장 작은 수: $\dfrac{3}{5}$

➡ $3\dfrac{1}{3} \times \dfrac{3}{5} = \dfrac{10}{3} \times \dfrac{3}{5} = 2$ 답 2

23 (액자의 넓이)$=10\dfrac{1}{8} \times 12\dfrac{4}{9} = \dfrac{81}{8} \times \dfrac{112}{9} = 126$ (cm²)

답 $10\dfrac{1}{8} \times 12\dfrac{4}{9} = 126$, 126 cm²

2 STEP 응용 유형의 힘   54~57쪽

1 $\dfrac{2}{5}$ 에 1보다 작은 수를 곱하였으므로 계산 결과는 $\dfrac{2}{5}$ 보다 작아집니다. 답 <

2 $\dfrac{7}{18}$ 에 1보다 큰 수를 곱하였으므로 계산 결과는 $\dfrac{7}{18}$ 보다 커집니다. 답 >

3 $\dfrac{5}{9}$에 1보다 작은 수를 곱하면 계산 결과는 $\dfrac{5}{9}$보다 작아집니다.

답 $\dfrac{5}{9} \times \dfrac{3}{8}$에 ○표

4 답 $4 \times 2\dfrac{1}{12} = \overset{1}{4} \times \dfrac{25}{\underset{3}{12}} = \dfrac{25}{3} = 8\dfrac{1}{3}$

5 $\dfrac{\overset{1}{4}}{9} \times \dfrac{5}{\underset{6}{24}} = \dfrac{1 \times 5}{9 \times 6} = \dfrac{5}{54}$

답 [모범 답안] 분자와 분모를 약분해야 하는데 분모끼리 약분하여 계산했습니다. / $\dfrac{5}{54}$

평가 기준
잘못 계산한 이유를 바르게 쓰고 바르게 계산한 값을 구했으면 정답입니다.

6 $3\dfrac{1}{15} \times 10 = \dfrac{46}{\underset{3}{15}} \times \overset{2}{10} = \dfrac{92}{3} = 30\dfrac{2}{3}$

답 [모범 답안] 대분수를 가분수로 바꾸기 전에 약분하여 계산했습니다. / $30\dfrac{2}{3}$

평가 기준
잘못 계산한 이유를 바르게 쓰고 바르게 계산한 값을 구했으면 정답입니다.

7 가: $1\dfrac{6}{7} \times \dfrac{5}{7} = \dfrac{13}{7} \times \dfrac{5}{7} = \dfrac{65}{49} = 1\dfrac{16}{49}$ (cm²)

나: $1\dfrac{2}{7} \times 1\dfrac{2}{7} = \dfrac{9}{7} \times \dfrac{9}{7} = \dfrac{81}{49} = 1\dfrac{32}{49}$ (cm²)

따라서 $1\dfrac{16}{49} < 1\dfrac{32}{49}$이므로 정사각형 나가 더 넓습니다.

답 나

8 가: $1\dfrac{5}{6} \times 1\dfrac{5}{6} = \dfrac{11}{6} \times \dfrac{11}{6} = \dfrac{121}{36} = 3\dfrac{13}{36}$ (cm²)

나: $2\dfrac{1}{2} \times 1\dfrac{1}{6} = \dfrac{5}{2} \times \dfrac{7}{6} = \dfrac{35}{12} = 2\dfrac{11}{12}$ (cm²)

따라서 $3\dfrac{13}{36} > 2\dfrac{11}{12}$이므로 정사각형 가가 더 넓습니다.

답 가

9 ㉠: $2\dfrac{1}{3} \times 2\dfrac{1}{3} = \dfrac{7}{3} \times \dfrac{7}{3} = \dfrac{49}{9} = 5\dfrac{4}{9}$ (cm²)

㉡: $3\dfrac{1}{3} \times 1\dfrac{2}{3} = \dfrac{10}{3} \times \dfrac{5}{3} = \dfrac{50}{9} = 5\dfrac{5}{9}$ (cm²)

따라서 $5\dfrac{4}{9} < 5\dfrac{5}{9}$이므로 정사각형 ㉠이 더 좁습니다.

답 ㉠

10 $\dfrac{1}{8} \times \dfrac{1}{\square} = \dfrac{1}{8 \times \square}$이므로 $\dfrac{1}{8 \times \square} > \dfrac{1}{35}$에서 $8 \times \square$가 35보다 작아야 합니다. 따라서 $\square$ 안에 들어갈 수 있는 수 중에서 1보다 큰 자연수는 2, 3, 4입니다.

답 2, 3, 4

11 $\dfrac{1}{\square} \times \dfrac{1}{6} = \dfrac{1}{\square \times 6}$이므로 $\dfrac{1}{\square \times 6} > \dfrac{1}{20}$에서 $\square \times 6$이 20보다 작아야 합니다. 따라서 $\square$ 안에 들어갈 수 있는 수 중에서 1보다 큰 자연수는 2, 3입니다.

답 2, 3

12 $\dfrac{1}{11} \times \dfrac{1}{\square} = \dfrac{1}{11 \times \square}$이므로 $\dfrac{1}{11 \times \square} > \dfrac{1}{45}$에서 $11 \times \square$가 45보다 작아야 합니다. 따라서 $\square$ 안에 들어갈 수 있는 수 중에서 1보다 큰 자연수는 2, 3, 4로 모두 3개입니다.

답 3개

13 가장 큰 대분수는 $8\dfrac{2}{5}$이고, 가장 작은 대분수는 $2\dfrac{5}{8}$입니다.

➡ $8\dfrac{2}{5} \times 2\dfrac{5}{8} = \dfrac{\overset{21}{42}}{5} \times \dfrac{21}{\underset{4}{8}} = \dfrac{441}{20} = 22\dfrac{1}{20}$ 답 $22\dfrac{1}{20}$

14 가장 큰 대분수는 $7\dfrac{1}{3}$이고, 가장 작은 대분수는 $1\dfrac{3}{7}$입니다.

➡ $7\dfrac{1}{3} \times 1\dfrac{3}{7} = \dfrac{22}{3} \times \dfrac{10}{7} = \dfrac{220}{21} = 10\dfrac{10}{21}$ 답 $10\dfrac{10}{21}$

15 수민이가 만든 대분수: $6\dfrac{1}{4}$, 경수가 만든 대분수: $2\dfrac{4}{5}$

➡ $6\dfrac{1}{4} \times 2\dfrac{4}{5} = \dfrac{25}{\underset{2}{4}} \times \dfrac{\overset{7}{14}}{\underset{1}{5}} = \dfrac{35}{2} = 17\dfrac{1}{2}$ 답 $17\dfrac{1}{2}$

16 어제 읽고 난 나머지는 전체의 $1 - \dfrac{3}{4} = \dfrac{1}{4}$입니다.

오늘 읽은 부분은 어제 읽고 난 나머지의 $\dfrac{5}{8}$이므로 오늘 읽은 양은 동화책 전체의 $\dfrac{1}{4} \times \dfrac{5}{8} = \dfrac{5}{32}$입니다. 답 $\dfrac{5}{32}$

17 어제 갈고 난 나머지는 전체의 $1 - \dfrac{3}{10} = \dfrac{7}{10}$입니다.

오늘 간 부분은 어제 갈고 난 나머지의 $\dfrac{5}{12}$이므로 오늘 간 양은 밭 전체의 $\dfrac{7}{\underset{2}{10}} \times \dfrac{\overset{1}{5}}{12} = \dfrac{7}{24}$입니다. 답 $\dfrac{7}{24}$

18 어제 읽고 난 나머지는 전체의 $1 - \dfrac{1}{12} = \dfrac{11}{12}$입니다.

오늘 읽은 부분은 어제 읽고 난 나머지의 $\dfrac{2}{11}$이므로 오늘 읽은 양은 위인전 전체의 $\dfrac{\overset{1}{11}}{\underset{6}{12}} \times \dfrac{\overset{1}{2}}{\underset{1}{11}} = \dfrac{1}{6}$입니다.

따라서 오늘 읽은 양은 모두 $\overset{22}{\cancel{132}} \times \dfrac{1}{\underset{1}{\cancel{6}}} = 22$(쪽)입니다.

답 22쪽

19 (지선이네 반에서 강아지를 좋아하는 여학생 수)

$= \overset{1}{\underset{1}{\cancel{35}}} \times \dfrac{\overset{2}{\cancel{4}}}{\cancel{7}} \times \dfrac{7}{\underset{1}{\cancel{10}}} = 14$(명)

답 14명

20 (민혁이네 반에서 축구를 좋아하는 남학생 수)

$= \overset{4}{\underset{8}{\cancel{40}}} \times \dfrac{\overset{1}{\cancel{3}}}{\underset{1}{\cancel{5}}} \times \dfrac{5}{\underset{1}{\cancel{6}}} = 20$(명)

답 20명

21 (혜진이네 반에서 피자를 좋아하는 여학생 수)

$= \overset{1}{\underset{1}{\cancel{36}}} \times \dfrac{7}{\underset{1}{\cancel{12}}} \times \dfrac{2}{\underset{1}{\cancel{3}}} = 14$(명)

답 14명

22 50분$= \dfrac{50}{60}$시간$= \dfrac{5}{6}$시간

➡ (정수가 50분 동안 걷는 거리)

$= \overset{2}{\cancel{4}} \times \dfrac{5}{\underset{3}{\cancel{6}}} = \dfrac{10}{3} = 3\dfrac{1}{3}$ (km)

답 $3\dfrac{1}{3}$ km

23 1시간 20분$= 1\dfrac{20}{60}$시간$= 1\dfrac{1}{3}$시간

➡ (어머니께서 1시간 20분 동안 달린 거리)

$= 12\dfrac{1}{2} \times 1\dfrac{1}{3} = \dfrac{25}{\underset{1}{\cancel{2}}} \times \dfrac{\overset{2}{\cancel{4}}}{3} = \dfrac{50}{3} = 16\dfrac{2}{3}$ (km)

답 $16\dfrac{2}{3}$ km

---

3 STEP **서술형의 힘**   58~59쪽

1-1 (1) 정육각형은 여섯 변의 길이가 모두 같습니다.

(3) (액자의 둘레)=(한 변의 길이)$\times 6 = 1\dfrac{1}{4} \times 6$

$= \dfrac{5}{\underset{2}{\cancel{4}}} \times \overset{3}{\cancel{6}} = \dfrac{15}{2} = 7\dfrac{1}{2}$ (m)

답 (1) 6개 (2) 6, $7\dfrac{1}{2}$ (3) $7\dfrac{1}{2}$ m

1-2 모범 답안 ❶ 정오각형은 다섯 변의 길이가 모두 같으므로 둘레는 (한 변의 길이)$\times 5$입니다.

❷ (거울의 둘레)$= 5\dfrac{3}{10} \times 5 = \dfrac{53}{\underset{2}{\cancel{10}}} \times \overset{1}{\cancel{5}} = \dfrac{53}{2}$

$= 26\dfrac{1}{2}$ (cm)

답 $26\dfrac{1}{2}$ cm

채점 기준

❶ 정오각형의 둘레 구하는 방법을 앎.	2점	5점
❷ 거울의 둘레를 구함.	3점	

2-1 (1) $\dfrac{1}{9} \times \dfrac{1}{5} = \dfrac{1}{45}$, $\dfrac{1}{6} \times \dfrac{1}{7} = \dfrac{1}{42}$

(2) $\dfrac{1}{45} < \square < \dfrac{1}{42}$에서 $\square$ 안에 들어갈 수 있는 단위분수는 $\dfrac{1}{44}$, $\dfrac{1}{43}$입니다.

답 (1) $\dfrac{1}{45}$, $\dfrac{1}{42}$ (2) $\dfrac{1}{44}$, $\dfrac{1}{43}$ (3) 2개

2-2 모범 답안 ❶ $\dfrac{1}{8} \times \dfrac{1}{3} = \dfrac{1}{24}$, $\dfrac{1}{6} \times \dfrac{1}{3} = \dfrac{1}{18}$입니다.

❷ 따라서 $\dfrac{1}{24} < \square < \dfrac{1}{18}$에서 $\square$ 안에 들어갈 수 있는 단위분수는 $\dfrac{1}{23}$, $\dfrac{1}{22}$, $\dfrac{1}{21}$, $\dfrac{1}{20}$, $\dfrac{1}{19}$로

❸ 모두 5개입니다.

답 5개

채점 기준

❶ $\dfrac{1}{8} \times \dfrac{1}{3}$, $\dfrac{1}{6} \times \dfrac{1}{3}$을 계산함.	2점	
❷ $\square$ 안에 들어갈 수 있는 단위분수를 구함.	2점	5점
❸ $\square$ 안에 들어갈 수 있는 단위분수의 개수를 구함.	1점	

3-1 (2) $\square = 4\dfrac{3}{8} - \dfrac{5}{8} = 3\dfrac{3}{4}$

(3) $3\dfrac{3}{4} \times \dfrac{5}{8} = \dfrac{15}{4} \times \dfrac{5}{8} = \dfrac{75}{32} = 2\dfrac{11}{32}$

답 (1) $\square + \dfrac{5}{8} = 4\dfrac{3}{8}$ (2) $3\dfrac{3}{4}$ (3) $2\dfrac{11}{32}$

3-2 모범 답안 ❶ 어떤 수를 $\square$라 하면 $\square + \dfrac{4}{7} = 2\dfrac{4}{7}$입니다.

❷ $\square = 2\dfrac{4}{7} - \dfrac{4}{7} = 2$이므로 어떤 수는 2입니다.

❸ 따라서 바르게 계산한 값은

$2 \times \dfrac{4}{7} = \dfrac{8}{7} = 1\dfrac{1}{7}$입니다.

답 $1\dfrac{1}{7}$

채점 기준

❶ 어떤 수를 $\square$라 하여 잘못 계산한 덧셈식을 만듦.	1점	
❷ 어떤 수를 구함.	2점	5점
❸ 바르게 계산한 값을 구함.	2점	

4-1 (1) $1-\dfrac{1}{4}=\dfrac{3}{4}$ (2) $1\times1\dfrac{1}{2}=1\dfrac{1}{2}$

(3) $\dfrac{3}{4}\times1\dfrac{1}{2}=\dfrac{3}{4}\times\dfrac{3}{2}=\dfrac{9}{8}=1\dfrac{1}{8}$(배)

답 (1) $\dfrac{3}{4}$ (2) $1\dfrac{1}{2}$ (3) $1\dfrac{1}{8}$배

4-2 모범 답안 ❶ 처음 정사각형의 한 변의 길이를 1이라 하면 만든 직사각형의 가로는 처음 길이의 $1\dfrac{1}{4}$이고,

❷ 만든 직사각형의 세로는 처음 길이의 $1-\dfrac{1}{3}=\dfrac{2}{3}$입니다.

❸ 따라서 만든 직사각형의 넓이는 처음 정사각형의 넓이의

$1\dfrac{1}{4}\times\dfrac{2}{3}=\dfrac{5}{\cancel{4}_2}\times\dfrac{\cancel{2}^{1}}{3}=\dfrac{5}{6}$(배)입니다. 답 $\dfrac{5}{6}$배

채점 기준

❶ 처음 정사각형의 한 변의 길이를 1이라 할 때 만든 직사각형의 가로를 구함.	1점	
❷ 처음 정사각형의 한 변의 길이를 1이라 할 때 만든 직사각형의 세로를 구함.	1점	5점
❸ 만든 직사각형의 넓이는 처음 정사각형의 넓이의 몇 배인지 구함.	3점	

수학의 힘 단원평가   60~62쪽

1 답 (○) (　　)

2 답 다영

3 답 4, 5, 20, $6\dfrac{2}{3}$

4 답 $\dfrac{5}{21}$

5 답 $2\dfrac{2}{5}$

6 답 $\dfrac{1}{15}$, $\dfrac{1}{60}$

7 답 $9\dfrac{5}{7}$

8 답 ㉠

9 1보다 작은 수를 곱하면 처음 수보다 작아집니다. 답 ㉠

10 답 $\dfrac{2}{7}$

11 $\dfrac{3}{\cancel{10}_5}\times\cancel{8}^{4}=\dfrac{12}{5}=2\dfrac{2}{5}$ (kg) 답 $2\dfrac{2}{5}$ kg

12 (형의 나이)$=12\times1\dfrac{1}{6}=\cancel{12}^{2}\times\dfrac{7}{\cancel{6}_1}=14$(살) 답 14살

13 (직사각형의 넓이)$=$(가로)$\times$(세로)$=3\dfrac{1}{5}\times1\dfrac{1}{4}$

$=\dfrac{\cancel{16}^{4}}{\cancel{5}_1}\times\dfrac{\cancel{5}^{1}}{\cancel{4}_1}=4$ (cm^2) 답 4 cm^2

14 답 ㉡, ㉢, ㉠

15 현아: $\dfrac{7}{\cancel{15}_5}\times\dfrac{\cancel{3}^{1}}{8}=\dfrac{7}{40}$, 태현: $\dfrac{\cancel{5}^{1}}{16}\times\dfrac{7}{\cancel{20}_4}=\dfrac{7}{64}$

➡ $\dfrac{7}{40}>\dfrac{7}{64}$이므로 만든 두 분수의 곱이 더 작은 사람은 태현입니다. 답 태현

16 $\dfrac{\cancel{3}^{1}}{5}\times\dfrac{1}{\cancel{3}_1}=\dfrac{1}{5}$ 답 $\dfrac{1}{5}$

17 $1\dfrac{3}{8}\times6\dfrac{1}{2}=\dfrac{11}{8}\times\dfrac{13}{2}=\dfrac{143}{16}=8\dfrac{15}{16}$ ➡ $8\dfrac{15}{16}>\square$

따라서 □ 안에 들어갈 수 있는 자연수는 1, 2, 3, 4, 5, 6, 7, 8이고 그중에서 가장 큰 수는 8입니다. 답 8

18 가장 큰 대분수는 $5\dfrac{1}{2}$이고, 가장 작은 대분수는 $1\dfrac{2}{5}$입니다.

➡ $5\dfrac{1}{2}\times1\dfrac{2}{5}=\dfrac{11}{2}\times\dfrac{7}{5}=\dfrac{77}{10}=7\dfrac{7}{10}$ 답 $7\dfrac{7}{10}$

19 모범 답안 ❶ (종이학을 접은 색종이의 수)

$=\cancel{72}^{9}\times\dfrac{3}{\cancel{8}_1}=27$(장)

❷ 따라서 남은 색종이는 $72-27=45$(장)입니다.

답 45장

채점 기준

❶ 종이학을 접은 색종이의 수를 구함.	3점	5점
❷ 남은 색종이의 수를 구함.	2점	

20 모범 답안 ❶ 영주네 학교에서 운동을 좋아하며 스키를 타는 남학생은 전체 학생의 $\left(\dfrac{2}{5}\times\dfrac{3}{8}\times\dfrac{2}{7}\right)$입니다.

❷ 따라서 운동을 좋아하며 스키를 타는 남학생은 전체 학생의 $\dfrac{2}{5}\times\dfrac{3}{\cancel{8}_{\cancel{4}_2}}\times\dfrac{\cancel{2}^{1}}{7}=\dfrac{3}{70}$입니다. 답 $\dfrac{3}{70}$

채점 기준

❶ 운동을 좋아하며 스키를 타는 남학생은 전체 학생의 얼마인지 구하는 방법을 앎.	2점	5점
❷ 운동을 좋아하며 스키를 타는 남학생은 전체 학생의 얼마인지 구함.	3점	

3단원 합동과 대칭

Power 개념의 힘 66~69쪽

개념 1 66~67쪽

개념 확인하기

1 답 다

2 답 합동

3 왼쪽 도형과 포개었을 때 완전히 겹치는 도형을 찾습니다.
답 ( ) (○)

4 왼쪽 정사각형을 잘라 만들어지는 4개의 도형은 모양과 크기가 같지 않습니다. 답 ( ) (○)

개념 다지기

1 오른쪽 도형과 포개었을 때 완전히 겹치는 도형은 ③입니다.
답 ③

2 포개었을 때 완전히 겹치는 두 도형을 찾습니다.
답 다, 라

3 도형 나와 포개었을 때 완전히 겹치는 도형은 첫 번째 도형입니다. 답 (○) ( ) ( )

4 도형 가, 다, 라는 포개었을 때 완전히 겹칩니다. 답 나

5 잘린 2개의 도형을 포개었을 때 완전히 겹치도록 자릅니다.
답 예

6 점선을 따라 잘라서 포개었을 때 도형 가와 나, 도형 다와 라가 각각 완전히 겹칩니다. 답 나, 라

7 주어진 도형의 꼭짓점과 같은 위치에 점을 찍은 후 점들을 연결하여 합동인 도형을 그립니다. 답 예

개념 2 68~69쪽

개념 확인하기

1 답 ㄹ

2 답 ㅂㄹ

3 답 ㄹㅁㅂ

4 서로 합동인 두 도형에서 대응변의 길이는 서로 같습니다.
답 변 ㅁㅂ

5 서로 합동인 두 도형에서 대응각의 크기는 서로 같습니다.
답 각 ㅅㅇㅁ

개념 다지기

1 두 도형을 포개었을 때 완전히 겹치는 점을 각각 찾습니다.
답 ㅇ, ㅅ, ㅂ, ㅁ

2 두 도형을 포개었을 때 완전히 겹치는 변을 각각 찾습니다.
답 ㅇㅅ, ㅅㅂ, ㅂㅁ, ㅁㅇ

3 사각형에는 각이 4개 있으므로 서로 합동인 두 사각형에서 대응각은 4쌍 있습니다. 답 4쌍

4 서로 합동인 두 도형에서 대응각의 크기는 서로 같습니다.
➡ (각 ㄱㄷㄴ)=(각 ㄹㅁㅂ) 답 각 ㄹㅁㅂ

5 (변 ㄹㅂ)=(변 ㄱㄷ)=3 cm 답 3 cm

6 ㉡ 변 ㄱㄴ의 대응변은 변 ㅂㅁ이고, 변 ㄹㅁ의 대응변은 변 ㄷㄴ입니다. 답 ㉡

7 (변 ㅁㅂ)=(변 ㄹㄷ)=8 cm 답 8 cm

8 (각 ㄷㄹㄱ)=(각 ㅂㅁㅇ)=75° 답 75°

1 STEP 기본 유형의 힘 70~73쪽

유형 1 답 다

1 모양과 크기가 같아서 포개었을 때 완전히 겹치는 두 도형을 서로 합동이라고 합니다. 답 합동

2 포개었을 때 완전히 겹치는 두 도형을 찾으면 다와 마입니다. 답 다와 마

3 답 예

4 답 예

5 모양과 크기가 같아서 완전히 겹치는 모양의 타일을 찾습니다. 답 ( ) (○) ( )

6 두 표지판을 포개었을 때 완전히 겹치는 것을 찾습니다.
답 ㉠과 ㉢, ㉡과 ㉣

유형 2 답 나

7 나의 직사각형을 잘라 만들어지는 4개의 도형은 모양과 크기가 같지 않으므로 합동이 아닙니다.
답 가

8 잘린 두 조각을 포개었을 때 완전히 겹치도록 자릅니다.
답

9 잘린 네 조각을 포개었을 때 완전히 겹치도록 자릅니다.
답

10 점선을 따라 잘라서 포개었을 때 완전히 겹치는 것을 찾습니다.
답 ③

11 잘린 여섯 조각을 포개었을 때 완전히 겹치도록 자릅니다.
답

12 점선을 따라 잘라서 포개었을 때 도형 가와 나, 도형 다와 마, 도형 바와 사가 각각 완전히 겹칩니다.
답 가와 나, 다와 마, 바와 사

유형 3 답 ㉡

13 두 도형을 포개었을 때 점 ㄱ과 완전히 겹치는 점을 찾습니다.
답 점 ㄹ

14 두 도형을 포개었을 때 변 ㄴㄷ과 완전히 겹치는 변을 찾습니다.
답 변 ㅁㅂ

15 두 도형을 포개었을 때 각 ㄴㄷㄱ과 완전히 겹치는 각을 찾습니다.
답 각 ㅁㅂㄹ

16 대응각은 각 ㄱㄴㄷ과 각 ㄹㅁㅂ, 각 ㄴㄷㄱ과 각 ㅁㅂㄹ, 각 ㄷㄱㄴ과 각 ㅂㄹㅁ입니다.
답 각 ㄹㅁㅂ, 각 ㅁㅂㄹ, 각 ㅂㄹㅁ

17 두 도형은 서로 합동인 육각형이므로 대응변과 대응각은 각각 6쌍 있습니다.
답 6쌍, 6쌍

18 수호: 각 ㄱㄹㄷ의 대응각은 각 ㅇㅁㅂ입니다.
답 성연

유형 4 답 11

19 (1) (변 ㄹㅂ)=(변 ㄱㄴ)=8 cm
(2) (각 ㄱㄴㄷ)=(각 ㄹㅂㅁ)=30° 답 (1) 8 cm (2) 30°

---

20 서로 합동인 두 도형에서 각각의 대응변의 길이와 대응각의 크기가 서로 같습니다.
답 7, 50

21 (각 ㅁㅂㅅ)=(각 ㄹㄷㄴ)=95°
답 95°

22 (변 ㄹㅁ)=(변 ㄱㄴ)=6 cm
답 6 cm

23 (삼각형 ㄹㅁㅂ의 둘레)=6+5+8=19 (cm)
답 19 cm

24 삼각형 ㄱㄴㅁ과 삼각형 ㄹㅁㄷ이 서로 합동이므로 변 ㄱㄴ과 변 ㄹㅁ, 변 ㅁㄱ과 변 ㄷㄹ의 길이가 같습니다.
따라서 변 ㄱㄴ은 34 m, 변 ㄷㄹ은 14 m이므로 울타리를 (14+34)×2+52=148 (m) 쳐야 합니다.
답 148 m

---

1 STEP 기본 유형의 힘   74~81쪽

개념 3   74~75쪽

개념 확인하기

1 답 (1) 가 (2) 선대칭도형

2 도형을 완전히 겹치도록 접었을 때 접은 직선 ㄱㄴ을 대칭축이라고 합니다.
답 대칭축

3 한 직선을 따라 접어서 완전히 겹치는 도형을 찾습니다.
답 (○) ( )

4 직선 ㉠을 따라 접으면 도형이 완전히 겹칩니다.
답 ㉠

개념 다지기

1 답 ( ) (○)
(○) ( )

2 한 직선을 따라 접어서 완전히 겹치는 도형이 아닌 것을 찾습니다.
답 가

3 한 직선을 따라 접어서 완전히 겹치는 도형을 찾으면 가, 마, 바로 모두 3개입니다.
답 3개

4 어떤 직선을 따라 접으면 완전히 겹치는지 생각하며 대칭축을 찾습니다.

✔ 참고 대칭축이 가로, 세로, 대각선 등 여러 가지 방향일 수 있으므로 다양하게 생각해 보도록 합니다.

답 (1) 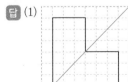 (2)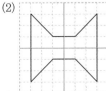

5 대칭축을 따라 포개었을 때 겹치는 점, 변, 각을 찾으면 대응점, 대응변, 대응각을 찾을 수 있습니다.

답 (1) 점 ㅇ (2) 변 ㅅㅂ (3) 각 ㄱㅇㅅ

6 한 직선을 따라 접어서 완전히 겹치는 알파벳은 M, A로 모두 2개입니다.   답 2개

개념 5   78~79쪽

개념 확인하기

1 답 (1) 점대칭도형 (2) 대칭의 중심

2 답 (   ) (○)

3 점대칭도형에서 대칭의 중심은 항상 1개입니다.   답 ㅁ

4 가운데 도형은 한가운데의 점을 중심으로 180° 돌렸을 때 처음 도형과 완전히 겹칩니다.

답 (   ) (○) (   )

개념 다지기

1 어떤 점을 중심으로 180° 돌렸을 때 처음 도형과 완전히 겹치지 않는 도형을 찾습니다.

답 (   ) (×) (   )

2 도형을 점 ㄴ을 중심으로 180° 돌렸을 때 처음 도형과 완전히 겹칩니다.   답 점 ㄴ

3 어떤 점을 중심으로 180° 돌렸을 때 처음 도형과 완전히 겹치는 도형을 찾습니다.   답 나, 다, 바

4 점대칭도형에서 대칭의 중심은 항상 1개입니다.   답 1개

5 점 ㅇ을 중심으로 180° 돌렸을 때 겹치는 점, 변, 각을 찾으면 대응점, 대응변, 대응각을 찾을 수 있습니다.

답 (1) 점 ㅅ (2) 변 ㅁㅂ (3) 각 ㅅㅈㄱ

6 ,   ➡ 선대칭도형   답 2개

개념 4   76~77쪽

개념 확인하기

1 답 ㄱㅂ, ㅂㅁ, ㅁㄹ, 같습니다에 ○표

2 답 ㄱㅂㅁ, ㅂㅁㄹ, 같습니다에 ○표

3 대칭축 위에 있는 도형의 점과 대응점을 차례로 이어 선대칭도형을 완성합니다.

답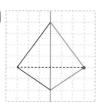

개념 다지기

1 각각의 대응점에서 대칭축까지의 거리가 서로 같습니다.

답 ㅁㅂ, ㄹㅅ

2 답 예 수직으로 만납니다.

3 선대칭도형에서 각각의 대응변의 길이는 서로 같습니다.
➡ (변 ㄱㄷ)=(변 ㄱㄴ)=7 cm   답 7 cm

4 선대칭도형에서 각각의 대응각의 크기는 서로 같습니다.
➡ (각 ㄱㄷㄹ)=(각 ㄱㄴㄹ)=65°   답 65°

5 선대칭도형에서 각각의 대응변의 길이와 대응각의 크기가 같음을 이용합니다.

답 (왼쪽에서부터) (1) 90, 8   (2) 11, 30

개념 6   80~81쪽

개념 확인하기

1 답 ㄹㅁ, 같습니다에 ○표

2 답 ㅁㅂㄱ, 같습니다에 ○표

3 대응점끼리 이은 선분들이 만나는 점을 찾아 점 ㅇ으로 표시합니다.

답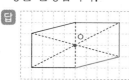

4 각 대응점을 차례로 이어 점대칭도형을 완성합니다.

답

---

6 각 점의 대응점을 찾아 모두 표시한 후 차례로 이어 선대칭도형을 완성합니다.

☑ 참고 완성한 도형이 선대칭도형인지 확인하는 과정이 꼭 필요합니다.

답 (1)   (2)

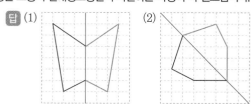

7 선대칭도형에서 대칭축은 대응점끼리 이은 선분을 둘로 똑같이 나눕니다.
➡ (선분 ㄱㅂ)=6÷2=3 (cm)   답 3 cm

개념 다지기

1 선분 ㄱㄹ, 선분 ㄴㅁ, 선분 ㄷㅂ이 만나는 점을 찾아 점 ㅇ으로 표시합니다.

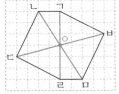

답

2 각각의 대응점에서 대칭의 중심까지의 거리는 서로 같습니다. 답 ㄹㅇ, ㅁㅇ, ㅂㅇ

3 점대칭도형에서 각각의 대응변의 길이는 서로 같습니다.
➡ (변 ㄷㄹ)=(변 ㄱㄴ)=5 cm 답 5 cm

4 점대칭도형에서 각각의 대응각의 크기는 서로 같습니다.
➡ (각 ㄱㄴㄷ)=(각 ㄷㄹㄱ)=110° 답 110°

5 답

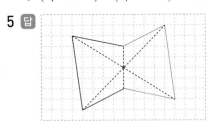

6 답 (1)   (2)

7 각각의 대응점에서 대칭의 중심까지의 거리는 서로 같습니다.
➡ (선분 ㄱㅇ)=(선분 ㄷㅇ)=6 cm 답 6 cm

8 대칭의 중심은 대응점끼리 이은 선분을 둘로 똑같이 나눕니다.
➡ (선분 ㄴㅇ)=(선분 ㄴㄹ)÷2=16÷2=8 (cm) 답 8 cm

---

1 STEP 기본 유형의 힘   82~87쪽

유형 5 답 가

1 한 직선을 따라 접어서 완전히 겹치는 도형을 선대칭도형이라고 합니다. 답 선대칭도형

2 직선 ㉢을 따라 접으면 도형이 완전히 겹칩니다.
답 ㉢

3 어떤 직선을 따라 접으면 완전히 겹치는지 생각하며 대칭축을 그립니다. 답 (1)   (2)

---

4 대칭축을 따라 접었을 때 점 ㄷ과 겹치는 점은 점 ㅁ, 변 ㄱㄴ과 겹치는 변은 변 ㄱㅂ, 각 ㄴㄷㄹ과 겹치는 각은 각 ㅂㅁㄹ입니다. 답 점 ㅁ, 변 ㄱㅂ, 각 ㅂㅁㄹ

5 ➡ 정사각형의 대칭축은 4개입니다.
답 아영

6 ➡ 5개
답 5개

유형 6 답 변 ㄹㄷ

7 답 (1) 변 ㅂㅁ (2) 각 ㄱㅂㅁ

8 선대칭도형에서 대응점끼리 이은 선분은 대칭축과 수직으로 만납니다. 답 90°

9 (1) 변 ㄱㄴ의 대응변은 변 ㄹㄷ이므로 8 cm입니다.
(2) 각 ㅁㄹㄷ의 대응각은 각 ㅁㄱㄴ이므로 80°입니다.
(3) (선분 ㅈㄹ)=(선분 ㅈㄱ)=5 cm
답 (1) 8 cm (2) 80° (3) 5 cm

10 선대칭도형에서 각각의 대응변의 길이와 대응각의 크기는 서로 같습니다. 답 (위에서부터) 9, 80

11 답 (위에서부터) 60, 10

12 서로 대응점인 점 ㄱ과 점 ㄹ을 이은 선분은 대칭축과 수직으로 만납니다. ➡ ㉠=90° 답 90°

13 (선분 ㄹㄷ)=(선분 ㄹㄴ)=(선분 ㄴㄷ)÷2
=16÷2=8 (cm) 답 8 cm

14 대응각의 크기는 서로 같으므로
(각 ㄷㄹㄹ)=(각 ㄱㄴㄹ)=125°입니다.
따라서 일직선이 이루는 각은 180°이므로
(각 ㄷㄴㅁ)=180°−125°=55°입니다. 답 55°

유형 7 답

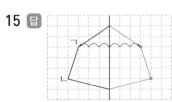

15 답

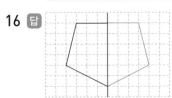

16 답

17 답

유형8 답 ( ) (◯)

18 답 나

19

✅참고 대응점을 모두 연결하지 않고 2개만 연결하여 만나는 점을 찾아도 됩니다.

답 ㉡

20 점대칭도형에서 대칭의 중심은 항상 1개입니다.

답
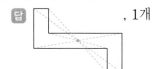
, 1개

21 ㉢ 대칭의 중심은 점 ㅅ입니다. 답 ㉢

22 답 (1) 점 ㄹ (2) 변 ㅁㅂ (3) 각 ㅂㄱㄴ

23 가: 선대칭도형
나: 점대칭도형
다: 선대칭도형, 점대칭도형 답 다

유형9 답 10 cm

24 답 (1) 변 ㄹㄷ (2) 각 ㄹㅁㅂ

25 정사각형이므로 선분 ㄱㄷ과 선분 ㄴㄹ의 길이는 같고, 대칭의 중심은 대응점끼리 이은 선분을 둘로 똑같이 나누므로 선분 ㄱㅇ과 길이가 같은 선분은 선분 ㄴㅇ, 선분 ㄷㅇ, 선분 ㄹㅇ입니다. ➡ 3개 답 3개

26 점대칭도형에서 각각의 대응변의 길이는 서로 같습니다. 답 (위에서부터) 7, 14

27 점대칭도형에서 각각의 대응각의 크기는 서로 같습니다. 답 50

28 (1) (선분 ㄴㅇ)=28÷2=14 (cm)
(2) (선분 ㄱㅁ)=17×2=34 (cm)
답 (1) 14 cm (2) 34 cm

29 (1) (변 ㄴㄷ)=(변 ㄹㄱ)=7 cm
(2) (변 ㄷㄹ)=(변 ㄱㄴ)=10 cm
➡ (점대칭도형의 둘레)=10+7+10+7
=34 (cm)
답 (1) 7 cm (2) 34 cm

30 (각 ㄱㄴㄷ)=(각 ㄷㄹㄱ)=120°
(각 ㄹㄱㄴ)+(각 ㄴㄷㄹ)=360°−(120°+120°)=120°
(각 ㄴㄷㄹ)=(각 ㄹㄱㄴ)=120°÷2=60° 답 60°

31 (변 ㄴㄷ)=(변 ㅂㅅ)=3 cm,
(변 ㅁㅂ)=(변 ㄱㄴ)=8 cm,
(변 ㅅㅈ)=(변 ㄷㄹ)=9 cm
(변 ㅈㄱ)+(변 ㄹㅁ)=48−(8+3+9+8+3+9)
=48−40=8 (cm)
(변 ㄹㅁ)=(변 ㅈㄱ)=8÷2=4 (cm) 답 4 cm

유형10 답
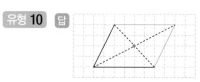

32 점대칭도형에서 대응점은 대칭의 중심과의 거리는 같고 방향은 반대인 점입니다.
답

33 각 점의 대응점을 찾아 모두 표시한 후 대응점을 차례로 이어 점대칭도형을 완성합니다. 답
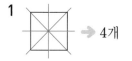

34 답

²STEP 응용 유형의 힘 88~91쪽

1
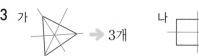 ➡ 4개
답 4개

2 ➡ 8개
답 8개

3 가 ➡ 3개   나 ➡ 2개
답 가

4 가 ➡ 5개   나 ➡ 2개
답 가

5 삼각형 ㄹㅁㅂ의 둘레는 삼각형 ㄱㄴㄷ의 둘레와 같으므로 24 cm입니다.

(변 ㄹㅁ)=(변 ㄴㄷ)=8 cm

➡ (변 ㄹㅂ)=24−(8+6)=10 (cm)　답 10 cm

6 삼각형 ㄹㅁㅂ의 둘레는 삼각형 ㄱㄴㄷ의 둘레와 같으므로 67 cm입니다.

(변 ㄹㅂ)=(변 ㄴㄷ)=24 cm

➡ (변 ㅁㅂ)=67−(24+30)=13 (cm)　답 13 cm

7 삼각형 ㄹㅁㅂ의 둘레는 삼각형 ㄱㄴㄷ의 둘레와 같으므로 50 cm입니다.

(변 ㅁㅂ)=(변 ㄷㄱ)=16 cm

➡ (변 ㄹㅂ)=50−(20+16)=14 (cm)　답 14 cm

8 각 ㅁㅂㅅ의 대응각은 각 ㄹㄱㄴ입니다.

➡ (각 ㅁㅂㅅ)=(각 ㄹㄱㄴ)

＝360°−(90°+90°+105°)

＝75°　답 75°

9 각 ㅁㅇㅅ의 대응각은 각 ㄷㄴㄱ입니다.

➡ (각 ㅁㅇㅅ)=(각 ㄷㄴㄱ)

＝360°−(65°+85°+95°)

＝115°　답 115°

10 각 ㅁㅂㅅ의 대응각은 각 ㄷㄹㄱ입니다.

➡ (각 ㅁㅂㅅ)=(각 ㄷㄹㄱ)

＝360°−(105°+80°+60°)

＝115°　답 115°

11 (변 ㄷㄹ)=(변 ㅂㄱ)=11 cm,

(변 ㄹㅁ)=(변 ㄱㄴ)=5 cm,

(변 ㅁㅂ)=(변 ㄴㄷ)=7 cm

➡ (점대칭도형의 둘레)=5+7+11+5+7+11

＝46 (cm)　답 46 cm

12 (변 ㅂㄱ)=(변 ㄷㄹ)=21 cm,

(변 ㄴㄷ)=(변 ㅁㅂ)=6 cm,

(변 ㄹㅁ)=(변 ㄱㄴ)=10 cm

➡ (점대칭도형의 둘레)=10+6+21+10+6+21

＝74 (cm)　답 74 cm

13 (변 ㄴㄷ)=(변 ㅁㅂ)=10 cm,

(변 ㄹㅁ)=(변 ㄱㄴ)=8 cm,

(변 ㅂㄱ)=(변 ㄷㄹ)=7 cm

➡ (점대칭도형의 둘레)=8+10+7+8+10+7

＝50 (cm)　답 50 cm

14 (각 ㄱㄴㄷ)=(각 ㄱㄹㄷ)=95°

삼각형 ㄱㄴㄷ에서

(각 ㄴㄱㄷ)=180°−(95°+30°)

＝55°　답 55°

15 (각 ㄱㄴㄹ)=(각 ㄱㄷㄹ), (각 ㄱㄹㄷ)=90°

삼각형 ㄱㄷㄹ에서

(각 ㄱㄷㄹ)=180°−(25°+90°)=65°

➡ (각 ㄱㄴㄷ)=65°　답 65°

16 (각 ㄴㄷㄹ)=(각 ㄴㄱㅂ)=125°,

(각 ㄷㄹㅁ)=(각 ㄱㅂㅁ)=90°

➡ (각 ㄴㅁㄹ)=360°−(125°+40°+90°)

＝105°　답 105°

17 (각 ㄱㅂㅁ)=(각 ㄹㄷㄴ)=100°

➡ (각 ㄹㅁㅂ)=360°−(55°+75°+100°)

＝130°　답 130°

18 (각 ㄷㄹㅁ)=(각 ㅂㄱㄴ)=85°

➡ (각 ㅁㅂㄷ)=360°−(90°+85°+70°)

＝115°　답 115°

19 (각 ㄹㅁㅂ)=(각 ㄱㄴㄷ)=125°

➡ (각 ㅂㄱㄹ)=360°−(150°+125°+60°)

＝25°　답 25°

20 (선분 ㄷㄹ)=(선분 ㄴㄹ)=6 cm

(변 ㄴㄷ)=6×2=12 (cm), (각 ㄱㄹㄴ)=90°

➡ (삼각형 ㄱㄴㄷ의 넓이)=12×14÷2=84 (cm²)

답 84 cm²

21 (선분 ㄴㄹ)=(선분 ㄱㄹ)=5 cm

(변 ㄱㄴ)=5×2=10 (cm), (각 ㄷㄹㄱ)=90°

➡ (삼각형 ㄱㄴㄷ의 넓이)

＝10×12÷2=60 (cm²)　답 60 cm²

22 (선분 ㄷㄹ)=(선분 ㄴㄹ)=14 cm

(변 ㄴㄷ)=14×2=28 (cm), (각 ㄱㄹㄴ)=90°

➡ (삼각형 ㄱㄴㄷ의 넓이)

＝28×8÷2=112 (cm²)　답 112 cm²

23 삼각형 ㄱㄴㅁ과 삼각형 ㄷㅂㅁ은 서로 합동이므로

(선분 ㄱㄴ)=(선분 ㄷㅂ)=16 cm,

(선분 ㄴㅁ)=(선분 ㅂㅁ)=12 cm,

(선분 ㄴㄷ)=12+20=32 (cm)입니다.

➡ (직사각형 ㄱㄴㄷㄹ의 넓이)

＝32×16=512 (cm²)　답 512 cm²

24 삼각형 ㄱㄴㅂ과 삼각형 ㅁㄹㅂ은 서로 합동이므로
(선분 ㄱㄴ)=(선분 ㅁㄹ)=9 cm,
(선분 ㄱㅂ)=(선분 ㅁㅂ)=12 cm
(선분 ㄱㄹ)=12+15=27 (cm)입니다.
→ (직사각형 ㄱㄴㄷㄹ의 넓이)
=27×9=243 (cm²) **답** 243 cm²

25 삼각형 ㄴㅁㅂ과 삼각형 ㄹㄷㅂ은 서로 합동이므로
(선분 ㄹㄷ)=(선분 ㄴㅁ)=20 cm,
(선분 ㄷㅂ)=(선분 ㅁㅂ)=21 cm
(선분 ㄴㄷ)=29+21=50 (cm)입니다.
→ (직사각형 ㄱㄴㄷㄹ의 넓이)
=50×20=1000 (cm²) **답** 1000 cm²

3 STEP 서술형의 힘 | 92~93쪽

1-1 (1) (변 ㄱㄴ)=(변 ㄹㅂ)=7 cm
(2) (변 ㄱㄷ)=(변 ㄹㅁ)=13 cm
(3) (삼각형 ㄱㄴㄷ의 둘레)=7+9+13=29 (cm)
답 (1) 7 cm (2) 13 cm (3) 29 cm

1-2 [모범 답안] ❶ 서로 합동인 두 도형에서 각각의 대응변의 길이는 서로 같으므로 (변 ㄹㅁ)=(변 ㄱㄷ)=8 cm이고,
❷ (변 ㅁㅂ)=(변 ㄷㄴ)=16 (cm)입니다.
❸ (삼각형 ㄹㅁㅂ의 둘레)=8+16+14=38 (cm)
답 38 cm

채점 기준

❶ 변 ㄹㅁ의 길이를 구함.	2점	
❷ 변 ㅁㅂ의 길이를 구함.	2점	5점
❸ 삼각형 ㄹㅁㅂ의 둘레를 구함.	1점	

2-1 (1) (각 ㄹㅁㅂ)=(각 ㄱㄴㄷ)=115°
(2) (사각형의 네 각의 크기의 합)=360°
(3) (각 ㅂㄱㄹ)=360°−(55°+115°+90°)=100°
답 (1) 115° (2) 360° (3) 100°

2-2 [모범 답안] ❶ 점대칭도형에서 각각의 대응각의 크기는 서로 같으므로 (각 ㄹㅁㅂ)=(각 ㄱㄴㄷ)=55°입니다.
❷ 사각형의 네 각의 크기의 합은 360°이므로
❸ (각 ㅁㅂㄷ)=360°−(85°+105°+55°)=115°입니다.
답 115°

채점 기준

❶ 각 ㄹㅁㅂ의 크기를 구함.	2점	
❷ 사각형의 네 각의 크기의 합을 앎.	1점	5점
❸ 각 ㅁㅂㄷ의 크기를 구함.	2점	

3-1 (1) (변 ㄱㅂ)=(변 ㄹㄷ)=7 cm,
(변 ㄹㅁ)=(변 ㄱㄴ)=5 cm
(2) (변 ㄴㄷ)+(변 ㅁㅂ)=36−(5+7+5+7)
=12 (cm)
(3) (변 ㄴㄷ)=(변 ㅁㅂ)=12÷2=6 (cm)
답 (1) 7 cm, 5 cm (2) 12 cm (3) 6 cm

3-2 [모범 답안] ❶ 점대칭도형에서 각각의 대응변의 길이는 서로 같으므로 (변 ㄷㄹ)=(변 ㅂㄱ)=8 cm,
(변 ㅁㅂ)=(변 ㄴㄷ)=10 cm입니다.
❷ (변 ㄱㄴ)+(변 ㄹㅁ)=50−(8+10+8+10)
=14 (cm)
❸ (변 ㄱㄴ)=(변 ㄹㅁ)=14÷2=7 (cm)
답 7 cm

채점 기준

❶ 변 ㄷㄹ과 변 ㅁㅂ의 길이를 각각 구함.	2점	
❷ 변 ㄱㄴ과 변 ㄹㅁ의 길이의 합을 구함.	2점	5점
❸ 변 ㄱㄴ의 길이를 구함.	1점	

4-1 (2) 완성한 선대칭도형은 높이가 4 cm일 때 밑변의 길이가 3+3=6 (cm)인 삼각형입니다.
(3) (완성한 선대칭도형의 넓이)=6×4÷2
=12 (cm²)

답 (1) 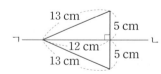 (2) 6 cm (3) 12 cm²

4-2 [모범 답안] ❶ 선대칭도형이 되도록 그림을 완성합니다.

```
      13 cm
  ㄱ ━━━━━━━ 5 cm
        12 cm ━━━━━ ㄴ
      13 cm    5 cm
```

❷ 완성한 선대칭도형은 밑변의 길이가 5+5=10 (cm)이고, 높이가 12 cm인 삼각형입니다.
❸ (완성한 선대칭도형의 넓이)=10×12÷2
=60 (cm²)
답 60 cm²

채점 기준

❶ 선대칭도형이 되도록 그림을 완성함.	2점	
❷ 완성한 선대칭도형의 밑변의 길이와 높이를 구함.	2점	5점
❸ 완성한 선대칭도형의 넓이를 구함.	1점	

α 풀이의 힘

단원평가 94~96쪽

1 답 다

2 어떤 점을 중심으로 180° 돌렸을 때 처음 도형과 완전히 겹치는 도형을 모두 찾습니다. 답 가, 라

3 주어진 직선을 따라 접었을 때 완전히 겹치지 않는 도형은 가운데 도형입니다. 가운데 도형의 대칭축은 오른쪽과 같습니다.

답 ( ) (×) ( )

4 도형 가, 나, 라는 포개었을 때 완전히 겹칩니다. 답 다

5 주어진 도형의 꼭짓점과 같은 위치에 점을 찍은 후 점들을 연결하여 그립니다.
답 예

6 대응점끼리 이은 선분들이 만나는 점을 찾아 표시합니다.
답

7 ③ 서로 합동인 두 삼각형에서 대응변은 모두 3쌍입니다.
답 ③

8 (변 ㄱㄴ)=(변 ㅁㅇ)=9 cm,
(각 ㅅㅇㅁ)=(각 ㄷㄴㄱ)=50°
답 9, 50

9 선대칭도형에서 각각의 대응변의 길이와 대응각의 크기는 서로 같습니다. 답 (위에서부터) 25, 5

10 각 점의 대응점을 찾아 모두 표시한 후 차례로 이어 선대칭도형을 완성합니다.
답

11 각 알파벳을 180° 돌려 봅니다.
다영: D → ꓷ, 지아: H → H
답 지아

12 대칭축의 수를 비교해 보면
4>2>1입니다.
2개 4개 1개
답 2, 1, 3

13 ㉡
→ 대칭축은 4개입니다.
답 ㉡

14 →5가지
답 5가지

15 (선분 ㄴㅇ)=(선분 ㄹㅇ)=4 cm,
(선분 ㄱㄷ)=(선분 ㄷㅇ)×2=6×2=12 (cm)
답 4 cm, 12 cm

16 서로 합동인 두 도형에서 각각의 대응각의 크기는 서로 같습니다.
(각 ㄱㄴㄷ)=(각 ㄷㄹㄱ)=35°
→ (각 ㄱㄷㄴ)=180°−(120°+35°)=25° 답 25°

17 (변 ㄱㄴ)=(변 ㅁㅂ)=10 cm,
(변 ㄷㄹ)=(변 ㅅㅈ)=9 cm,
(변 ㄹㅁ)=(변 ㅈㄱ)=8 cm,
(변 ㄴㄷ)+(변 ㅂㅅ)=66−(10+9+8+10+9+8)
=12 (cm)
→ (변 ㄴㄷ)=(변 ㅂㅅ)=12÷2=6 (cm) 답 6 cm

18 (각 ㄴㄹㄷ)=90°,
(선분 ㄴㅁ)=(선분 ㄹㅁ)=14÷2=7 (cm)
→ (사각형 ㄱㄴㄷㄹ의 넓이)
=(삼각형 ㄱㄴㄷ의 넓이)×2
=(16×7÷2)×2=112 (cm²) 답 112 cm²

19 모범 답안 ❶ 선대칭도형에서 각각의 대응변의 길이는 서로 같으므로
(변 ㄴㄷ)=(변 ㄴㄱ)=4 cm,
(변 ㄷㄹ)=(변 ㄱㅂ)=9 cm,
(변 ㅁㅂ)=(변 ㅁㄹ)=2 cm입니다.
❷ (선대칭도형의 둘레)=(4+9+2)×2=30 (cm)
답 30 cm

채점 기준		
❶ 변 ㄴㄷ, 변 ㄷㄹ, 변 ㅁㅂ의 길이를 각각 구함.	3점	5점
❷ 선대칭도형의 둘레를 구함.	2점	

20 모범 답안 ❶ 직사각형 모양의 종이를 접었으므로
사각형 ㄱㄴㅅㅇ과 사각형 ㅁㅂㅅㅇ은 서로 합동입니다.
(각 ㄴㅅㅇ)=(각 ㅂㅅㅇ)=60°
❷ ㉠=360°−(90°+90°+60°)=120° 답 120°

채점 기준		
❶ 각 ㄴㅅㅇ의 크기를 구함.	3점	5점
❷ ㉠의 크기를 구함.	2점	

4 단원 소수의 곱셈

 개념의 힘   100~103쪽

개념 1   100~101쪽

개념 확인하기

1 $0.6+0.6=0.6\times2=1.2$ 답 (1) 1.2 (2) 1.2

2 답 4, 4, 36, 3.6

3 답 16, 48, 4.8

4 답 152, 152, 912, 9.12

개념 다지기

1 답 $0.9\times3=0.9+0.9+0.9=2.7$

2 답 28, 28, 84, 8.4

3 (1) $0.8\times4=\dfrac{8}{10}\times4=\dfrac{8\times4}{10}=\dfrac{32}{10}=3.2$

    (2) $0.67\times6=\dfrac{67}{100}\times6=\dfrac{67\times6}{100}=\dfrac{402}{100}=4.02$

                    답 (1) 3.2 (2) 4.02

4 답 다은

5 답 ⓔ 4.7은 0.1이 47개이므로 4.7×4는 0.1이 $47\times4=188$(개)입니다.

    ➡ $4.7\times4=18.8$

6 답 (1) 18.6 (2) 28.52

7 ㉠ 4.2×4는 4와 4의 곱인 16보다 큽니다.

    ㉡ 2.95×5는 3과 5의 곱인 15보다 작습니다.

    ㉢ 6.1×3은 6과 3의 곱인 18보다 큽니다.   답 ㉡

8 답 $0.9\times4=3.6$, 3.6 km

개념 2   102~103쪽

개념 확인하기

1 답 5, 5, 15, 1.5

2 답 (1) 1.5 (2) 1.5

3 답 1.8, 4.8

4 답 (1) 168, 16.8 (2) 3105, 31.05

개념 다지기

1 답 (1) 18, 18, 576, 5.76 (2) 23, 23, 184, 18.4

2 답 10.5

3 답 (1) 1.12 (2) 577.8

    ✔ 참고 자연수처럼 생각하고 계산한 다음 소수의 크기를 생각하여 소수점을 찍습니다.

4 답 46.8

5 소수 두 자리 수는 분모가 100인 분수로 고쳐야 하므로 1.14를 $\dfrac{114}{100}$로 고쳐서 계산해야 합니다.

    답 $6\times1.14=6\times\dfrac{114}{100}=\dfrac{6\times114}{100}=\dfrac{684}{100}=6.84$

6 ㉠ 7의 0.64는 7의 0.7배인 4.9보다 작습니다.

    ㉡ 8의 0.91배는 8의 0.9배인 7.2보다 큽니다.

    ㉢ 6×0.88은 6의 1배인 6보다 작습니다.   답 ㉡

7 (학교~도서관)=(영아네 집~학교)$\times1.5$

                =$2\times1.5=3$ (km)

                    답 $2\times1.5=3$, 3 km

    ✔ 참고 소수점 아래 마지막 0은 생략하여 나타낼 수 있습니다.

        $2\times1.5=3.\cancel{0}$ ➡ 3

1 STEP   기본 유형의 힘   104~107쪽

유형 1 답 (1) 0.72 (2) 0.87

1 답 1.5

2 답 $0.7\times4=\dfrac{7}{10}\times4=\dfrac{7\times4}{10}=\dfrac{28}{10}=2.8$

3 답 0.6, 5.4

4 81과 5의 곱이 약 400입니다. 81의 0.01배인 0.81과 5의 곱은 400의 0.01배이므로 0.4 정도가 아니라 4 정도입니다.   답 윤지

5 ① 0.6×2는 0.5와 2의 곱인 1보다 큽니다.

    ② 0.32×7은 0.3과 7의 곱인 2.1보다 큽니다.

    ③ 0.43×3은 0.4와 3의 곱인 1.2보다 큽니다.

    ④ 0.18×4는 0.2와 4의 곱인 0.8보다 작습니다.

    ⑤ 0.57×2는 0.5와 2의 곱인 1보다 큽니다.   답 ④

6 답 $0.4\times6=2.4$, 2.4 kg

단원 4

소수의 곱셈

유형 2 답 (1) 17.7 (2) 6.55

7 답 5.2, 5.2

8 답 (1) $4.1 \times 9 = \dfrac{41}{10} \times 9 = \dfrac{41 \times 9}{10} = \dfrac{369}{10} = 36.9$

(2) $3.21 \times 13 = \dfrac{321}{100} \times 13 = \dfrac{321 \times 13}{100}$
$= \dfrac{4173}{100} = 41.73$

9 ㉠ 9.3 ㉡ 12.4 ㉢ 12.4   답 ㉠

10 답 $4.61 \times 7 = \dfrac{461}{100} \times 7 = \dfrac{461 \times 7}{100} = \dfrac{3227}{100} = 32.27$

11 $4.2 \times 3 = \dfrac{42}{10} \times 3 = \dfrac{42 \times 3}{10} = \dfrac{126}{10} = 12.6$

$2.32 \times 6 = \dfrac{232}{100} \times 6 = \dfrac{232 \times 6}{100} = \dfrac{1392}{100} = 13.92$

답 <

12 답 $1.85 \times 5 = 9.25$, 9.25 km

유형 3 답 3.2

13 답 $24 \times 0.04 = 24 \times \dfrac{4}{100} = \dfrac{24 \times 4}{100} = \dfrac{96}{100} = 0.96$

14 (1) $6 \times \boxed{8} = \boxed{48}$
$\quad\quad\downarrow \dfrac{1}{10}$배 $\quad \downarrow \dfrac{1}{10}$배
$6 \times \boxed{0.8} = \boxed{4.8}$

(2) $15 \times \boxed{31} = \boxed{465}$
$\quad\quad\downarrow \dfrac{1}{100}$배 $\quad \downarrow \dfrac{1}{100}$배
$15 \times \boxed{0.31} = \boxed{4.65}$

(3)
$\quad\quad 4$
$\underline{\times 0.9}$
$\quad 3 \, \downarrow \! 6$

(4)
$\quad\quad\quad 7$
$\underline{\times 0.1 \, 2}$
$0 \, \downarrow \! 8 \, 4$

답 (1) 4.8 (2) 4.65 (3) 3.6 (4) 0.84

15 0.12는 1보다 작은 수이므로 12 > 12 × 0.12입니다.

답 >

✓참고 1보다 작은 수를 곱하면 계산 결과는 처음 수보다 작아집니다.

16 ㉠ 12의 0.38배는 12의 0.4배인 4.8보다 작습니다.
㉡ 18 × 0.19는 18 × 0.2인 3.6보다 작습니다.
㉢ 24의 0.33은 24의 0.3배인 7.2보다 큽니다. 답 ㉢

17 답 ③

18 답 $41 \times 0.38 = 15.58$, 약 15.58 kg

유형 4 답 6.39

19 답 128, 12.8

20 답 (1) 184, 18.4 (2) 1625, 16.25 (3) 2096, 20.96

✓참고 곱하는 수가 $\dfrac{1}{10}$배이면 계산한 결과도 $\dfrac{1}{10}$배입니다.
곱하는 수가 $\dfrac{1}{100}$배이면 계산한 결과도 $\dfrac{1}{100}$배입니다.

21 ㉠ 5의 1.96배는 5의 2배인 10보다 작습니다.
㉡ 2 × 5.3은 2 × 5인 10보다 큽니다.
➡ 계산 결과가 10보다 큰 것은 ㉡입니다. 답 ㉡

22 $6 \times 2.4 = 14.4$, $72 \times 1.08 = 77.76$ 답 14.4, 77.76

23 1 g당 10원인 과자가 250 g 있다고 어림하면 과자의 가격은 약 2500원입니다. 1 g당 가격이 10원보다 낮으므로 가진 돈으로 과자를 살 수 있습니다. 답 있습니다에 ○표

24 답 $26 \times 1.4 = 36.4$, 36.4 L

개념 3 108~109쪽

개념 확인하기

1 답 (1) 0.01 (2) 27, 0.27 (3) 0.27

2 (1) 173, 43, 7439, 7.439 (2) 7.439 (3) 7.439

개념 다지기

1 답 5, 9, 45, 0.45

2 답 45, 0.45

✓다른풀이 5 × 9 = 45인데 0.5에 0.9를 곱하면 0.5보다 작은 값이 나와야 하므로 계산 결과는 0.45입니다.

3 답 9408, 8.96, 9.408

4 답 (1) 4.35 (2) 6.572

5 답 (위에서부터) 0.25, 0.09

6 답 •━━━•
•　 •
•━━━•

7 (1) 3.1 × 4.7을 3의 5배 정도로 어림하면 15보다 더 작은 값이므로 14.57입니다.
(2) 0.31 × 4.7을 0.3의 5배 정도로 어림하면 1.5보다 더 작은 값이므로 1.457입니다.

답 (1) 14.57 (2) 1.457

8 답 $0.9 \times 0.6 = 0.54$, 0.54 m²

개념 4

개념 확인하기

1 곱하는 수의 0이 하나씩 늘어날 때마다 곱의 소수점이 오른쪽으로 한 칸씩 옮겨집니다.

　답 (1) 15.46　(2) 154.6　(3) 1546 / 오른에 ○표

2 곱하는 소수의 소수점 아래 자리 수가 하나씩 늘어날 때마다 곱의 소수점이 왼쪽으로 한 칸씩 옮겨집니다.

　답 (1) 49.2　(2) 4.92　(3) 0.492

3 답 (1) 0.84　(2) 0.084　(3) 0.0084

개념 다지기

1 $2.516 \times 10 = 25.16$　답 ③

2 곱하는 두 수의 소수점 아래 자리 수를 더한 것만큼 소수점을 왼쪽으로 옮겨 표시합니다.

(1) $1.5 \times 2.9 = 4.35$
　　$1 + 1 = 2$

(2) $2.08 \times 3.4 = 7.072$
　　$2 + 1 = 3$

(3) $5.3 \times 1.24 = 6.572$
　　$1 + 2 = 3$

　답 (1) 4.35　(2) 7.072　(3) 6.572

3 (1) 5.2×3700은 5.2×37보다 37에 0이 2개 더 있으므로 192.4에서 소수점을 오른쪽으로 두 칸 옮기면 19240입니다.

(2) 0.052×37은 5.2×37의 5.2에서 소수점 아래 자리 수가 2개 더 늘어났으므로 192.4에서 소수점을 왼쪽으로 두 칸 옮기면 1.924입니다.

　답 (1) 19240　(2) 1.924

4 ・$386 \times \square = 3.86$ ➡ $\square = 0.01$

소수점이 왼쪽으로 두 칸 옮겨집니다.

・$72.53 \times \square = 7.253$ ➡ $\square = 0.1$

소수점이 왼쪽으로 한 칸 옮겨집니다.

　답 (○)
　　(　)

5 ・$0.41 \times 0.32 = 0.1312$ (소수점 아래 네 자리 수)
　　$2 + 2 = 4$

・$0.5 \times 0.63 = 0.315$ (소수점 아래 세 자리 수)
　　$1 + 2 = 3$

　답 (　)(○)

6 (1) 0.33은 33의 0.01배인데 0.231은 231의 0.001배이므로 □ 안에 알맞은 수는 7의 0.1배인 0.7입니다.

(2) 700은 7의 100배인데 23.1은 231의 0.1배이므로 □ 안에 알맞은 수는 33의 0.001배인 0.033입니다.

　답 (1) 0.7　(2) 0.033

7 답 $1.5 \times 1.2 = 1.8$, 1.8 m

　☑ 참고 1.5×1.2의 소수점 아래 자리 수의 합은 2이므로 결과 값은 180에서 소수점을 왼쪽으로 두 칸 옮겨 1.8이 됩니다.

1 STEP 기본 유형의 힘

유형 5 답 0.12

1 소수를 분수로 나타낸 다음 분자는 분자끼리, 분모는 분모끼리 곱한 후 다시 소수로 나타냅니다.

　답 (1) $0.7 \times 0.9 = \dfrac{7}{10} \times \dfrac{9}{10} = \dfrac{63}{100} = 0.63$

　　(2) $0.8 \times 0.23 = \dfrac{8}{10} \times \dfrac{23}{100} = \dfrac{184}{1000} = 0.184$

2 답 (1) 0.56　(2) 0.186

3 답 $<$

4 0.94×0.3은 0.282이어야 하는데 잘못 눌러서 2.82가 나왔으므로 9.4와 0.3을 눌렀거나 0.94와 3을 누른 것입니다.

　답 9.4, 0.3 (또는 0.94, 3)

5 0.65×0.48을 0.65의 0.5배로 어림하면 0.6의 반은 0.3이므로 답은 0.3에 가까운 ⓒ입니다.

　답 ⓒ

6 (라면 한 봉지의 나트륨 성분)
　＝(라면 한 봉지의 무게) × 0.8
　＝$0.12 \times 0.8 = 0.096$ (kg)

　답 $0.12 \times 0.8 = 0.096$, 0.096 kg

유형 6 답 4.32

7 답 $2.4 \times 3.6 = \dfrac{24}{10} \times \dfrac{36}{10} = \dfrac{864}{100} = 8.64$

8 답 (위에서부터) 100, 1000, 5.424

9 답

10 답 6.273

　예 1.23×5.1을 1.2의 5배 정도로 어림하면 6보다 큰 값이기 때문입니다.

　(또는 1.23×5.1을 1의 5.1배 정도로 어림하면 5.1보다 큰 값이기 때문입니다.)

평가 기준

자연수끼리의 곱셈 결과에 어림하여 소수점을 찍고, 그 이유를 바르게 설명했으면 정답입니다.

11 가장 큰 수는 8.4이고, 가장 작은 수는 3.07이므로
8.4×3.07=25.788입니다. 답 25.788

12 (국어사전의 무게)=1.75×1.2=2.1 (kg)
답 1.75×1.2=2.1, 2.1 kg

유형 **7** 답 ⑴ 13.59, 135.9, 1359
⑵ 350.2, 35.02, 3.502

13 답 ⑴ 514.9 ⑵ 1.327

14 · 340×0.67은 34×0.67보다 34에 0이 1개 더 있으므
로 22.78에서 소수점을 오른쪽으로 한 칸 옮기면
227.8입니다.
· 34×0.067은 34×0.67보다 0.67에 소수점 아래 자
리 수가 1개 더 있으므로 22.78에서 소수점을 왼쪽으
로 한 칸 옮기면 2.278입니다.
답 •   •
     •   •

15 ㉠ 73 ㉡ 7.3 ㉢ 7.3 답 ㉠

16 6.84에서 684로 소수점이 오른쪽으로 두 칸 옮겨졌으므
로 100을 곱한 것입니다. ➡ ㉠=100 답 100

17 960×0.01=9.6 ➡ 9.6 ⟩ 0.96 답 >

18 답 92.76×10=927.6, 927.6 m

유형 **8** 답 ⑴ 9.03 ⑵ 0.0903 ⑶ 0.903

19 1.5는 15의 0.1배이고, 0.13은 13의 0.01배입니다. 계
산 결과는 195의 0.001배여야 하므로 195에서 소수점을
왼쪽으로 세 칸만큼 옮기면 0.195입니다.
답 (위에서부터) 0.01, 0.001, 0.195

20 ㉡ 0.42×3.6의 소수점 아래 자리 수의 합은 3이므로
1512에서 소수점을 왼쪽으로 세 칸 옮기면 1.512가
됩니다. 답 ㉡

21 · 6.2×3.2=19.84   · 0.062×320=19.84
· 0.62×3.2=1.984   · 6.2×0.32=1.984
답 •   •
     •   •

22 ⑴ 9×26=234 ➡ 0.9×□=0.234
      ↑ 1/10배   ↑ 1/1000배
➡ □는 26의 1/100배이므로 0.26입니다.

⑵ 9×26=234 ➡ □×0.26=0.0234
      ↑ 1/100배   ↑ 1/10000배
➡ □는 9의 1/100배이므로 0.09입니다.
답 ⑴ 0.26 ⑵ 0.09

23 답 예 1.5는 1보다 큰 수이니까 8.4×1.5는 8.4보다 큰
값이어야 돼. (두 소수의 자연수 부분만 곱해도 8×1=8
이므로 결과 값은 8보다 커야 돼.)
✓참고 8.4×1.5는 8.4에 8.4의 0.5를 더한 값과 같습니다. 8.4
는 8에 가까우니까 그 반은 4에 가깝습니다. 따라서 계산
결과는 12에 가까운 수이어야 합니다.

평가 기준
어림하여 이유를 바르게 설명했으면 정답입니다.

2 STEP 응용 유형의 힘 116~119쪽

1 (정사각형의 둘레)=3.64×4=14.56 (cm)
답 14.56 cm

2 (정사각형의 둘레)=4.8×4=19.2 (cm)
답 19.2 cm

3 (직사각형의 둘레)=(5.6+2.8)×2
=8.4×2=16.8 (cm) 답 16.8 cm

4 (직사각형의 둘레)=(8.4+4.16)×2
=12.56×2=25.12 (cm)
답 25.12 cm

5 소수점을 오른쪽으로 두 칸 옮겨서 54가 되었으므로 ㉠은
54에서 소수점을 왼쪽으로 두 칸 옮긴 0.54입니다.
답 0.54

6 소수점을 왼쪽으로 한 칸 옮겨서 2.76이 되었으므로 ㉠은
2.76에서 소수점을 오른쪽으로 한 칸 옮긴 27.6입니다.
답 27.6

7 0.069×□=6.9 ➡ 소수점이 오른쪽으로 두 칸 옮겨졌
으므로 곱한 수는 100입니다. 답 100

8 1894×□=1.894 ➡ 소수점이 왼쪽으로 세 칸 옮겨졌
으므로 곱한 수는 0.001입니다. 답 0.001

9 0.7×9=6.3 ➡ 6.3>□에서 □ 안에 들어갈 수 있는
자연수는 4, 5, 6입니다. 답 4, 5, 6에 ○표

10 4×1.8=7.2 ➡ 7.2>□에서 □ 안에 들어갈 수 있는
자연수는 1, 2, 3, 4, 5, 6, 7로 모두 7개입니다. 답 7개

11 $3.44 \times 2.2 = 7.568$ ➡ $7.568 < \square$에서 $\square$ 안에 들어갈 수 있는 가장 작은 자연수는 8입니다. 답 8

12 $1.6 \times 4.25 = 6.8$ ➡ $6.8 > \square$에서 $\square$ 안에 들어갈 수 있는 가장 큰 자연수는 6입니다. 답 6

13 1시간 30분 $=$ 1시간 $+\dfrac{30}{60}$시간 $=$ 1.5시간

(호준이가 일주일 동안 운동한 시간)
$= 1.5 \times 7 = 10.5$(시간) 답 10.5시간

14 2시간 12분 $=$ 2시간 $+\dfrac{12}{60}$시간 $=$ 2.2시간

(정호가 수학 공부를 한 시간)
$= 2.2 \times 6 = 13.2$(시간) 답 13.2시간

15 1시간 15분 $=$ 1시간 $+\dfrac{15}{60}$시간 $=$ 1.25시간

2주일은 14일입니다.
(주희가 독서를 한 시간)
$= 1.25 \times 14 = 17.5$(시간) 답 17.5시간

16 이번 주에 우유가 0.3 L씩 4일 필요합니다.
(필요한 우유의 양) $= 0.3 \times 4 = 1.2$ (L)
따라서 1 L짜리 우유를 적어도 2개 사야 합니다. 답 2개

17 이번 주에 주스가 0.45 L씩 5일 필요합니다.
(필요한 주스의 양) $= 0.45 \times 5 = 2.25$ (L)
따라서 1 L짜리 주스를 적어도 3개 사야 합니다. 답 3개

18 어떤 수를 $\square$라 하면
바르게 계산한 식: $\square \times 3.16$
잘못 계산한 식: $\square \times 316 = 758.4$
➡ $\square \times 3.16$은 $\square \times 316$의 0.01배가 되므로 바르게 계산한 값 $758.4 \times 0.01 = 7.584$입니다. 답 7.584

19 어떤 수를 $\square$라 하면
바르게 계산한 식: $\square \times 80.4$
잘못 계산한 식: $\square \times 0.804 = 2.01$
➡ $\square \times 80.4$는 $\square \times 0.804$의 100배가 되므로 바르게 계산한 값 $2.01 \times 100 = 201$입니다. 답 201

20 어떤 수를 $\square$라 하면
바르게 계산한 식: $\square \times 26$
잘못 계산한 식: $\square \times 0.026 = 0.143$
➡ $\square \times 26$은 $\square \times 0.026$의 1000배가 되므로 바르게 계산한 값 $0.143 \times 1000 = 143$입니다. 답 143

21 (새로운 놀이터의 가로) $= 5 \times 1.4 = 7$ (m)
(새로운 놀이터의 세로) $= 4 \times 1.4 = 5.6$ (m)
(새로운 놀이터의 넓이) $= 7 \times 5.6 = 39.2$ (m²)
답 39.2 m²

22 (새로운 텃밭의 가로) $= 6.2 \times 1.5 = 9.3$ (m)
(새로운 텃밭의 세로) $= 5 \times 1.5 = 7.5$ (m)
(새로운 텃밭의 넓이) $= 9.3 \times 7.5 = 69.75$ (m²)
답 69.75 m²

23 (새로운 게시판의 가로) $= 4 \times 1.2 = 4.8$ (m)
(새로운 게시판의 세로) $= 1.5 \times 1.2 = 1.8$ (m)
(새로운 게시판의 넓이) $= 4.8 \times 1.8 = 8.64$ (m²)
답 8.64 m²

24 겹치는 부분은 $5 - 1 = 4$(군데)입니다.
(이어 붙인 색 테이프의 전체 길이)
$= 15 \times 5 - 4.4 \times 4$
$= 75 - 17.6 = 57.4$ (cm) 답 57.4 cm

25 겹치는 부분은 $28 - 1 = 27$(군데)입니다.
(이어 붙인 색 테이프의 전체 길이)
$= 9.3 \times 28 - 0.6 \times 27$
$= 260.4 - 16.2 = 244.2$ (cm) 답 244.2 cm

26 겹치는 부분은 $31 - 1 = 30$(군데)입니다.
(이어 붙인 색 테이프의 전체 길이)
$= 7.5 \times 31 - 0.84 \times 30$
$= 232.5 - 25.2 = 207.3$ (cm) 답 207.3 cm

3 **STEP** **서술형의 힘** 120~121쪽

1-1 (2) (서우의 선인장의 키) $= 0.267$ m $= 26.7$ cm
(3) 26.7 cm < 27.6 cm이므로 민지의 선인장이 더 많이 자랐습니다. 답 (1) 100 cm (2) 26.7 cm (3) 민지

1-2 모범 답안 ❶ 1 m $= 100$ cm입니다.
❷ (도진이가 사용한 철사의 길이)
$= 0.543$ m $= 54.3$ cm
❸ 52.4 cm < 54.3 cm이므로 도진이가 사용한 철사의 길이가 더 깁니다.
답 도진

채점 기준

❶ m와 cm의 관계를 구함.	1점	
❷ m 단위를 cm 단위로 바꿈.	2점	5점
❸ 철사의 길이를 비교하여 더 많이 사용한 사람을 찾음.	2점	

2-1 (2) 남은 털실은 처음에 있던 털실의 $1 - 0.4 = 0.6$만큼입니다.
(3) (남은 털실의 길이) $= 35.6 \times 0.6 = 21.36$ (m)
답 (1) 0.4 (2) 0.6 (3) 21.36 m

4 단원 소수의 곱셈

2-2 [모범 답안] ❶ 사용한 한지는 처음에 있던 한지의 0.8만큼입니다.

❷ 남은 한지는 처음에 있던 한지의 $1-0.8=0.2$만큼입니다.

❸ (남은 한지의 넓이)$=7.75×0.2=1.55$ (m²)

[답] $1.55\,\text{m}^2$

채점 기준		
❶ 사용한 한지는 처음 한지의 얼마만큼인지 구함.	1점	
❷ 남은 한지는 처음 한지의 얼마만큼인지 구함.	1점	5점
❸ 남은 한지의 넓이를 구함.	3점	

3-1 (2) (가로등 사이의 간격 수)$=$(가로등의 수)-1
$=15-1=14$(군데)

(3) (가로등을 세운 도로의 길이)
$=$(가로등 사이의 간격)$×$(가로등 사이의 간격 수)
$=0.1×14=1.4$ (km)

[답] (1) 15개 (2) 14군데 (3) 1.4 km

3-2 [모범 답안] ❶ 도로 한쪽에 심은 나무는 20그루입니다.

❷ (나무 사이의 간격 수)$=20-1=19$(군데)

❸ (나무를 심은 도로의 길이)
$=$(나무 사이의 간격)$×$(나무 사이의 간격 수)
$=0.24×19=4.56$ (km)

[답] 4.56 km

채점 기준		
❶ 도로 한쪽에 심은 나무 수를 구함.	1점	
❷ 나무 사이의 간격 수를 구함.	1점	5점
❸ 나무를 심은 도로의 길이를 구함.	3점	

4-1 (1) (접시 3개의 무게)$=18.2-14=4.2$ (kg)

(2) 접시 12개의 무게는 접시 3개의 무게의 4배입니다.
(접시 12개의 무게)$=$(접시 3개의 무게)$×4$
$=4.2×4=16.8$ (kg)

(3) (빈 상자의 무게)$=18.2-16.8=1.4$ (kg)

[답] (1) 4.2 kg (2) 16.8 kg (3) 1.4 kg

4-2 [모범 답안] ❶ (사전 5권의 무게)$=38.85-26.6$
$=12.25$ (kg)

❷ 사전 15권의 무게는 사전 5권의 무게의 3배입니다.
(사전 15권의 무게)$=$(사전 5권의 무게)$×3$
$=12.25×3=36.75$ (kg)

❸ (빈 상자의 무게)$=38.85-36.75=2.1$ (kg)

[답] 2.1 kg

채점 기준		
❶ 사전 5권의 무게를 구함.	1점	
❷ 사전 15권의 무게를 구함.	3점	5점
❸ 빈 상자의 무게를 구함.	1점	

단원평가 *122~124쪽*

1 [답] 1.2, 1.2

2 [답] (1) $0.6×9=\dfrac{6}{10}×9=\dfrac{6×9}{10}=\dfrac{54}{10}=5.4$

(2) $3.12×6=\dfrac{312}{100}×6=\dfrac{312×6}{100}=\dfrac{1872}{100}$
$=18.72$

3 [답] (1) 2.5 (2) 11.34

4 ㉠ $2×2.8$은 2와 3의 곱인 6보다 작습니다.
㉡ 4의 1.62는 4와 1.5의 곱인 6보다 큽니다.
㉢ $3×1.75$는 3과 2의 곱인 6보다 작습니다. [답] ㉡

5 $2.67×10=26.7$
$2.67×100=267$
$2.67×1000=2670$ [답] 26.7, 267, 2670

☑ 참고 곱하는 수의 0이 하나씩 늘어날 때마다 곱의 소수점이 오른쪽으로 한 칸씩 옮겨집니다.

6 [답] 지율
☑ 참고 (소수 한 자리 수)$×$(소수 두 자리 수)
$=$(소수 세 자리 수)

7 (1) $27×14.8$을 30의 15배 정도로 어림하면 450보다 더 작은 값이므로 소수점을 찍으면 399.6입니다.

(2) $0.027×148$을 0.02의 150배 정도로 어림하면 3보다 더 큰 값이므로 소수점을 찍으면 3.996입니다.

[답] (1) 399.6 (2) 3.996

8 [답] $<$

9 [답] 3.068

10 계산 결과인 38.08은 3808의 $\dfrac{1}{100}$배인 수므로 □ 안에 알맞은 수는 112의 $\dfrac{1}{100}$배인 1.12입니다. [답] 1.12

11 $0.68×0.46$을 0.68의 0.5로 어림하면 0.68의 반은 0.34이므로 답은 0.34에 가까운 0.3128입니다. [답] ㉣

12 [답] $6×0.7=4.2$, 4.2 m

13 $3.44×2.2=7.568$
➡ $7.568<$□에서 □ 안에 들어갈 수 있는 가장 작은 자연수는 8입니다. [답] 8

14 (3일 동안 마신 생수의 양)
　＝(하루에 마시는 생수의 양)×(날수)
　＝1.2×3＝3.6 (L)　　　　답 1.2×3＝3.6, 3.6 L

15 가장 큰 수는 5.8이고, 가장 작은 수는 0.36입니다.
　➡ 5.8×0.36＝2.088　　　　　　　답 2.088

16 ・㉠×0.1＝2.8 ➡ 계산 결과가 ㉠에서 소수점을 왼쪽
　으로 한 칸 옮겨서 2.8이 되었으므로 ㉠＝28입니다.
　・0.516×㉡＝5.16 ➡ 계산 결과가 0.516에서 5.16으로
　소수점을 오른쪽으로 한 칸 옮겼으므로 ㉡＝10입니다.
　　　　　　　　　　　　　　　　답 28, 10

17 4.7×0.05는 0.235이어야 하는데 잘못 눌러서 2.35가
　나왔으므로 47과 0.05를 눌렀거나 4.7과 0.5를 누른 것
　입니다.　　　　　　답 47, 0.05 (또는 4.7, 0.5)

18 (겹친 부분의 수)＝10－9＝9(군데)
　(겹친 부분의 길이의 합)＝0.12×9＝1.08 (m)
　(색 테이프 10개의 길이의 합)＝5.42＋1.08＝6.5 (m)
　➡ (색 테이프 한 개의 길이)×10＝6.5이므로 색 테이프
　한 개의 길이는 0.65 m입니다.　　　　답 0.65 m

19 모범 답안 ❶ 우리나라 돈 100원이 일본 돈으로 약 10엔
　이고, 필리핀 돈으로 약 5페소입니다.
　❷ 우리나라 돈 2000원은 일본 돈으로 약 200엔이고, 필
　리핀 돈으로 약 100페소입니다.
　❸ 따라서 우리나라 돈 2000원은 약 200엔으로 바꿀 수
　있습니다.　　　　　　　　　　　　답 엔

채점 기준		
❶ 우리나라 돈 100원으로 바꿀 수 있는 일본 돈과 필리핀 돈을 각각 구함.	2점	
❷ 우리나라 돈 2000원으로 바꿀 수 있는 일본 돈과 필리핀 돈을 각각 구함 .	2점	5점
❸ □ 안에 알맞은 화폐 단위를 씀.	1점	

20 모범 답안 ❶ 2시간 30분＝2.5시간
　❷ (2시간 30분 동안 달린 거리)
　　＝(한 시간 동안 달린 거리)×(달린 시간)
　　＝13.4×2.5＝33.5 (km)　　　答 33.5 km

채점 기준		
❶ 30분을 시간 단위로 바꾸어 소수로 나타냄.	2점	
❷ 2시간 30분 동안 달린 거리를 구함.	3점	5점

 개념의 힘　　　　　　128~131쪽

개념 1　　　　　　　　　　128~129쪽

개념 확인하기

1 답 직육면체

2 답 ㉠ / ㉢ / ㉡

3 답 정육면체

4 답 (　　) (○)

개념 다지기

1 답 나, 마

2 답 6개

3 정육면체의 면은 정사각형입니다.　　답 정사각형

4 답 ⑴, ⑵, ⑶

5 ⑴ 정육면체의 모서리의 길이는 모두 같습니다.
　　　　　　　　　　답 ⑴ × ⑵ ○ ⑶ ○

6 답 6, 12, 8

7 답 ㉡ / 예 면과 면이 만나는 선분을 모서리라고 합니다.
　다른 답 모서리와 모서리가 만나는 점을 꼭짓점이라고
　합니다.

개념 2　　　　　　　　　　130~131쪽

개념 확인하기

1 직육면체에서 계속 늘여도 만나지 않는 두 면을 서로 평행
　하다고 합니다.　　　답
(직육면체 그림)

2 서로 평행한 면을 밑면이라고 합니다.　답 면 ㄱㄴㄷㄹ
　☑ 참고 '면 ㄱㄴㄷㄹ' 대신 면 ㄴㄷㄹㄱ, 면 ㄷㄹㄱㄴ, 면 ㄹㄱㄴㄷ
　이라고 읽을 수도 있습니다.

3 색칠한 면과 만나는 면은 모두 4개이며 수직으로 만납니
　다.　　　　　　　　　　　　　답 4개

4 색칠한 면과 만나는 면은 서로 수직입니다.
→ 한 면과 수직인 면은 모두 4개입니다. 답 4개

개념 다지기

1 첫 번째 그림은 왼쪽의 색칠한 면과 평행한 면에 색칠한 것입니다. 답 ( )(◯)

2 서로 평행한 면은 마주 보고 있는 면입니다.
답 ㅁㅂㅅㅇ, ㄴㅂㅅㄷ, ㄴㅂㅁㄱ

3 서로 평행한 면은 모두 3쌍입니다. 답 3쌍

4 색칠한 면과 만나는 면을 모두 찾습니다.
답 ㄴㅂㅁㄱ, ㄱㄴㄷㄹ, ㄷㅅㅇㄹ, ㅁㅂㅅㅇ

5 계속 늘여도 만나지 않는 두 면을 서로 평행하다고 합니다. 답 ②, ⑤

6 주원: 꼭짓점 ㄷ에서 만나는 면은 모두 3개입니다.
답 준서

7 면 ㄴㅂㅅㄷ과 평행한 면은 면 ㄱㅁㅇㄹ로 1개입니다.
면 ㄴㅂㅅㄷ과 수직인 면은 만나는 면이고 평행한 면을 제외한 면으로 모두 4개입니다. 답 1개 / 4개

---

1 STEP 기본 유형의 힘 132~135쪽

유형 **1** 답 (위에서부터) 꼭짓점, 면, 모서리

1 직육면체는 직사각형 6개로 둘러싸인 도형입니다.
답 ③, ⑤

2 직육면체의 면은 직사각형입니다. 답 직사각형

3 직육면체는 직사각형 6개로 둘러싸여 있습니다.
답 6개

4 직육면체는 모서리의 길이가 다르므로 면은 모두 합동이 아닙니다. 답 ㉠

5 답 3, 9, 7

6 모범 답안 직육면체는 6개의 직사각형으로 이루어져 있으나 주어진 도형은 그렇지 않습니다. 2개의 사다리꼴과 4개의 직사각형으로 이루어져 있습니다.

평가 기준
직사각형 6개로 이루어져 있지 않다는 이유를 썼으면 정답입니다.

유형 **2** 답 나, 바

7 정사각형 6개로 둘러싸인 도형은 ㉡입니다.
직사각형 6개로 둘러싸인 도형은 ㉠, ㉡입니다.
답 ㉡ / ㉠, ㉡

8 정육면체는 직육면체라고 할 수 있지만 직육면체는 정육면체라고 할 수 없습니다. 답 아니요

9 정육면체는 모서리의 길이가 모두 같습니다.
답 (위에서부터) 7, 7, 7

10 ㉠, ㉢은 정육면체만의 특징입니다. 답 ㉡

11 답 (위에서부터) 정사각형 / 모범 답안 모서리의 길이가 다릅니다. / 모범 답안 모서리의 길이가 모두 같습니다.

☑참고 정사각형은 직사각형이라고 할 수 있지만 정육면체와 직육면체의 차이점을 써야 하므로 정육면체의 면은 정사각형이라고 써야 합니다. 직육면체는 모서리의 길이가 다르고, 정육면체는 모서리의 길이가 모두 같다고 썼으면 정답입니다.

12 보이지 않는 면은 3개, 보이지 않는 모서리는 3개입니다.
→ 3+3=6(개) 답 6개

유형 **3** 답 면 ㄱㅁㅇㄹ

13 계속 늘여도 색칠한 면과 만나지 않는 면을 찾아 빗금을 긋습니다. 답

☑다른풀이 색칠한 면과 서로 마주 보고 있는 면을 찾아 빗금을 긋습니다.

14 면 ㄱㅁㅇㄹ과 평행한 면은 면 ㄴㅂㅅㄷ으로 1개입니다.
답 1개

15 직육면체에는 3쌍의 평행한 면이 있습니다. 답 3쌍

16 ㉠ 서로 평행한 면은 3쌍입니다.
㉡ 서로 평행한 면은 아무리 늘여도 만나지 않습니다.
답 ㉡

17 면 ㄱㄴㄷㄹ과 평행한 면은 면 ㅁㅂㅅㅇ입니다.
→ 5+3+5+3=16 (cm)
답 5+3+5+3=16, 16 cm

유형 **4** 답 ✕

18 한 꼭짓점에서 만나는 면은 모두 3개입니다.
답 면 ㄱㄴㄷㄹ, 면 ㄴㅂㅅㄷ, 면 ㄷㅅㅇㄹ

19 직육면체에서 밑면에 수직인 면을 옆면이라고 합니다.
　　답 면 ㄱㄴㄷㄹ, 면 ㄴㅂㅅㄷ, 면 ㅂㅅㅇㅁ, 면 ㄱㅁㅇㄹ

20 면 ㄴㅂㅁㄱ을 밑면이라 할 때, 옆면이 아닌 면을 찾습니다.
　　　　　　　　　　　　　　　　　　답 ④

✅다른풀이 면 ㄴㅂㅁㄱ과 마주 보고 있는 면은 면 ㄴㅂㅁㄱ과 수직이 아닙니다.

21 면 ㄴㅂㅅㄷ과 평행한 면: 면 ㄱㅁㅇㄹ
　　면 ㄴㅂㅅㄷ과 수직인 면: 면 ㄱㄴㄷㄹ, 면 ㄴㅂㅁㄱ,
　　면 ㅁㅂㅅㅇ, 면 ㄷㅅㅇㄹ　　　　답 1, 4

22 (1) 직육면체에서 한 면과 수직으로 만나는 면은 4개입니다.
　　(2) 직육면체의 한 꼭짓점에서 만나는 면은 모두 3개입니다.
　　　　　　　　　　　　　답 (1) 4개 (2) 3개

Power 개념의 힘　　　　　136~139쪽

개념 3　　　　　136~137쪽

개념 확인하기

1 답

2 답 겨냥도

3 왼쪽은 보이지 않는 모서리 중에서 1개를 실선으로 그렸습니다.　　답 (　) (○)

4 보이지 않는 모서리 3개를 점선으로, 보이는 모서리 4개를 실선으로 그립니다.　답

개념 다지기

1 답

2 ㉠ 보이지 않는 모서리를 그리지 않았습니다.
　　㉡ 보이는 모서리를 점선으로, 보이지 않는 모서리를 실선으로 그렸습니다.　　　　　　답 ㉢

3 답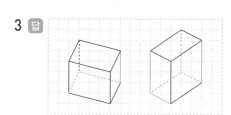

4 답 3개 / 9개 / 7개　　**5** 답 3개 / 3개 / 1개

6 보이지 않는 모서리는 점선으로 그려야 합니다.　답 다영

7 답

개념 4　　　　　138~139쪽

개념 확인하기

1 답 실선, 점선　　　**2** 답 전개도

3 직육면체의 전개도를 접었을 때 마주 보는 3쌍의 면의 모양과 크기가 같습니다.　　답 3쌍

4 답 없고에 ○표, 같습니다에 ○표

개념 다지기

1 접었을 때 서로 마주 보는 두 면을 찾아 같은 모양으로 표시하면 다음과 같습니다.

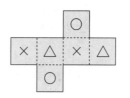　　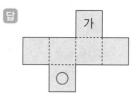

2 답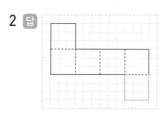

3 (2) 잘린 모서리는 실선, 잘리지 않는 모서리는 점선으로 표시합니다.　　답 (1) ○ (2) ×

4 다: 접었을 때 겹치는 면이 있습니다.
　　라: 면이 5개입니다.　　　　　　답 가, 나

5 전개도를 접었을 때 겨냥도의 모양과 같도록 선분의 길이를 써넣어야 합니다.　답 (위에서부터) 8, 5, 6

6 전개도를 접었을 때 마주 보는 면이 3쌍이고 마주 보는 면의 모양과 크기가 같아야 하며 만나는 모서리의 길이가 같을 수 있도록 점선을 그립니다.

답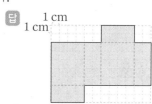

정답 및 풀이 | **45**

1 STEP 기본 유형의 힘 140~143쪽

유형 5 답

1 직육면체의 겨냥도에서는 보이는 모서리는 실선으로, 보이지 않는 모서리는 점선으로 그립니다. 답 ㉢

2 보이는 모서리 중에서 점선으로 그린 모서리에 ○표 합니다. 답

3 보이는 모서리는 실선으로, 보이지 않는 모서리는 점선으로 그립니다. 답

4 [모범 답안] 보이지 않는 모서리를 점선으로 그려야 하는데 보이지 않는 모서리 중에서 2개를 실선으로 그렸습니다.

평가 기준
보이지 않는 모서리를 점선으로 그려야 하는데 실선으로 그렸다는 말을 썼으면 정답입니다.

5 실선으로 그려야 하는 모서리는 보이는 모서리이므로 9개이고, 점선으로 그려야 하는 모서리는 보이지 않는 모서리이므로 3개입니다.
→ 9−3=6(개) 답 6개

유형 6 답 (○)( )

6 정육면체는 크기가 같은 정사각형 6개로 둘러싸인 도형이므로 전개도를 그렸을 때 크기가 같은 정사각형은 모두 6개입니다. 답 6개

7 정육면체의 전개도에서 색칠한 면과 평행한 면은 색칠한 면과 만나지 않는 면입니다. 답

8 정육면체의 전개도에서 색칠한 면과 수직인 면은 색칠한 면과 만나는 면입니다. 답

9 전개도를 접었을 때 면 ㉮와 평행한 면을 찾습니다.
답 면 ㉯

10 전개도를 접었을 때 만나는 점끼리 같은 기호를 써넣습니다. 답 (위에서부터) ㄱ, ㄴ / ㅁ, ㅂ

11 전개도를 접었을 때 선분 ㄴㄷ과 선분 ㅊㅈ, 선분 ㄹㅁ과 선분 ㅂㅁ, 선분 ㅎㅍ과 선분 ㅌㅍ이 만나서 한 모서리가 됩니다. 답

12 면이 7개이므로 정육면체의 전개도가 아닙니다. 답 3개

13 전개도를 접었을 때 정육면체가 되도록 한 변이 모눈 2칸인 정사각형 6개를 연결하여 그립니다.
답 예
1 cm
1 cm

14 답 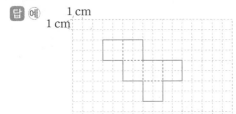 또는

유형 7 답 ( )(○)

15 직육면체의 잘린 모서리는 실선으로 그립니다. 답 ×

16 답 ○

17 같은 표시를 한 면끼리 모양과 크기가 같습니다. → 3쌍
답 3쌍

18 전개도를 접었을 때 색칠한 면과 만나는 면은 모두 색칠한 면과 수직입니다. 답

19 전개도를 접었을 때 선분 ㄱㄴ과 선분 ㅈㅇ이 만나서 한 모서리가 되고, 선분 ㄴㄷ과 선분 ㅇㅅ이 만나서 한 모서리가 됩니다. 답 선분 ㅈㅇ / 선분 ㅇㅅ

20 서로 평행한 면인 면 ㅍㅎㅋㅌ과 면 ㄴㄷㄹㅁ의 모양과 크기가 같지 않기 때문에 잘못 그린 것입니다. 답 지후

☑ 다른풀이 선분 ㅁㅂ과 선분 ㅁㄹ의 길이가 같지 않기 때문에 잘못 그린 것입니다.

21 ㉠=(색칠한 면의 네 변의 길이의 합)
   =4+7+4+7=22 (cm)
   ㉡=6 cm
   답 22 cm / 6 cm

22 답 예
1 cm
1 cm
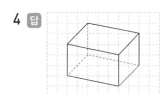

23 답 예
1 cm
1 cm

2 STEP 응용 유형의 힘
144~147쪽

1 면 ㄱㄴㄷㄹ과 평행한 면은 면 ㄱㄴㄷㄹ과 서로 마주 보고 있는 면이므로 면 ㅁㅂㅅㅇ입니다.   답 면 ㅁㅂㅅㅇ

2 면 ㄴㅂㅅㄷ과 평행한 면은 면 ㄴㅂㅅㄷ과 서로 마주 보고 있는 면이므로 면 ㄱㅁㅇㄹ입니다.   답 면 ㄱㅁㅇㄹ

3 한 면과 수직으로 만나는 면은 4개입니다.
   답 면 ㄱㄴㄷㄹ, 면 ㄴㅂㅅㄷ, 면 ㅂㅅㅇㅁ, 면 ㄱㅁㅇㄹ

4 답

5 답

6 답

7 답

8 접었을 때 서로 겹치는 면이 있습니다. 겹치는 면 중 1개를 옮겨 정육면체의 전개도가 될 수 있도록 고칩니다.
   답 예
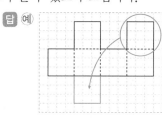

9 답 예
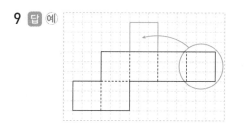

10 6×12=72 (cm)   답 72 cm

11 9×12=108 (cm)   답 108 cm

12 7×12=84 (cm)   답 84 cm

13 마주 보는 면의 눈의 수의 합이 7이므로 1과 6, 2와 5, 3과 4가 짝이 되어야 합니다.
   답
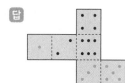

14 답
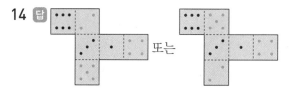
또는

15 답
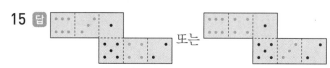
또는

16 직육면체에서 길이가 같은 모서리는 4개씩 있습니다.
   (모든 모서리의 길이의 합)=8×4+7×4+5×4
                    =32+28+20=80 (cm)
   답 80 cm

   ☑ 다른풀이 (모든 모서리의 길이의 합)=(8+7+5)×4=20×4
                              =80 (cm)

17 (모든 모서리의 길이의 합)=10×4+6×4+7×4
                    =40+24+28=92 (cm)
   답 92 cm

18 (모든 모서리의 길이의 합)=6×4+7×4+8×4
                    =24+28+32=84 (cm)
   답 84 cm

19 끈을 15 cm씩 2번, 10 cm씩 2번, 12 cm씩 4번 사용하였고 매듭으로 20 cm 사용하였습니다.
   ➡ (사용한 전체 끈의 길이)
      =(15×2)+(10×2)+(12×4)+20
      =30+20+48+20=118 (cm)
   답 118 cm

20 리본을 13 cm씩 2번, 12 cm씩 2번, 11 cm씩 4번 사용하였고 매듭으로 35 cm 사용하였습니다.
→ (사용한 전체 리본의 길이)
$=(13\times2)+(12\times2)+(11\times4)+35$
$=26+24+44+35=129$ (cm)

답 129 cm

21 전개도에서 각 꼭짓점의 위치를 알아보고 선을 긋습니다.

답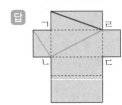

22 전개도에서 각 꼭짓점의 위치를 알아보고 선을 긋습니다.

답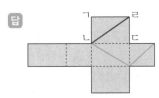

23 점 ㄷ에서 시작하는 대각선을 세 면에 각각 그립니다.

답

3 STEP 서술형의 힘
148~149쪽

1-1 (1) 보이는 모서리는 6 cm가 3개, 4 cm가 3개, 5 cm가 3개입니다.
(2) $6\times3+4\times3+5\times3=45$ (cm)

답 (1) 3개 / 3개 / 3개 (2) 45 cm

1-2 모범 답안 ❶ 보이는 모서리는 6 cm가 3개, 8 cm가 3개, 3 cm가 3개입니다.
❷ (보이는 모서리의 길이의 합)
$=6\times3+8\times3+3\times3=51$ (cm)

답 51 cm

채점 기준		
❶ 보이는 모서리가 몇 cm씩 몇 개인지 구함.	3점	5점
❷ 보이는 모서리의 길이의 합을 구함.	2점	

2-1 (1) (선분 ㄱㄴ)=(선분 ㅈㅇ)=9 cm
(2) (선분 ㄴㄷ)=(선분 ㅁㄹ)=(선분 ㅁㅂ)=10 cm

(3) (선분 ㄱㄷ)=(선분 ㄱㄴ)+(선분 ㄴㄷ)
$=9+10=19$ (cm)

답 (1) 9 cm (2) 10 cm (3) 19 cm

2-2 모범 답안 ❶ (선분 ㅅㅇ)=(선분 ㅅㅂ)=(선분 ㄹㅁ)
$=8$ cm
❷ (선분 ㅇㅈ)=(선분 ㅂㅁ)=3 cm
❸ (선분 ㅅㅈ)=(선분 ㅅㅇ)+(선분 ㅇㅈ)
$=8+3=11$ (cm)

답 11 cm

채점 기준		
❶ 선분 ㅅㅇ의 길이를 구함.	2점	5점
❷ 선분 ㅇㅈ의 길이를 구함.	2점	
❸ 선분 ㅅㅈ의 길이를 구함.	1점	

3-1 (2) $84\div12=7$ (cm)
(3) 색칠한 면은 한 변이 7 cm인 정사각형입니다.
→ (색칠한 면의 네 변의 길이의 합)
$=7\times4=28$ (cm)

답 (1) 12개 (2) 7 cm (3) 28 cm

3-2 모범 답안 ❶ 정육면체의 모서리는 모두 12개이고 모든 모서리의 길이는 같습니다.
❷ (한 모서리의 길이)=$96\div12=8$ (cm)
❸ (색칠한 면의 네 변의 길이의 합)=$8\times4=32$ (cm)

답 32 cm

채점 기준		
❶ 정육면체의 모서리의 수를 구함.	1점	5점
❷ 정육면체의 한 모서리의 길이를 구함.	2점	
❸ 색칠한 면의 네 변의 길이의 합을 구함.	2점	

4-1 (2) $20+24+80=124$ (cm)
(3) (매듭에 사용한 끈의 길이)=$148-124=24$ (cm)

답 (1) 2, 20 / 2, 24 / 4, 80 (2) 124 cm (3) 24 cm

4-2 모범 답안 ❶ 끈을 10 cm씩 2번, 6 cm씩 4번, 20 cm씩 2번 사용하였습니다.
❷ $10\times2+6\times4+20\times2=84$ (cm)
❸ (매듭에 사용한 끈의 길이)=$120-84=36$ (cm)

답 36 cm

채점 기준		
❶ 10 cm씩, 6 cm씩, 20 cm씩 각각 몇 번 사용하였는지 구함.	1점	5점
❷ ❶에서 구한 끈의 길이의 합을 구함.	2점	
❸ 매듭에 사용한 끈의 길이를 구함.	2점	

5
단원

직육면체

단원평가 [150~152쪽]

1 직육면체에서 선분으로 둘러싸인 부분을 면이라고 하고, 면과 면이 만나는 선분을 모서리라고 합니다.
모서리와 모서리가 만나는 점을 꼭짓점이라고 합니다.
답 모서리

2 답 정육면체

3 모서리와 모서리가 만나는 점 중에서 보이는 점을 모두 찾습니다.
답

4 색칠한 면과 마주 보고 있는 면에 빗금을 긋습니다.
답

5 보이는 모서리는 실선으로, 보이지 않는 모서리는 점선으로 그린 것을 찾습니다.
답 ②

6 서로 마주 보고 있는 면을 찾습니다.
답 면 ㅁㅂㅅㅇ, 면 ㄷㅅㅇㄹ, 면 ㄱㅁㅇㄹ

7 면 ㄷㅅㅇㄹ과 수직인 면은 면 ㄱㄴㄷㄹ, 면 ㄴㅂㅅㄷ, 면 ㅂㅅㅇㅁ, 면 ㄱㅁㅇㄹ로 4개입니다.
답 4개

8 직육면체는 길이가 같은 모서리가 4개씩 있습니다.
 ➡ ○표 한 부분이 ㉮와 길이가 같습니다.
답 4개

9 보이는 모서리는 실선으로, 보이지 않는 모서리는 점선으로 그립니다.
답

10 접었을 때 겹쳐지는 선분끼리 길이가 같습니다.
답 (위에서부터) 3, 6

11 답

12 ⑴ 정육면체와 직육면체의 꼭짓점은 8개입니다.
⑵ 직육면체는 모서리의 길이가 다르지만 정육면체는 모서리의 길이가 모두 같습니다.
답 ⑴ 8개 ⑵ 정육면체

13 면 ㉮와 수직인 면은 면 ㉮와 평행한 면 ㉯를 제외한 나머지 4개의 면입니다.
답 면 ㉠, 면 ㉡, 면 ㉣, 면 ㉤

14 직육면체에는 길이가 같은 모서리가 4개씩 있습니다.
답 ⑤

15 답

1 cm
1 cm

16 면: 6개, 모서리: 12개, 꼭짓점: 8개
➡ 6+12+8=26(개)
답 26개

17 답 1 cm
1 cm
예

18 정육면체의 모서리는 12개이고 모든 모서리의 길이가 같습니다. ➡ (한 모서리 길이)=108÷12=9 (cm)
답 9 cm

19 공통점 모범 답안 ❶ 면이 6개입니다.
차이점 모범 답안 ❷ 직육면체는 모서리의 길이가 다르지만 정육면체는 모서리의 길이가 모두 같습니다.

채점 기준

❶ 공통점을 바르게 씀.	2점	5점
❷ 차이점을 바르게 씀.	3점	

20 모범 답안 ❶ 직육면체에는 길이가 같은 모서리가 4개씩 있습니다.
❷ (모든 모서리 길이의 합)
=3×4+7×4+10×4=80 (cm)
답 80 cm

채점 기준

❶ 길이가 같은 모서리가 4개씩 있는 것을 알고 있음.	2점	5점
❷ 모든 모서리의 길이의 합을 구함.	3점	

6단원 평균과 가능성

개념 1

156~157쪽

개념 확인하기

1 답 4, 80 / 3, 72 / 평균에 ○표

2 답 ㉢

개념 다지기

1 $12+7+9+8=36$(개)　답 36개

2 $8+6+12+9+5=40$(개)　답 40개

3 (재호의 제기차기 기록의 평균)$=36÷4=9$(개)
(소희의 제기차기 기록의 평균)$=40÷5=8$(개)
답 9개, 8개

4 답 재호

5 (평균)$=(5+4+3+7+6)÷5=5$(권)　답 5권

6 (은주네 모둠의 화살 수의 평균)$=(6+4+3+7)÷4$
$=5$(개)
(우성이네 모둠의 화살 수의 평균)$=(5+9+4)÷3$
$=6$(개)
답 5개, 6개

7 예 두 모둠의 친구 수가 각각 다르기 때문에 투호에 넣은 화살 수를 모두 더한 수만으로 어느 모둠이 더 잘했다고 말할 수 없습니다.

> **평가 기준**
> 모둠의 인원 수가 다름을 설명했으면 정답입니다.

개념 2

158~159쪽

개념 확인하기

1 답 3, 1 / 9

2 답 20, 16, 18

3 답 72, 18

개념 다지기

1 답 예 7개

2 답 예

3 예상한 평균에 맞춰 ○표를 옮겨 수를 고르게 하여 평균을 구하면 7개입니다.　답 7개

4 답 예 9 / (9, 9), (8, 10) 또는 (8, 10), (9, 9)

5 (9, 9), (8, 10)의 수를 고르게 하면 (9, 9), (9, 9)이므로 평균은 9개입니다.　답 9개

6 (평균)$=(80+90+80+70)÷4=320÷4=80$(분)
답 4, 4, 80

7 (평균)$=(5+3+2+2)÷4=12÷4=3$(개)　답 3개

개념 3

160~161쪽

개념 확인하기

1 답 5 / 36, 4 / 36, 6

2 답 신혜

3 $45×4=180$(분)　답 180분

4 도준, 현우, 지은이가 어제 책을 읽은 시간의 합은
$35+40+55=130$(분)입니다. 따라서 서현이가 어제 책을 읽은 시간은 $180-130=50$(분)입니다.　답 50분

개념 다지기

1 모둠 2: $20÷4=5$(권), 모둠 3: $24÷6=4$(권)
답 5, 4

2 답 모둠 2

3 $47×4=188$ (kg)　답 188 kg

4 $188-(50+45+48)=45$ (kg)　답 45 kg

5 $(96+104+100+92)÷4=98$ (cm)　답 98 cm

6 답 98 cm

7 정후의 기록의 합은 $98×3=294$ (cm)입니다.
답 294 cm

8 $294-(103+92)=99$ (cm)　답 99 cm

 기본 유형의 힘 162~165쪽

유형 1 **답** 3, 16

1 $(6+7+10+9) \div 4 = 32 \div 4 = 8$(개) **답** 8개

2 $(8+12+7) \div 3 = 27 \div 3 = 9$(개) **답** 9개

3 두 모둠 중 평균이 더 높은 슬기네 모둠이 더 잘했다고 볼 수 있습니다.

답 슬기네 모둠

유형 2 **답** (1) 예

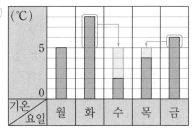

(2) 5 ℃

4 **답** 220, 300, 250, 330, 1100, 275

5 $2+1+4+5=12$(개)

답 12개

6 $(2+1+4+5) \div 4 = 12 \div 4 = 3$(개)

답 3개

7 **답** 3점

8 (평균)$=(25+30+28+29) \div 4 = 112 \div 4 = 28$ (kg)

답 소영

9 예상한 평균에 맞춰 ○표를 옮겨 기록을 고르게 하면 ○표가 5개씩이 됩니다.

답 예

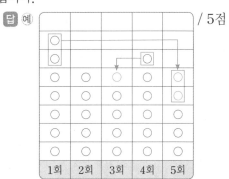

10 (평균)$=(78+64+89) \div 3 = 77$(점)
이 농구 팀이 네 경기 동안 얻은 점수의 평균이 세 경기 동안 얻은 점수의 평균보다 높으려면 네 번째 경기에서는 77점보다 높아야 합니다.

답 77점에 ○표, 높은에 ○표

유형 3 **답** 지효네 가족

11 하루 평균 접은 종이학 수는
정은이가 $(12+12+15+14+12) \div 5 = 65 \div 5$
$= 13$(개),
재민이가 $(13+16+19) \div 3 = 48 \div 3 = 16$(개)입니다.

답 13개, 16개

12 **답** 재민

13 (평균)$=(21+20+18+21) \div 4 = 80 \div 4 = 20$(초)
성훈이의 기록은 21초이므로 성훈이네 모둠에서 성훈이는 느린 편입니다. **답** 느린 편입니다.

14 (민선이의 제기차기 기록의 평균)
$=(28+25+30+33) \div 4 = 116 \div 4 = 29$(개)
민선이의 제기차기 기록의 평균은 30개 미만이므로 예선을 통과할 수 없습니다. **답** 없습니다.

15 (독서한 시간의 평균)$=(25+20+35+40+30) \div 5$
$= 150 \div 5 = 30$(분)
(운동한 시간의 평균)$=(50+35+40+55+20) \div 5$
$= 200 \div 5 = 40$(분)
➡ 운동을 하루 평균 $40-30=10$(분) 더 많이 했습니다.

답 운동, 10분

유형 4 (네 과수원의 귤 생산량의 합)$=$(평균)$\times 4 = 81 \times 4$
$= 324$ (kg)
(가, 나, 라 과수원의 귤 생산량의 합)$=90+96+72$
$= 258$ (kg)
(다 과수원의 귤 생산량)$=324-258=66$ (kg)

답 66 kg

16 (세 반의 여학생 수의 합)$=15 \times 3 = 45$(명)
(1반과 2반의 여학생 수의 합)$=14+16=30$(명)
(3반의 여학생 수)$=45-30=15$(명) **답** 15

17 (팔굽혀펴기 기록의 합)$=18 \times 4 = 72$(회)
(2회의 기록)$=72-(16+18+18)=20$(회) **답** 20회

18 (전체 자료 값의 합)$=28 \times 6 = 168$
➡ (6회의 수)$=168-(16+32+24+12+44)$
$= 168-128=40$ **답** 40

19 (동호네 모둠의 몸무게의 합계)$=40 \times 4 = 160$ (kg)
(동호의 몸무게)$=160-(46+37+43)=34$ (kg)

답 가볍습니다.

20 (모둠 1이 기부한 물건의 무게의 평균)=52÷4

=13 (kg)

모둠 1과 모둠 2가 기부한 물건의 무게의 평균이 같으므로

(모둠 2가 기부한 물건의 무게의 합)

=(모둠 1이 기부한 물건의 무게의 평균)×5

=13×5=65 (kg)입니다.

➡ (희연이가 기부한 물건의 무게)

=65-(9+14+11+16)=15 (kg) 답 15

Power 개념의 힘 166~169쪽

개념 4 166~167쪽

개념 확인하기

1 답 오지 않을에 ○표, 올에 ○표

2 내일 오후에는 ☂ 표시가 있으므로 비가 올 가능성이 있습니다. 답 있습니다.

3 답 반반이다에 ○표

4 답 불가능하다에 ○표

개념 다지기

1 답 불가능하다

2 답 반반이다

3 답 확실하다

4 답 (1) 확실하다에 ○표 (2) 반반이다에 ○표

5 ㉠ 불가능하다 ㉡ 불가능하다 ㉢ 확실하다 답 ㉢

6 ① 확실하다 ② 확실하다 ③ 불가능하다
④ ~아닐 것 같다 ⑤ 반반이다 답 ④

7 화살이 빨간색에 멈출 가능성이 가장 높기 때문에 회전판에서 가장 넓은 곳이 빨간색이 됩니다. 답 예

✔참고 파란색과 노란색의 위치가 바뀌어도 정답입니다.

개념 5 168~169쪽

개념 확인하기

1 파란색과 빨간색이 회전판의 반반씩 색칠된 회전판입니다. 화살이 빨간색에 멈출 가능성은 '반반이다'이므로 수로 표현하면 $\frac{1}{2}$, 화살이 검은색에 멈출 가능성은 '불가능하다'이므로 수로 표현하면 0입니다. 답

2 축구공을 꺼낼 가능성은 '반반이다'이므로 수로 표현하면 $\frac{1}{2}$입니다. 답

3 야구공을 꺼낼 가능성은 '불가능하다'이므로 수로 표현하면 0입니다. 답

개념 다지기

1 답 반반이다에 ○표, $\frac{1}{2}$에 ○표

2 답   **3** 답

4 답   **5** 답 1

6 귤 2개가 들어 있는 봉지에서 감을 꺼낼 가능성은 '불가능하다'이므로 수로 표현하면 0입니다. 답 0

7 횡단보도 신호등에서 보행자 신호가 켜질 가능성은 '반반이다'이므로 수로 표현하면 $\frac{1}{2}$입니다. 답 반반이다, $\frac{1}{2}$

---

1 STEP 기본 유형의 힘 170~173쪽

유형 5 답 불가능하다에 ○표

1 답 (위에서부터) 불가능하다에 ○표, 반반이다에 ○표

2 ㉠ 다음 주 일요일에 비가 올 수도 있고, 오지 않을 수도 있으므로 가능성은 '확실하다'라고 말할 수 없습니다.
㉡ 검은색 공만 들어 있으므로 공 1개를 꺼낼 때 공이 검은색일 가능성은 '확실하다'입니다. 답 ㉡

3 답 불가능하다에 ○표

4 답

5 내일 오전에는 구름이 있지만 해가 보이고 비가 오지 않을 것이며 오후에는 날씨가 맑을 것입니다. 🅐 지훈

유형 **6** 🅐 [ ]   지아   준서

6 🅐 ㉢

7 🅐 ㉡

8 🅐 ㉠

9 회전판 전체가 빨간색인 정국이의 회전판을 돌릴 때 화살이 파란색에 멈출 가능성은 '불가능하다'입니다. 🅐 정국

10 회전판 전체가 파란색인 수진이의 회전판을 돌릴 때 화살이 파란색에 멈출 가능성은 '확실하다'입니다. 🅐 수진

11 빨간색과 파란색이 회전판의 반반씩 색칠된 채영이의 회전판을 돌릴 때 화살이 빨간색에 멈출 가능성과 파란색에 멈출 가능성은 '반반이다'로 비슷합니다. 🅐 채영

12 파란색으로 색칠된 부분이 많을수록 화살이 파란색에 멈출 가능성이 높은 회전판입니다.
🅐 수진, 혜리, 채영, 지민, 정국

13 가: 빨간색 부분은 3칸, 초록색 부분은 3칸이므로 화살이 빨간색에 멈출 가능성과 초록색에 멈출 가능성은 비슷합니다.
  나: 빨간색 부분은 4칸, 초록색 부분은 2칸이므로 화살이 빨간색에 멈출 가능성이 초록색에 멈출 가능성의 2배입니다.
  다: 빨간색 부분은 2칸, 초록색 부분은 4칸이므로 화살이 초록색에 멈출 가능성이 빨간색에 멈출 가능성의 2배입니다. 🅐 나

14 찬열: 13월은 없고 12월 다음 달은 1월이므로 일이 일어날 가능성은 '불가능하다'입니다.
🅐 찬열 / 예 12월의 다음 달은 1월일 거야.

15 🅐 지은, 서진, 찬열

유형 **7** 🅐

16 🅐 1

17 🅐 0

18 '벌칙'이 2칸, '통과'가 2칸 쓰여 있는 회전판을 돌릴 때 화살이 '벌칙'에 멈출 가능성은 '반반이다'이므로 수로 표현하면 $\frac{1}{2}$입니다.
🅐 [수직선: 0 ─ $\frac{1}{2}$ ─ 1, $\frac{1}{2}$에 표시]

19 회전판에 '꽝'은 쓰여 있지 않습니다. 따라서 화살이 '꽝'에 멈출 가능성은 '불가능하다'이므로 수로 표현하면 0입니다.
🅐

20 🅐 $\frac{1}{2}$

21 🅐

22 주사위의 눈의 수는 1, 2, 3, 4, 5, 6으로 모두 6 이하의 수이므로 일이 일어날 가능성은 '확실하다'입니다.
🅐 확실하다, 1

23 상자에 빨간 구슬과 초록 구슬이 각각 3개씩 들어 있습니다. 따라서 꺼낸 구슬이 빨간색일 가능성과 초록색일 가능성은 '반반이다'이며, 수로 표현하면 $\frac{1}{2}$입니다. 회전판은 6칸이므로 3칸을 빨간색으로 색칠하면 꺼낸 구슬이 빨간색일 가능성과 회전판의 화살이 빨간색에 멈출 가능성이 같습니다. 🅐 예 [회전판 그림]

✔참고 6칸 중 어느 칸이든 3칸을 빨간색으로 색칠했다면 정답입니다.

2 STEP 응용 유형의 힘 174~177쪽

1 (자료의 값을 모두 더한 수)
 =17+7+15+14+22+9=84
 (평균)=84÷6=14 🅐 14

2 (홀라후프 기록의 합)
 =45+38+49+52+56=240(번)
 (평균)=240÷5=48(번) 🅐 48번

3 (독서량의 합)=24+16+31+19+25=115(쪽)
 (평균)=115÷5=23(쪽) 🅐 23쪽

4 8칸 중 4칸이 파란색, 4칸이 흰색입니다. 파란색과 흰색이 회전판의 반반씩 색칠된 회전판을 돌릴 때 화살이 파란색에 멈출 가능성은 '반반이다'이므로 수로 표현하면 $\frac{1}{2}$입니다. 🅐 $\frac{1}{2}$

5 모두 보라색 막대이므로 보라색 막대에 걸릴 가능성은 '확실하다'이고 수로 표현하면 1입니다. 🅐 1

6 단원
평균과 가능성

6 빨간색 막대 2개와 파란색 막대 2개입니다. 고리가 빨간색 막대에 걸릴 가능성은 '반반이다'이므로 수로 표현하면 $\frac{1}{2}$입니다.

답

7 노란색 부분이 넓을수록 가능성이 높습니다.
➡ 다＞가＞나 답 다, 가, 나

8 빨간색 부분이 넓을수록 가능성이 높습니다.
➡ 가＞다＞라＞나 답 가, 다, 라, 나

9 흰색일 가능성을 수로 나타냅니다.
㉠ 1 ㉡ $\frac{1}{2}$ ㉢ 0
➡ ㉠ 1＞㉡ $\frac{1}{2}$＞㉢ 0

답 ㉠, ㉡, ㉢

10 제비뽑기 상자에 당첨 제비만 6개 들어 있으므로 이 상자에서 제비 1개를 뽑을 때 당첨 제비일 가능성은 '확실하다'이고 수로 표현하면 1입니다. 따라서 회전판 6칸을 모두 파란색으로 색칠하면 됩니다.

답

11 구슬 4개가 들어 있는 주머니에서 구슬을 꺼낼 때 나올 수 있는 구슬의 개수는 1개, 2개, 3개, 4개로 4가지 경우가 있습니다. 이 중 꺼낸 구슬의 개수가 홀수일 경우는 1개, 3개로 2가지이므로 가능성은 '반반이다'이며 수로 표현하면 $\frac{1}{2}$입니다. 따라서 4칸 중 2칸을 빨간색으로 색칠하면 됩니다.

답 예

☑참고 4칸 중 어느 칸이든 2칸을 빨간색으로 색칠했다면 정답입니다.

12 $595 \times 4 = 2380$이므로 $550 + 740 + 480 + \square$가 2380 이상이어야 합니다.
$1770 + \square$가 2380 이상이므로 $\square$는 610 이상입니다.
➡ 라 마을의 인구는 최소 610명입니다. 답 610명

13 $207 \times 5 = 1035$이므로 $195 + 182 + 213 + 226 + \square$가 1035 이상이어야 합니다.
$816 + \square$가 1035 이상이므로 $\square$는 219 이상입니다.
➡ 5월에 생산한 차는 최소 219대입니다. 답 219대

14 $38 \times 4 = 152$이므로 $30 + 45 + 40 + \square$가 152 이하이어야 합니다.
$115 + \square$가 152 이하이므로 $\square$는 37 이하입니다.
➡ 마지막 날에 게임을 최대 37분 한 것입니다.
답 37분

15 (처음 영화 동아리 회원의 나이의 평균)
$= (10 + 14 + 12 + 16) \div 4 = 52 \div 4 = 13$(살)
전체 회원의 나이의 합이 $13 + 1 \times 5 = 18$(살) 늘어난 것이므로 새로운 회원의 나이는 18살입니다.
답 18살

16 (처음 농구 동아리 회원의 나이의 평균)
$= (13 + 15 + 14 + 18) \div 4 = 60 \div 4 = 15$(살)
전체 회원의 나이의 합이 $15 + 1 \times 5 = 20$(살) 늘어난 것이므로 새로운 회원의 나이는 20살입니다.
답 20살

17 (목요일까지의 팔굽혀펴기 기록의 평균)
$= (25 + 20 + 30 + 25) \div 4 = 100 \div 4 = 25$(회)
금요일까지의 팔굽혀펴기 기록의 합이 $25 + 2 \times 5 = 35$(회) 늘어난 것이므로 금요일에 한 팔굽혀펴기 기록은 35회입니다.
답 35회

18 (성민이의 기록의 평균) $= (8 + 8 + 7 + 9) \div 4 = 8$(개)
성민이와 지우의 기록의 평균이 8개로 같기 때문에 지우의 기록의 합은 $8 \times 5 = 40$(개)입니다.
(지우의 5회 기록) $= 40 - (9 + 10 + 8 + 8) = 5$(개)
답 5개

19 (민호의 기록의 평균) $= (14 + 13 + 15 + 14 + 14) \div 5$
$= 14$(초)
우진이와 민호의 기록의 평균이 14초로 같기 때문에 우진이의 기록의 합은 $14 \times 4 = 56$(초)입니다.
(우진이의 2회 기록) $= 56 - (14 + 15 + 13) = 14$(초)
답 14초

20 $(㉠ + ㉡) \div 2 = 12$ ➡ $㉠ + ㉡ = 2 \times 12 = 24$
$(㉡ + ㉢) \div 2 = 15$ ➡ $㉡ + ㉢ = 2 \times 15 = 30$
$(㉢ + ㉠) \div 2 = 14$ ➡ $㉢ + ㉠ = 2 \times 14 = 28$
$(㉠ + ㉡) + (㉡ + ㉢) + (㉢ + ㉠) = 24 + 30 + 28$,
$2 \times (㉠ + ㉡ + ㉢) = 82$, $㉠ + ㉡ + ㉢ = 41$
$㉠ + ㉡ = 24$이므로 $24 + ㉢ = 41$, $㉢ = 17$
$㉡ + ㉢ = 30$이므로 $㉠ + 30 = 41$, $㉠ = 11$
$㉢ + ㉠ = 28$이므로 $㉡ + 28 = 41$, $㉡ = 13$

답 11, 13, 17

21 (가+나)÷2=22 ➡ 가+나=2×22=44
(나+다)÷2=25 ➡ 나+다=2×25=50
(다+가)÷2=24 ➡ 다+가=2×24=48
(가+나)+(나+다)+(다+가)=44+50+48,
2×(가+나+다)=142, 가+나+다=71
가+나=44이므로 44+다=71, 다=27
나+다=50이므로 가+50=71, 가=21
다+가=48이므로 나+48=71, 나=23

🅐 21, 23, 27

3 STEP 서술형의 힘 178~179쪽

1-1 (1) 37+44+40+38+36=195 (kg)
(2) 195÷5=39 (kg)
(3) 몸무게의 평균인 39 kg보다 가벼운 학생은 영은
(37 kg), 미호(38 kg), 혜진(36 kg)입니다.

🅐 (1) 195 kg (2) 39 kg (3) 영은, 미호, 혜진

1-2 모범 답안 ❶ (수현이네 모둠의 키의 합)
=153+146+160+154+152=765 (cm)
❷ (수현이네 모둠의 키의 평균)=765÷5=153 (cm)
❸ 키의 평균인 153 cm보다 큰 학생은 강희(160 cm),
효진(154 cm)입니다.

🅐 강희, 효진

채점 기준		
❶ 수현이네 모둠의 키의 합을 구함.	2점	
❷ 수현이네 모둠의 키의 평균을 구함.	2점	5점
❸ 키가 평균보다 큰 학생을 구함.	1점	

2-1 (1) 남은 귤은 8−2=6(개)입니다.
(2) 먹고 남은 과일 중에서 한 개를 꺼낼 때 귤일 가능성은
'반반이다'이므로 수로 표현하면 $\frac{1}{2}$입니다.

🅐 (1) 6개, 6개 (2) $\frac{1}{2}$

2-2 모범 답안 ❶ 남은 빨간색 구슬은 6−3=3(개)이고 파란
색 구슬은 3개입니다.
❷ 남은 구슬 중에서 한 개를 꺼낼 때 빨간색일 가능성
은 '반반이다'이므로 수로 표현하면 $\frac{1}{2}$입니다.

🅐 $\frac{1}{2}$

채점 기준		
❶ 남은 빨간색 구슬과 파란색 구슬의 수를 구함.	2점	5점
❷ 일이 일어날 가능성을 수로 표현함.	3점	

3-1 (1) 1, 3, 5, 7, 9 중 짝수는 없습니다.
(2) 짝수를 뽑을 가능성은 '불가능하다'이므로 수로 표현하
면 0입니다.

🅐 (1) 0장 (2) 0

3-2 모범 답안 ❶ 홀수가 쓰여진 카드는 1, 3, 7로 3장 있습니다.
❷ 수 카드를 1장 뽑을 때 홀수일 가능성은 '반반이다'
이므로 수로 표현하면 $\frac{1}{2}$입니다.

🅐 $\frac{1}{2}$

채점 기준		
❶ 홀수인 카드의 수를 구함.	2점	5점
❷ 일이 일어날 가능성을 수로 표현함.	3점	

4-1 (1) 41×5=205 (kg)
(2) 33×3=99 (kg)
(3) (전체 학생이 모은 헌 종이의 무게)
=205+99=304 (kg)
(모은 헌 종이 무게의 평균)=304÷(5+3)
=304÷8
=38 (kg)

🅐 (1) 205 kg (2) 99 kg (3) 38 kg

4-2 모범 답안 ❶ (남학생 기록의 합)=38×10=380(회)
❷ (여학생 기록의 합)=29×8=232(회)
❸ (전체 학생들의 기록의 합)=380+232=612(회)
(송주네 반 전체 학생의 윗몸 말아 올리기 기록의 평균)
=612÷(10+8)=612÷18=34(회)

🅐 34회

채점 기준		
❶ 남학생 기록의 합을 구함.	1점	
❷ 여학생 기록의 합을 구함.	1점	5점
❸ 전체 학생 기록의 평균을 구함.	3점	

6 단원

평균과 가능성

1 답 87, 94, 5, 91

2 답 많은 편입니다.

3 주사위의 눈의 수는 1, 2, 3, 4, 5, 6이고 이중 2의 배수는 2, 4, 6입니다. 따라서 일이 일어날 가능성은 '반반이다'입니다.   답 반반이다에 ○표

4 답 ㉢

5 첫째 주의 3칸과 둘째 주의 1칸을 넷째 주로 옮겨서 막대의 높이를 고르게 하면 모두 7칸으로 고르게 됩니다.

답 / 7 cm

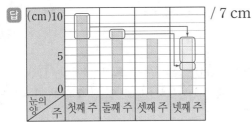

6 (이레의 평균)=$(13+11+13+15) \div 4$
$\qquad = 52 \div 4 = 13$(개)
(수빈이의 평균)=$(13+12+11) \div 3 = 36 \div 3 = 12$(개)
답 13개, 12개

7 답 이레

8 ① 불가능하다 ② 반반이다 ③ ~아닐 것 같다
④ 확실하다 ⑤ 확실하다   답 ④, ⑤

9 상자에서 구슬을 1개 꺼낼 때 파란색일 가능성은 '불가능하다'이므로 수로 표현하면 0입니다.

답

10 카드는 모두 6장입니다. 그중에서 ◈ 카드는 3장이므로 ◈ 카드를 뽑을 가능성은 '반반이다'입니다. 따라서 가능성을 수로 표현하면 $\frac{1}{2}$입니다.   답 $\frac{1}{2}$

11 8칸 중 파란색은 4칸입니다. 화살 1개를 던져서 파란색을 맞힐 가능성은 '반반이다'이므로 수로 표현하면 $\frac{1}{2}$입니다.   답 $\frac{1}{2}$

12 현주: 어제는 일요일, 오늘은 월요일, 내일은 화요일이므로 내일이 월요일일 가능성은 '불가능하다'입니다.
해인: 해는 서쪽으로 지므로 오늘 해가 서쪽으로 질 가능성은 '확실하다'입니다.
진호: 평균 기온은 내년 8월이 올해 8월보다 더 높을 수도 낮을 수도 있기 때문에 일이 일어날 가능성은 '반반이다'입니다.   답 진호

13 (네 수의 합)=$39 \times 4 = 156$
➡ □$=156-(45+19+26)=66$ 답 66

14 1시간은 60분입니다.
(미정이의 평균)=$60 \div 60 = 1$(개),
(연수의 평균)=$30 \div 15 = 2$(개)
따라서 1분 동안 연수가 더 많이 빚은 셈입니다.   답 연수

15 (4명의 기록의 합)=$11 \times 4 = 44$(초)
(영민이의 기록)=$44-(11+11+12)=10$(초)
➡ 영민이의 기록이 10초로 가장 빠릅니다.   답 영민

16 일이 일어날 가능성을 수로 표현하면 ㉠ $\frac{1}{2}$, ㉡ 0, ㉢ 1입니다.   답 ㉢, ㉠, ㉡

17 (5학년 학생 수의 합)=$26 \times 4 = 104$(명)
(4반의 학생 수)=$104-(27+24+25)=28$(명)
4반의 여학생은 $28-15=13$(명)입니다.   답 13명

18 (전체 사과 수)=$65 \times 54 = 3510$(개)
(사과를 판 돈)=$500 \times 3510 = 1755000$(원)
답 1755000원

19 모범 답안 ❶ 1부터 10까지 10개의 자연수 중에서 2의 배수는 2, 4, 6, 8, 10으로 5개입니다.
❷ 뽑은 카드의 수가 2의 배수일 가능성은 '반반이다'이므로 수로 표현하면 $\frac{1}{2}$입니다.   답 $\frac{1}{2}$

채점 기준		
❶ 1부터 10까지의 자연수 중 2의 배수는 몇 개인지 구함.	2점	5점
❷ 일이 일어날 가능성을 수로 표현함.	3점	

20 모범 답안 ❶ (3회까지 기록의 합)=$12 \times 3 = 36$ (m)
❷ (4회까지 기록의 합)=$13 \times 4 = 52$ (m)
❸ 따라서 4회의 기록은 $52-36=16$ (m)이어야 합니다.   답 16 m

채점 기준		
❶ 3회까지 기록의 합을 구함.	2점	
❷ 4회까지 기록의 합을 구함.	2점	5점
❸ 4회의 기록을 구함.	1점	

초등 수학
라인업

난이도

최상

심화

수학의 힘[감마]

수학리더[최상위]

수학의 힘[베타]

수학리더
[응용+심화]

유형

수학리더
[기본+응용]

수학도
독해가 힘이다

초등 문해력
독해가 힘이다
[문장제 수학편]

수학의 힘[알파]

수학리더[유형]

개념

수학리더[개념]

수학리더[기본]

**기초
연산**

계산박사

수학리더[연산]

최하

New 해법 수학

학기별 1~3호   방학 개념 학습

GO! 매쓰
시리즈

Start/Run A–C/Jump

평가 대비
특화 교재

단원 평가
마스터

HME 수학
학력평가

예비 중학
신입생 수학

정답은
이안에
있어!

시험 대비교재

● 올백 전과목 단원평가   1~6학년/학기별
                                           (1학기는 2~6년)

● HME 수학 학력평가   1~6학년/상·하반기용

● HME 국어 학력평가   1~6학년

논술·한자교재

● YES 논술   1~6학년/총 24권

● 천재 NEW 한자능력검정시험 자격증 한번에 따기   8~5급(총 7권) / 4급~3급(총 2권)

영어교재

● READ ME
– Yellow 1~3   2~4학년(총 3권)
– Red 1~3   4~6학년(총 3권)

● Listening Pop   Level 1~3

● Grammar, ZAP!
– 입문   1, 2단계
– 기본   1~4단계
– 심화   1~4단계

● Grammar Tab   총 2권

● Let's Go to the English World!
– Conversation   1~5단계, 단계별 3권
– Phonics   총 4권

예비중 대비교재

● 천재 신입생 시리즈   수학 / 영어

● 천재 반편성 배치고사 기출 & 모의고사